花瓶

花瓶1

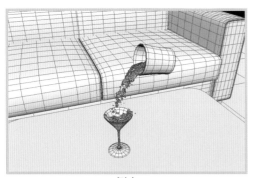

倒水

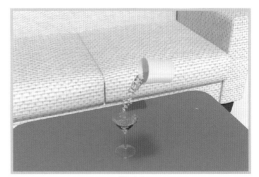

倒水1

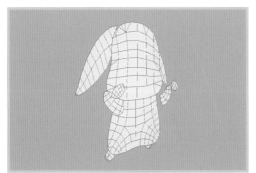

动画造型

动画造型1

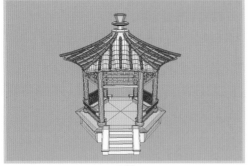

建筑

建筑1

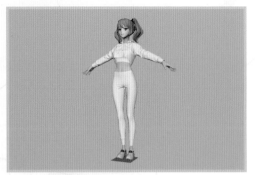
绑定

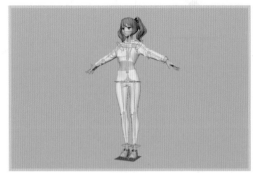
绑定1

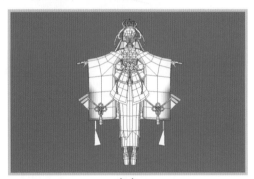
角色

角色1

厨房

厨房1

浴室

浴室1

Maya 2020三维动画创作
标准教程(微课版)

吴清平　庄巧蕙　吴淑凡　编著

清华大学出版社
北京

内 容 简 介

本书系统地介绍使用中文版 Maya 2020 进行三维动画建模的方法。全书共分 12 章，主要内容包括：Maya 2020 入门、基础建模、道具建模、建筑建模、角色建模、拓扑与烘焙、材质与纹理、灯光技术、摄影机技术、渲染与输出、动画技术、粒子特效等。

本书结构清晰，语言简练，实例丰富，既可作为高等院校相关专业的教材，也可作为三维动画设计和动画建模制作人员的参考书。

本书同步的实例操作二维码教学视频可供读者随时扫码学习。书中对应的电子课件、习题答案和实例源文件可以到 http://www.tupwk.com.cn/downpage 网站下载，也可以扫描前言中的二维码推送配套资源到邮箱。

图书在版编目(CIP)数据

Maya 2020三维动画创作标准教程：微课版 / 吴清平，庄巧蕙，吴淑凡编著 —北京：清华大学出版社，2022.12

高等院校计算机应用系列教材

ISBN 978-7-302-62136-2

Ⅰ.①M… Ⅱ.①吴… ②庄… ③吴… Ⅲ.①三维动画软件—高等学校—教材 Ⅳ.①TP391.414

中国版本图书馆CIP数据核字(2022)第204641号

责任编辑：胡辰浩
封面设计：高娟妮
版式设计：妙思品位
责任校对：成凤进
责任印制：朱雨萌

出版发行：清华大学出版社
    网 址：http://www.tup.com.cn，http://www.wqbook.com
    地 址：北京清华大学学研大厦A座   邮 编：100084
    社 总 机：010-83470000   邮 购：010-62786544
    投稿与读者服务：010-62776969，c-service@tup.tsinghua.edu.cn
    质 量 反 馈：010-62772015，zhiliang@tup.tsinghua.edu.cn
印 装 者：三河市君旺印务有限公司
经 销：全国新华书店
开 本：185mm×260mm   印 张：22 插 页：1   字 数：495千字
版 次：2022年12月第1版 印 次：2022年12月第1次印刷
定 价：98.00元

产品编号：093081-01

　　三维动画技术是近年来发展最迅速、最引人注目的技术之一。Maya 软件是由 Autodesk 公司开发的最为流行的三维动画制作软件之一。三维模型设计的好坏直接影响后续制作流程中材质贴图和角色动画这两个环节，所以三维建模至关重要，三维建模技术是三维动画制作人员必须掌握的一门重要专业技术。由于 Maya 具有先进的建模、节点技术和制作动画等特点，因此深受广大三维动画技术人员的青睐。

　　本书全面、翔实地介绍 Maya 2020 的功能及使用方法。通过本书的学习，读者可以把基本知识和实战操作结合起来，快速、全面地掌握 Maya 2020 软件的使用方法和建模技巧，达到融会贯通、灵活运用的程度。

本书主要内容

　　第 1 章介绍 Maya 2020 软件的应用领域和基础操作，为进一步深入学习建模、材质、渲染设置奠定基础。

　　第 2 章介绍建模的基础知识，NURBS 建模和 Polygon 建模的原理和特点，为后面学习高级建模打下基础。

　　第 3 章帮助读者进一步学习更多的常用建模方法、命令和制作流程，并掌握道具建模的布线方法与技巧。

　　第 4 章通过在游戏场景中设计建筑 (亭子) 模型实例，帮助读者进一步掌握 Maya 的建模操作。

　　第 5 章通过使用 Maya 制作二次元人物角色模型，进一步介绍多边形建模技术。

　　第 6 章通过案例操作帮助读者对 Maya 软件中的拓扑和烘焙技术有一个全面的了解。

　　第 7 章通过实例操作帮助读者理解材质与纹理的区别，以及利用材质与纹理如何更好地表现物体自身所具备的特性。

　　第 8 章介绍运用光线来影响画面主体的纹理细节表现和增加三维场景氛围的方法，帮助用户了解灯光系统在三维制作中的作用。

　　第 9 章介绍 Maya 中的摄影机技术，帮助读者了解摄影机的类型与参数设置，掌握三维场景中摄影机的使用方法。

　　第 10 章介绍 "Maya 软件" 渲染器和 Arnold Renderer 渲染器的知识，以及设置灯光、摄影机和材质的工作流程。

　　第 11 章介绍在 Maya 中制作三维动画的基础知识与具体方法，包括关键帧的使用方法，约束、曲线图编辑器、路径动画和快速绑定角色等。

第 12 章介绍 Maya 粒子系统的基本工具和基本概念，以及使用粒子、发射器和体积场创建出不同特效的方法。

本书同步的实例操作二维码教学视频可供读者随时扫码学习。本书对应的电子课件、习题答案和实例源文件可以到 http://www.tupwk.com.cn/downpage 网站下载，也可以扫描下方二维码推送配套资源到邮箱。

扫一扫，看视频

扫码推送配套资源到邮箱

本书由闽南理工学院的吴清平、庄巧蕙和吴淑凡合作编写，其中吴清平编写了第 1、3、5、12 章，庄巧蕙编写了第 2、4、6、11 章，吴淑凡编写了第 7、8、9、10 章。

由于作者水平有限，本书难免有不足之处，欢迎广大读者批评指正。我们的邮箱是 992116@qq.com，电话是 010-62796045。

作 者
2022 年 8 月

第1章

Maya 2020 入门

　　Maya 2020 是由美国 Autodesk 公司开发的一款三维动画软件。该软件被广泛应用于专业的角色动画、影视、电影特技等领域。Maya 功能强大，操作灵活度高，制作项目效率高，渲染真实感强。本章介绍 Maya 2020 软件的应用领域和基础操作，为读者进一步深入学习建模、材质、渲染设置奠定基础。

1.1　Maya 2020 概述

　　随着科技的快速发展，计算机已经成为在各行各业都广泛使用的电子产品。不断更新换代的计算机硬件和多种多样的软件技术，使数字媒体产品也逐渐出现在人们的视野中，越来越多的艺术家开始运用计算机来进行绘画、动画制作、雕刻、渲染等工作，将艺术与数字技术相互融合以制作全新的作品。

　　Maya 2020 是目前世界上最为优秀的三维动画制作软件之一，为广大三维建模师提供了丰富且强大的功能来制作优秀的三维作品，如图 1-1 所示。

图 1-1　Maya 2020 三维建模

　　Maya 2020 相较以往旧版本功能更加强大，在软件的建模模块中，新增了多边形"重新划分网格"和"重新拓扑"命令。在动画模块中，增加了 60 多个动画功能，更新了缓存播放和动力学支持、将关键帧自动捕捉到整帧、重影改进、曲线图编辑器等功能。在特效模块中，新增了 Bifrost Extension 插件、Bifrost 及多个新的预构建图表。其中，Bifrost 是一种全新的程序节点图，用于创建模拟效果和自定义行为，它包括示例场景和复合，以及面向燃烧、布料和粒子模拟的计算器。在绑定模块中，更新了接近度包裹变形器。在渲染模块中，Maya 2020 版本推出了全新的 Arnold GPU 产品级渲染、灯光编辑器改进、渲染设置改进等诸多新功能。

　　Maya 2020 凭借着自身强大的渲染能力提高了使用者的工作效率，能够满足游戏开发、角色动画、电影电视等设计行业从业者的工作需求，能让用户更加自由灵活地进行创作，发挥无限的创意空间，提供更加完善的解决方案。

1.2　Maya 2020 的应用领域

　　Maya 2020 强大的功能深受三维设计人员的喜爱，在游戏行业中，三维艺术家及动画设计师运用 Maya 能够快速、高效地制作三维模型、贴图、动画绑定、毛发部分等。利用它可以制作出逼真的角色，渲染出电影级别的 CG 特效，如图 1-2 所示。

图 1-2　Maya 2020 作品

　　Maya 软件从诞生起就参与了多部国际大片的制作，从早期的《冰川时代》《变形金刚》到后来热映的《阿凡达》《闪电狗》《驯龙高手》等，众多知名影视作品的动画和特效都有 Maya 的参与。

　　另外，Maya 的功能同时还展现在平面设计领域中，如将二维作品转换成三维视觉效果。Maya 软件的强大功能正是设计师、广告设计者、影视制片人、游戏开发者、视觉艺术设计专家、网站开发人员极为推崇的原因，Maya 将他们的标准提升到了更高的层次。

1.3　工作界面

　　在计算机中安装 Maya 2020 后，双击系统桌面上的 Maya 2020 软件图标 ，即可启动该软件并进入 Maya 2020 的工作界面。

1.3.1　工作界面的组成

　　启动 Maya 2020 后，软件将自动打开"新特性亮显设置"对话框，如图 1-3 所示。在该对话框中，用户可以通过选中"亮显新特性"复选框，启用界面提示以快速了解 Maya 2020 新增的工具菜单命令。

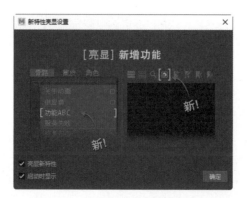

图 1-3　"新特性亮显设置"对话框

在图 1-3 所示的"新特性亮显设置"对话框中单击"确定"按钮，Maya 2020 将打开如图 1-4 所示的工作界面。该界面主要由菜单集、菜单栏、状态行、工具架、工具盒、视图窗口、通道盒、快捷布局按钮、建模工具包、时间轴、命令行和帮助行等部分组成。

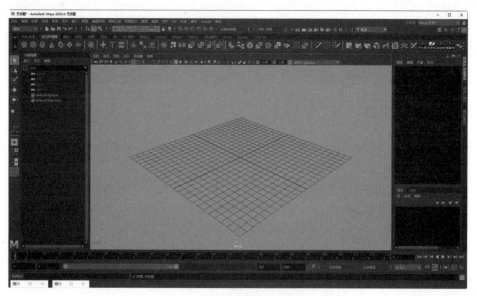

图 1-4　Maya 2020 的工作界面

下面重点介绍图 1-4 所示工作界面中比较重要的几部分。

1.3.2　菜单集与菜单栏

在 Maya 2020 中，菜单集位于工作界面的左上角，如图 1-5 所示。菜单集包含"建模""绑定""动画""FX""渲染"和"自定义"6 个菜单集模块选项。用户选择菜单集中不同的选项，系统将切换至相应的菜单栏（用户也可以使用快捷键，快速切换菜单集模块，如按 F2 键切换至"建模"模块，按 F3 键切换至"绑定"模块，按 F4 键、F5 键和 F6 键分别切换至 FX 模块、"动画"模块和"渲染"模块）。

　　若用户在菜单集中选择"自定义"模块，系统会自动打开"菜单集编辑器"窗口，在该窗口中用户可以创建符合自己习惯的自定义菜单栏，如图 1-6 所示。

　　　　图 1-5　菜单集　　　　　　　　　　　图 1-6　"菜单集编辑器"窗口

　　此外，在 Maya 2020 中用户还可以通过单击菜单栏上方的双排虚线，将菜单栏中的命令单独提取出来灵活调用，如图 1-7 所示。

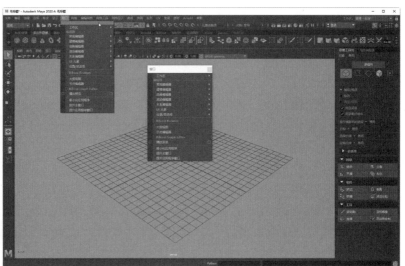

图 1-7　调整菜单栏命令的布局

1.3.3　状态行

　　状态行位于 Maya 2020 菜单栏的下方。在状态行中，系统提供的常用命令图标被垂直分隔线隔开分为多个区域，用户可以使用鼠标单击垂直分隔线来展开或收拢图标组。状态行主要包括模块切换、选择模式、选择遮罩、锁定按钮、吸附工具、显示材质编辑器、显示 / 隐藏建模工具包、显示 / 隐藏角色控制、显示 / 隐藏通道盒 / 层编辑器等，如图 1-8 所示。

图 1-8　状态行

1.3.4　工具架

用户在制作模型时会用到 Maya 工具架。工具架位于状态行的下方，其根据命令的类型和作用分为多个标签栏，单击标签栏名称即可快速切换到对应的工具架，如图 1-9 所示。

图 1-9　工具架

1.3.5　工具盒与快捷布局按钮

工具盒位于 Maya 主界面的左侧，如图 1-10 所示。用户通过工具盒中的工具可以对视图中的物体进行快捷操作。同时，这些工具有着相对应的快捷键，如选择工具为 Q 键，移动工具为 W 键，旋转工具为 E 键，缩放工具为 R 键。以下为各工具的功能说明。

- ▶ 选择工具：用于选择场景或编辑器中的物体和组件，选中对象后再按 Shift 键可加选其他对象，按 Ctrl 键可减选对象。
- ▶ 套索工具：通过在场景中的对象和组件周围绘制自由形式的形状来选择这些对象和组件。
- ▶ 笔刷选择工具：以笔刷绘制的方式选择组件，只用于选择组件，无法选择物体对象。
- ▶ 移动工具：使用鼠标分别拖动单个轴，可沿 X、Y、Z 轴方向移动选中的物体；也可拖动轴心，在场景中自由移动选中的物体。
- ▶ 旋转工具：使用鼠标拖动操纵器使物体分别沿轴的 X、Y、Z 轴方向旋转，拖动黄色外环可沿视图轴旋转。
- ▶ 缩放工具：使用鼠标拖动缩放轴中心，可等比例缩放物体；也可分别拖动单个轴，进行轴向的缩放。

快捷布局按钮位于工具盒下方，这些按钮可以实现窗口布局的快速切换，如图 1-11 所示。

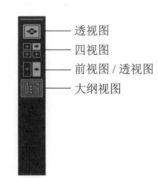

透视图
四视图
前视图 / 透视图
大纲视图

图 1-10　工具盒　　　图 1-11　快捷布局按钮

1.3.6　视图窗口

视图窗口是 Maya 2020 的主要窗口，其包含面板菜单、面板工具栏和视图区 3 部分，如图 1-12 所示。

图 1-12　视图窗口

1. 面板菜单

面板菜单位于视图窗口的最上方，如图 1-13 所示，当切换为多个视图窗口时，面板菜单可用于每个视图窗口，可单独对每个视图区的选项进行调整。

图 1-13　面板菜单

2. 面板工具栏

面板工具栏位于面板菜单下方，如图 1-14 所示，许多面板菜单中的常用命令可在面板工具栏中找到，按 Ctrl+Shift+M 快捷键可显示或隐藏面板工具栏。

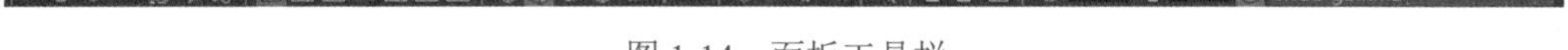

图 1-14　面板工具栏

- 选择摄影机：在视图窗口中选择当前摄影机。
- 锁定摄影机：锁定摄影机，避免意外更改摄影机位置而引起动画效果更改。
- 摄影机属性：单击此按钮可打开"摄影机属性编辑器"面板。
- 书签：将当前视图设定为书签。
- 图像平面：切换现有图像平面的显示。如果场景中不包含图像平面，则会提示用户导入图像。

▶ 二维平移 / 缩放👐：开启和关闭二维平移 / 缩放。

▶ 油性铅笔✎：单击该按钮可打开"油性铅笔"工具栏，如图 1-15 所示。它允许用户使用虚拟绘制工具在屏幕上绘制图案。

图 1-15　"油性铅笔"工具栏

▶ 栅格▦：在视图窗口中显示 / 关闭栅格。

▶ 胶片门▣：切换胶片门边界的显示。

▶ 分辨率门◉：切换分辨率门边界的显示。

▶ 门遮罩▣：切换门遮罩边界的显示。

▶ 区域图▣：切换区域图边界的显示。

▶ 安全动作▣：切换安全动作边界的显示。

▶ 安全标题▣：切换安全标题边界的显示。

▶ 线框◈：单击该按钮，Maya 视图中的模型呈现线框显示效果。

▶ 对所有项目进行平滑着色处理◈：单击该按钮，Maya 视图中的模型呈现平滑着色处理效果。

▶ 使用默认材质◑：切换"使用默认材质"的显示。

▶ 着色对象上的线框◈：切换所有着色对象上的线框显示。

▶ 带纹理▦：切换"硬件纹理"的显示。

▶ 使用所有灯光💡：通过场景中的所有灯光切换曲面的照明。

▶ 阴影◐：切换"使用所有灯光"处于启用状态时的硬件阴影贴图。

▶ 屏幕空间环境光遮挡◐：在开启和关闭"屏幕空间环境光遮挡"之间进行切换。

▶ 运动模糊◐：在开启和关闭"运动模糊"之间进行切换。

▶ 多采样抗锯齿◐：在开启和关闭"多采样抗锯齿"之间进行切换。

▶ 景深▦：在开启和关闭"景深"之间进行切换。

▶ 隔离选择▣：限制视图窗口以仅显示选定对象。

▶ X 射线显示▣：单击该按钮，Maya 视图中的模型呈现半透明度显示效果。

▶ X 射线显示活动组件▣：在其他着色对象的顶部切换活动组件的显示。

▶ X 射线显示关节▣：在其他着色对象的顶部切换骨架关节的显示。

▶ 曝光 ⚙ 0.00：调整显示亮度。通过减小曝光，可查看在高光下默认看不见的细节。单击图标可在默认值和修改值之间进行切换。

▶ Gamma ⚙ 1.00：调整要显示的图像的对比度和中间调亮度。增加 Gamma 值，可查看图像阴影部分的细节。

▶ 视图变换 sRGB gamma ▼：控制从用于显示的工作颜色空间转换颜色的视图变换。

3. 视图区

视图区是用于查看场景中对象的区域，同时是用户创建模型的主要工作区，可以显示一个或多个视图，还可以显示不同的编辑器。

▶ 当 Maya 软件切换至"建模 - 标准"工作区后，界面中只显示建模这一功能模块，同时隐藏界面下方的"时间滑块"和"动画播放控件"动画模块，如图 1-16 所示。

▶ 当 Maya 软件切换至"建模 - 专家"工作区后，用户会发现 Maya 界面中的大部分功能模块被隐藏，该工作区仅适合熟悉快捷键的高级建模师使用，如图 1-17 所示。

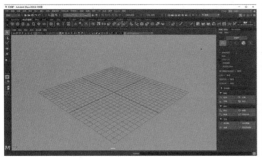 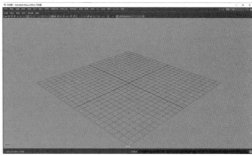

图 1-16　"建模 - 标准"工作区　　　　图 1-17　"建模 - 专家"工作区

▶ 当 Maya 软件切换至"雕刻"工作区后，Maya 界面会自动显示出雕刻的工具架，如图 1-18 所示。这一工作区适合使用 Maya 软件对模型的形状进行调整，选择雕刻工具，按住 B 键，并使用鼠标左键拖动笔刷，可控制笔刷的大小。

▶ 当 Maya 软件切换至"UV 编辑"工作区后，界面左侧会显示出 UV 编辑器，此工作区适用于低模环节，用户需要对模型进行 UV 展开来为后续贴图做准备，如图 1-19 所示。

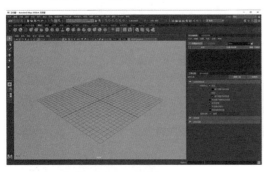 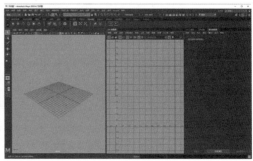

图 1-18　"雕刻"工作区　　　　　　图 1-19　"UV 编辑"工作区

▶ 当 Maya 软件切换至 XGen 工作区后，Maya 界面会自动显示出 XGen 编辑器及 XGen 操作快捷图标，该工作区适合制作写实角色毛发，也适合制作场景中独特的草地或者岩石。在使用 XGen 工具之前必须先设置 Maya 项目文件，文件保存格式必须是 .mb 格式，XGen 工作区如图 1-20 所示。

▶ 当 Maya 软件切换至"绑定"工作区后，Maya 界面会自动显示出骨骼编辑器、蒙皮编辑器及权重编辑器，如图 1-21 所示。该工作区适合制作角色绑定。

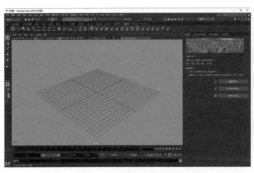
图 1-20　XGen 工作区

图 1-21　"绑定"工作区

▶ 当 Maya 软件切换至"动画"工作区后，Maya 界面会自动显示出动画编辑架、时间编辑器和曲线编辑器，如图 1-22 所示。该工作区适合制作角色动画。

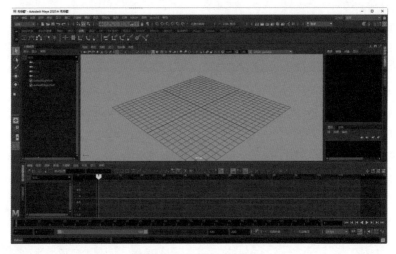
图 1-22　"动画"工作区

1.3.7　通道盒

在制作模型的过程中，用户单击工作界面右侧的"通道盒 / 层编辑器"图标，可通过通道盒来更改模型的位置或者大小，可对模型进行平移、旋转、缩放等操作，也可以通过更改通道盒中的数值来制作动画。

层编辑器显示在通道盒面板的底部，通过相关的指令可对场景中的物体进行分类管理。例如，选中一个物体后，单击层编辑器中的"创建新层并指定选定对象"按钮，模型就会被分类进创建的图层中，而且可以控制图层中模型的可见性、可选择性及可渲染性，如图 1-23 所示。

图 1-23　通道盒

1.3.8　建模工具包

"建模工具包"作为一个命令集合面板，是一个强大的工具箱，可以帮助用户快捷地对模型进行顶点、边、面、UV 的编辑。此面板下方还有常用的建模命令，这些命令分布在"软选择""网格""组件"和"工具"卷展栏中，节省了用户制作模型时在菜单栏中寻找命令的时间，如图 1-24 所示。

1.3.9　属性编辑器

用户通过改变"属性编辑器"相关选项卡中的命令，调整其中的数值参数，可更改场景中模型的属性，如图 1-25 所示。

图 1-24　建模工具包

图 1-25　属性编辑器

1.3.10　时间轴

时间轴主要用于动画制作模块，由时间滑块和范围滑块组成，可以设置时间长度、设置自动记录关键帧。用户主要通过在时间轴上设置动画关键帧来制作角色动画。时间轴如图 1-26 所示。

图 1-26　时间轴

1.3.11　命令行和帮助行

命令行位于界面最下方。命令行的左侧用于输入单个 MEL 或 Python 命令。命令输入完成后，按 Enter 键，命令的结果显示在右侧信息反馈栏中，如图 1-27 所示。

图 1-27　输入命令

另外，如果用户需要输入复杂脚本，则单击"脚本编辑器"按钮▣，打开"脚本编辑器"窗口，在该窗口中输入命令后，按数字键区的 Enter 键或主键盘区的 Ctrl+Enter 快捷键执行命令，按主键盘区的 Enter 键是在"脚本编辑器"输入区中创建新的一行。例如，在输入区中输入命令，执行命令后场景中会出现一个弹簧模型，如图 1-28 所示。

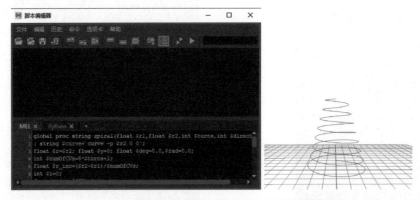

图 1-28　使用"脚本编辑器"窗口创建弹簧模型

帮助行的作用是当鼠标放在相应的工具或菜单项时，帮助栏中会实时显示出相关的信息，如图 1-29 所示。

图 1-29　帮助行

1.4　基础操作

认识了 Maya 软件的工作界面后，接下来分别介绍一下 Maya 软件中的浮动菜单、自定义菜单图标、选择大纲视图中的模型、软选择、组合物体、删除历史记录、修改对象轴心等常用建模命令。

1.4.1　浮动菜单

在 Maya 视图区中按住空格键将显示图 1-30 所示的浮动菜单。用户可以利用浮动菜单快速访问相关命令。

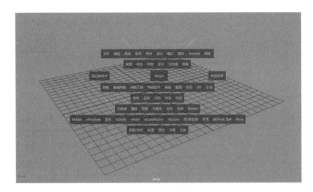

图 1-30　浮动菜单

　　例如，若要从透视视图切换到前视图，右击浮动菜单中的"Maya"并将其向下拖动至"前视图"，可执行"前视图"命令（如图 1-31 左图所示），所在界面则会变为前视图，如图 1-31 右图所示。

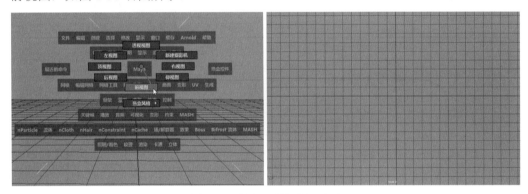

图 1-31　执行"前视图"命令

1.4.2　自定义快捷图标

　　在项目中为了提高工作效率，用户可以将常用的菜单命令添加到工具架上。例如，若要将菜单栏中的"中心枢轴"命令添加到工具架上，可以按住 Ctrl+Shift 快捷键，在菜单栏中选择"修改"|"中心枢轴"命令（如图 1-32 左图所示），此时工具架中将显示一个名为"中心枢轴"的快捷图标，如图 1-32 右图所示。

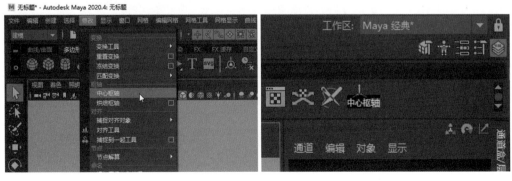

图 1-32　自定义快捷图标

如果用户要删除工具架上的自定义快捷图标，可以右击该图标，在弹出的快捷菜单中选择"删除"命令。

1.4.3 选择大纲视图中的模型

在制作项目的过程中难免会有模型结构过于复杂的时候，无法靠鼠标单击精准地选中想要的模型。这时用户可以在 Maya 界面左侧的快捷布局按钮中单击"大纲视图"按钮■，在打开的"大纲视图"面板中按名称选择模型，可在场景中快速显示出所选择的对象，如图 1-33 所示。

用户也可以在菜单栏中选择"窗口"|"大纲视图"命令，如图 1-34 所示，打开"大纲视图"面板。

图 1-33 在大纲视图中选择模型

图 1-34 选择"大纲视图"命令

1.4.4 软选择

在"软选择"模式下选中一个或多个组件时，选中的地方会出现一片彩色区域，这片区域的范围称为衰减半径。"软选择"的影响是从中心向周围逐渐衰减，可带动周围的网格结构来创建出平滑的轮廓效果，可应用于多边形、NURBS 曲线或者NURBS 曲面。想调节大面积的结构时，用"软选择"命令更加方便、快捷。

选中模型，右击鼠标，从打开的菜单中选择"顶点"组件模式，如图 1-35 所示。单击选中物体上的任意一个顶点，按 B 键，可激活"软选择"命令，如图 1-36 所示。

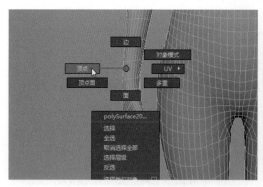

图 1-35 选择"顶点"模式

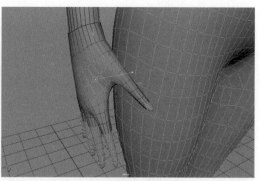

图 1-36 激活"软选择"命令

按住 B 键加鼠标中键进行左右拖动，可增大或减小衰减的半径，如图 1-37 所示。

如果要进行更细致的调整，可在状态行中单击"工具设置"按钮，在打开的窗口中展开"软选择"卷展栏，在其中调整相应的参数以达到理想的效果，如图 1-38 所示。

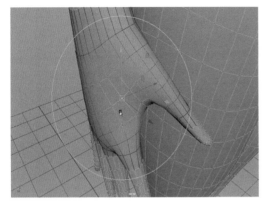

图 1-37　调整软选择范围

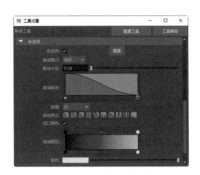

图 1-38　调整软选择参数

1.4.5　组合物体

选中要组合的物体，在菜单栏中选择"编辑"|"分组"命令，或按 Ctrl+G 快捷键进行组合。组合成功后，会在大纲视图中出现 group1，如图 1-39 所示，用户可根据需要双击 group1 图标进行重命名操作。

图 1-39　组合物体

1.4.6　删除历史记录

在制作项目的过程中，历史记录显示在 Maya 工作界面右侧的通道盒／层编辑器中，如图 1-40 所示，方便用户修改之前的步骤，但同时会占用系统资源。删除历史记录可以优化场景，删除不必要的节点，加快后续渲染速度。因此，在模型制作完成并确保不会再进行修改时，可执行"删除历史"命令。

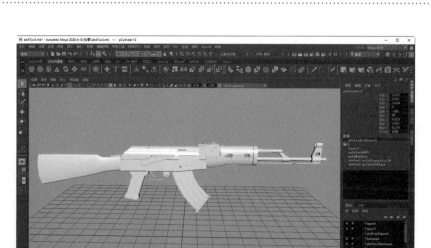

图 1-40　模型历史记录

删除历史主要分为两种，打开"编辑"菜单，从打开的菜单栏中可以看到"按类型删除"和"按类型删除全部"，这两种删除历史的方法是有区别的。前者是最常用的删除命令，删除的是所选中物体对象的历史记录，如图 1-41 所示。后者是删除场景中所有物体对象的历史记录，使用鼠标选中场景里的其他物体时，会发现即使是未被选中的物体，其历史记录也被删除了，如图 1-42 所示。

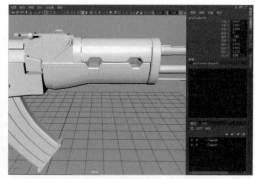

图 1-41　按类型删除历史

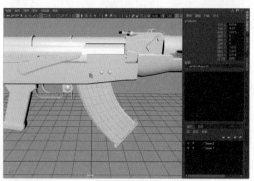

图 1-42　按类型删除全部历史

1.4.7　修改对象轴心

创建物体时，坐标轴心默认处于物体中心处，在操作时物体会根据轴心点进行变换。随着制作的需要，用户需要更改轴心点到理想的位置，以方便后续操作。

▶ 自定义轴心点：按 D 键，激活自定义枢轴编辑模式，用户可使用鼠标左键拖动轴心轴或利用旋转轴调整轴的位置和方向，如图 1-43 所示。

▶ 将枢轴的位置捕捉到组件：按 D 键，激活"自定义枢轴"命令，按住 Shift 键并使用鼠标单击组件，枢轴会被捕捉到所选组件上，如图 1-44 所示。

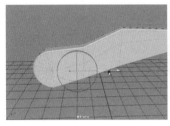
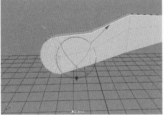
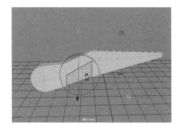

图 1-43　自定义轴心点　　　　　　　　　图 1-44　将枢轴的位置捕捉到组件

▶ 将枢轴的方向对齐到组件：按 D 键，激活"自定义枢轴"命令，按住 Ctrl 键并单击组件，将枢轴的方向对齐到组件，如图 1-45 所示。

▶ 将枢轴的位置和方向捕捉到组件：按 D 键，激活"自定义枢轴"命令，使用鼠标单击组件，枢轴的位置和方向会被捕捉到组件，如图 1-46 所示。

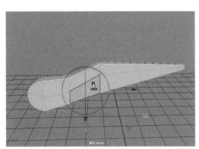
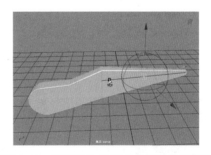

图 1-45　将枢轴的方向对齐到组件　　　　图 1-46　将枢轴的位置和方向捕捉到组件

1.4.8　捕捉对象

捕捉工具共有 6 个，分别是捕捉到栅格、捕捉到曲线，捕捉到点、捕捉到投影中心、捕捉到视图平面、激活选定对象，如图 1-47 所示。下面介绍常用的几个捕捉工具。

图 1-47　捕捉工具

1. 捕捉到栅格

选中物体或者组件，按快捷键 X，激活"捕捉到栅格"命令，激活后坐标轴中心会由方块变成圆形。使用鼠标左键拖动坐标中心的圆心就能将物体或者组件精确地吸附在栅格上，如图 1-48 所示。

2. 捕捉到曲线

选中物体或者组件，按 C 键，激活"捕捉到曲线"命令，按住鼠标中键并使用鼠标在另一个物体的边、曲线或者曲面上进行滑动，选中的物体或者组件就会被吸附到曲线上，如图 1-49 所示。

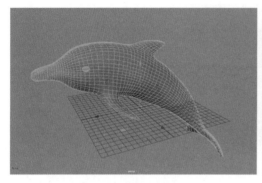
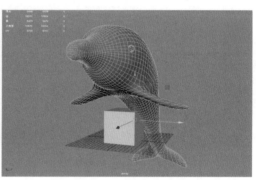

图 1-48　捕捉到栅格　　　　　　　　　图 1-49　捕捉到曲线

3. 捕捉到点

选中物体或者组件，按 V 键，激活"捕捉到点"命令。使用鼠标左键拖动所选的组件或物体到另一个物体的顶点上，选中的物体或者组件就会被吸附到点上，如图 1-50 所示。

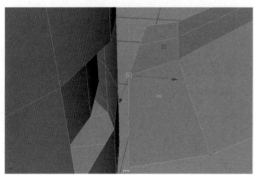
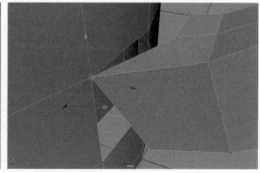

图 1-50　捕捉到点

4. 激活选定对象

激活选定对象是重新进行拓扑网格操作时最主要的功能，需要配合建模工具包使用，当与建模工具中的"四边形绘制"工具一起使用时，可以在捕捉到的曲面特征上创建出新拓扑，如图 1-51 所示。

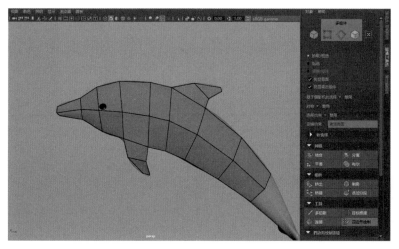

图 1-51　创建拓扑模型

1.4.9　复制物体

在 Maya 建模中，用户可以通过复制命令创建原始模型的副本，无须重新创建同样的物体，在制作项目时使用频率较高。

1. 普通复制

选中模型，在菜单栏中选择"编辑"|"复制"命令或按 Ctrl+D 快捷键，在原物体的基础上会复制出一个副本，使用移动工具将副本从重合位置移出，如图 1-52 所示。

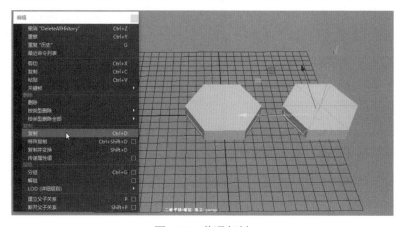

图 1-52　普通复制

2. 复制并变换

选中模型，按 Ctrl+D 快捷键，复制出一个原始模型的副本，使用移动工具将副本沿指定方向移出，使用鼠标单击选中副本，在菜单栏中选择"编辑"|"复制并变换"命令或按 Shift+D 快捷键，可复制出一系列等间距的物体模型，如图 1-53 所示。

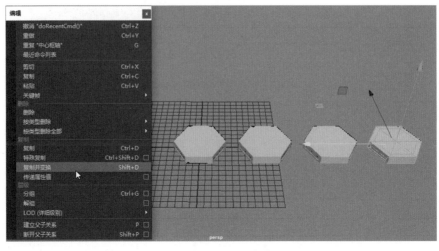

图 1-53　复制并变换

3. 镜像复制

在制作模型时，如果遇到对称的物体，可以使用镜像功能制作模型。选择物体并选择"网格"|"镜像"命令，如图 1-54 所示；或选中"镜像"命令右侧的复选框，打开"镜像选项"窗口，如图 1-55 所示，单击"镜像"按钮，即可生成模型的镜像副本。

图 1-54　选择"网格"|"镜像"命令　　　　图 1-55　　"镜像选项"窗口

完成多边形一半模型（并删除其构建历史）后，需要通过跨对称轴对其进行复制来创建模型的另一半，以便拥有完整的模型。

在进行跨对称轴复制模型的另一半之前，应检查模型所有边界的边是否沿对称轴放置。如果有任何边未沿该轴放置，如图 1-56 所示，可使用"缩放工具"使所有位于对称轴沿线的顶点对齐对称轴，镜像复制后的效果如图 1-57 所示。如果沿线的顶点没有对齐对称轴，则可能导致两半模型之间存在间隙。

图 1-56 检查边界的边

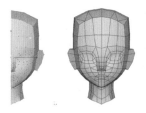

图 1-57 镜像复制

1.4.10 特殊复制

特殊复制分为"复制"和"实例"两种模式。通过选中"编辑"|"特殊复制"命令右侧的复选框，可打开"特殊复制选项"窗口，在该窗口中设置特殊复制的参数值，可以实现物体的对称复制、等距复制、阵列复制等。

1. 对称复制

完成多边形一半模型 (并删除其构建历史) 后，与"镜像"复制的操作相似，需要通过跨对称轴对其进行复制来创建模型的另一半，以便拥有完整的模型。执行"编辑"|"特殊复制"命令；或选中"编辑"|"特殊复制"命令右侧的复选框，打开"特殊复制选项"窗口，单击"特殊复制"按钮，可生成对称的副本，如图 1-58 所示。需要确保边界顶点沿对称轴放置，如果沿线的顶点没有对齐对称轴，则可能导致两半模型之间存在间隙。

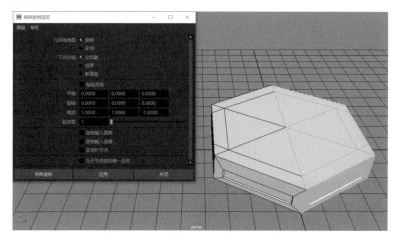

图 1-58 对称复制

2. 实例复制

除了基本的复制物体模型，还可以通过选中"编辑"|"特殊复制"右侧的复选框，打开"特殊复制选项"窗口，在"几何体类型"选项组中选择"实例"单选按钮，在"副本数"文本框中输入 5，单击"特殊复制"按钮，如图 1-59 所示。利用特殊复制的实例缩放实现模型关联编辑，通常称为关联复制，这样可以同时对场景中复制出的所有模型进行同步编辑操作，提高建模效率。

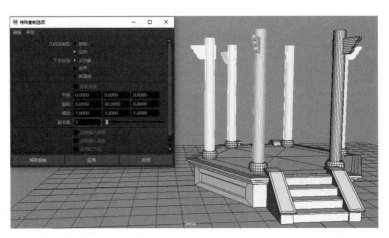

图 1-59　实例复制

1.4.11　测量工具

在菜单栏中选择"创建"|"测量工具"命令，在弹出的子菜单中可看到 Maya 2020 提供的"距离工具""参数工具"和"弧长工具"3 种测量工具，如图 1-60 所示。

图 1-60　测量工具

1. 距离工具

"距离工具"用于快速测量三维空间中两点之间的距离。按 V 键激活"捕捉到点"命令再进行测量，测量的距离会更为精准。若用户需要测量直线距离，可先单击模型上的任意一处，在生成第一个坐标点后按 Shift 键，再单击下一个目标点，即可完成测量。测量单位以用户在 Maya 中设置的单位为准，最终在测量位置上会生成一个距离度量，如图 1-61 所示。

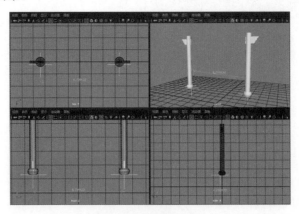

图 1-61　距离工具

2. 参数工具

使用"参数工具",可以在创建的曲线或曲面上以拖动的方式来创建参数定位器,如图 1-62 所示。

3. 弧长工具

"弧长工具"用来测量曲线或曲面的弧形长度,可以在曲线或曲面上以拖动的方式创建弧长定位器,如图 1-63 所示。

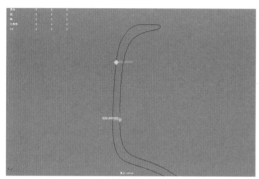

图 1-62　参数工具

图 1-63　弧长工具

1.5　项目管理

项目文件又称项目工程文件,它是一个或多个模型文件的集合。集合内容包括模型、XGen 毛发、灯光、摄影机、贴图等元素。在创建项目文件后,各类元素将被统一归档到用户所设置的文件地址中。

Maya 的项目管理机制的主要功能是对各类元素进行详细归类,将不同类型的数据文件分别存放在集合文件下的对应目录中,以方便用户将打包完成的文件转移至不同的计算机中。例如,在另一台计算机中打开之前已完成的 Maya 项目文件,Maya 会根据文件分类自动读取相关的数据。Maya 项目文件需要建模师在创作之初就有意识地进行设置,在此后的制作过程中 Maya 会自动将文件保存在相对应的文件名称下。在开始制作项目前完成 Maya 项目工程文件的设置,有助于用户更好地整理整个场景中的相关元素,可以有效地提高工作效率。

打开 Maya 软件,在菜单栏中执行"文件"|"项目窗口"命令,打开"项目窗口"窗口。在"当前项目"文本框右侧单击"新建"按钮并在"当前项目"文本框中输入项目的名称 (名称根据项目要求进行设置)。在"位置"文本框内更改项目文件存放的路径。所有项目文件名称不能出现中文 (中文会导致在制作过程中文件有损坏或之后无法打开所保存的 Maya 文件)。

其他设置保持默认即可,单击"接受"按钮,如图 1-64 所示,完成新项目的创建。项目创建成功后,打开指定的项目文件夹,项目文件夹包含 14 个子文件夹,其中 包括 scenes(场景) 文件夹、sourceimages(源图像) 文件夹、images(图像) 文件夹。场景文件夹主要用于存储场景中创建的所有模型文件，保存的 Maya 文件会自动保存在该文件夹中；源图像文件夹主要用于存储各种模型的贴图文件；渲染文件夹用于存储渲染文件，如图 1-65 所示。

图 1-64　新建项目文件

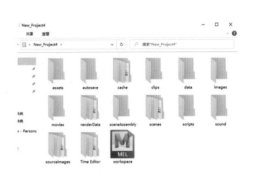

图 1-65　项目文件夹

1.6　文件存储

Maya 文件存储分为手动存储和自动存储，对于在制作过程中没有随时保存文件习惯的用户，Maya 还提供定时存储文件的功能。

1.6.1　保存场景

单击 Maya 软件界面上的"保存"按钮或在菜单栏中执行"文件"|"保存场景"命令，或按 Ctrl+S 快捷键，如图 1-66 所示，可以完成当前文件的存储。

图 1-66　保存场景

1.6.2　自动保存文件

Maya 为用户提供了一种以自定义的时间间隔自动保存场景的方法，用户可以在

菜单栏中执行"窗口"|"设置 / 首选项"|"首选项"命令,如图 1-67 所示,打开"首选项"窗口,设置保存的路径及其他相关参数。

图 1-67　执行"窗口"|"设置 / 首选项"|"首选项"命令

在"首选项"窗口的"类别"列表框中,选择"文件 / 项目"选项,选中"自动保存"选项组中的"启用"复选框后,即可在下方设置"自动保存目标""自动保存数"及"间隔 (分钟)"等参数,如图 1-68 所示。用户需要通过自行甄别计算机的性能,来设置文件保存间隔的时间,或者后续在所设置的路径中手动删除阶段性自动保存的文件。

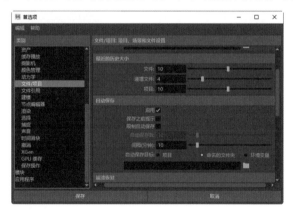

图 1-68　打开"首选项"窗口设置自动保存文件

1.6.3　保存增量文件

Maya 为用户提供了一种被称为"保存增量文件"的存储方法,即按照当前文件的名称,后续保存的文件会在该文件名后以添加数字后缀的方式不断对工作中的文件进行存储。

首先将场景文件进行本地存储,然后在菜单栏中执行"文件"|"递增并保存"命令,或按 Ctrl+Alt+S 快捷键执行"递增并保存"命令,如图 1-69 所示。

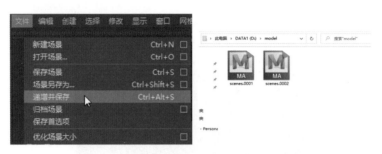

图 1-69 执行"文件" | "递增并保存"命令

完成以上操作后，即可在该文件保存的路径目录下另存为一个新的 Maya 项目文件，默认情况下，递增版本文件的名称为 scenes.0001.mb、scenes.0002.mb。保存递增文件后，文件名就会递增 0001。保存增量文件后，原始文件将关闭，新版本文件将成为当前文件。

1.6.4 归档场景

使用"归档场景"命令可以将 Maya 文件及相关文件资源 (如贴图文件) 打包成一个 zip 文件，打包的文件将与当前场景文件放置于同一目录下，如图 1-70 所示。

图 1-70 归档场景

1.7 思考与练习

1. 简述 Maya 2020 工作界面的各个组成部分。
2. 简述普通复制和特殊复制的区别。
3. 在 Maya 2020 中新建一个新的项目工程文件。

第 2 章

基础建模

本章介绍在 Maya 中使用 NURBS 建模
和 Polygon 建模创建三维模型的方法。通过
本章的学习，读者可以快速了解 NURBS 建
模和 Polygon 建模的原理和特点，为后面的
高级建模打下基础。

2.1 NURBS 建模

NURBS 建模也称为曲面建模，是常用的建模方法之一，它能够产生平滑的、连续的曲面，是专门制作曲面物体的一种造型方法。这种建模方法适用于工业造型及生物模型的创建，如流线型的跑车，人的皮肤和面貌等。这一建模方法被广泛运用于游戏制作、角色动画建模、工业设计、产品设计等。

NURBS 建模技术在设计与动画行业中占有举足轻重的地位，一直以来都是国外大型三维制作公司的标准建模方式，如迪士尼、皮克斯、PDI(太平洋影像公司)、工业光魔等，国内部分公司也在使用 NURBS 建模。NURBS 的外观是由曲线和曲面来定义的，可以使用它制作出各种复杂的曲面造型和表现特殊的效果。NURBS 建模更常作为视觉表现使用，最终以生产效果图或视频表现为主，如果后续项目需要，还可以将 NURBS 模型转换为多边形模型。

2.1.1 曲线工具

Maya 2020 工具架的前半部分提供了多种曲线工具，如表 2-1 所示。

表 2-1　常用的曲线工具

曲线工具	图　标	功能说明
EP 曲线		以单击创建点的方式绘制曲线，可以使曲线通过特定点，绘制完成后按 Enter 键结束绘制操作
铅笔曲线工具		可在场景中直接绘制曲线草图，曲线方向跟随用户的绘制路径，绘制自由度高，可创建具有大量数据点的曲线
三点圆弧		在场景中绘制出两个或三个端点，通过"中心点/半径"来创建圆弧，按 Enter 键结束绘制操作
附加曲线		将两条或两条以上的线条合并为一条曲线
分离曲线		在"编辑点"模式下，可将一条曲线分为两条
插入结		在"编辑点"模式下，可为曲线添加一个编辑点
延伸曲线		在选中曲线的情况下，可延长一条曲线
偏移曲线		可创建出所选曲线的副本，副本曲线会产生一定的偏移
重建曲线		当曲线上的点过多时，可减少曲线上的段数
添加点工具		为选中的曲线添加点
曲线编辑工具		使用操纵器来更改所选择的曲线
Bezier 曲线工具		可用于更改曲线上选定的控制点或切线

2.1.2 曲面工具

Maya 2020 工具架的后半部分提供了多种曲面工具，如表 2-2 所示。

表 2-2 常用的曲面工具

曲面工具	图标	功能说明
旋转		将创建好的曲线绕枢轴点旋转来生成一个曲面模型
放样		沿选择的多条曲线生成曲面模型
平面		根据所选的闭合的曲面来创建平面曲面
挤出		根据选择的曲线挤出模型
双轨成形 1 工具		让一条轮廓线沿着两条曲线进行扫描，从而生成曲面模型
倒角		根据一条曲线生成带有过渡边缘的曲面模型
在曲面上投影曲线		将曲线投影到曲面上，从而生成曲面曲线
曲面相交		在曲面的交界处产生一条相交曲线
修剪工具		根据曲面上的曲线对曲面进行修剪操作
取消修剪		撤销对曲面的上次修剪或所有修剪
附加曲面		将两个曲面合并为单个曲面
分离曲面		根据曲面模型上所选择的等参线来分离曲面模型
开放 / 闭合曲面		将曲面在 U 向 / V 向进行打开或者封闭操作
插入等参线		在曲面的任意位置插入新的等参线
延伸曲面		根据选择的曲面延伸曲面模型
重建曲面		在曲面上重新构造等参线以生成布线均匀的曲面模型
雕刻几何体工具		使用该工具可以雕刻 NURBS 和多边形几何体，使用笔刷绘制的方式在曲面模型上进行雕刻操作
曲面编辑工具		将操纵器附着到单击的曲面，使用操纵器更改曲面上的点

2.1.3 实例：花瓶建模

接下来的实例为用户讲解如何运用 NURBS 建模技术及使用基本的曲线工具、曲面工具和曲面建模相关命令来创建曲面模型，如通过绘制 EP 曲线、编辑点或创建 NURBS 基本体等方法来创建曲面模型。

【实例 2-1】利用 "EP 曲线工具" 制作一个花瓶，本实例最终完成效果如图 2-1 所示。

01 启动 Maya 2020，按住空格键，单击"Maya"按钮，在弹出的菜单中选择"右视图"命令，将当前视图切换至右视图，如图 2-2 所示。

图 2-1　花瓶

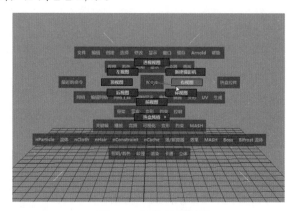

图 2-2　切换至右视图

02 在"曲线/曲面"工具架中 曲线/曲面 单击"EP 曲线工具"按钮，按 Shift 键并单击，从花瓶底部开始绘制直线，如图 2-3 所示。

03 顺着花瓶的底部向上绘制出花瓶的侧面线条，然后按 Enter 键确认，如图 2-4 所示。

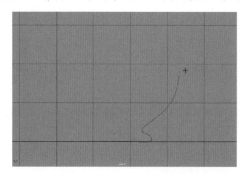

图 2-3　从底部开始绘制花瓶

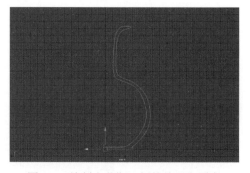

图 2-4　绘制出花瓶一侧的外形和厚度

04 在初次绘制曲线时可能无法准确地绘制出想要的曲线造型，此时可以右击鼠标并在弹出的菜单中选择"控制顶点"命令，如图 2-5 所示，手动对曲线造型进行调整。

05 选择顶点并对模型的造型进行调整，如图 2-6 所示。

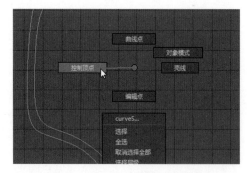

图 2-5　选择"控制顶点"命令

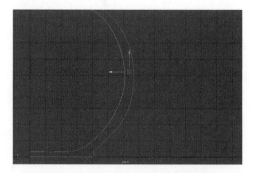

图 2-6　移动顶点对模型进行调整

06 右击模型并从弹出的菜单中选择"编辑点"命令，然后选择一处顶点，如图2-7所示。

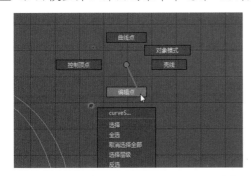 

图 2-7　选择"编辑点"命令

07 在菜单栏中选择"曲线"|"插入结"命令，如图2-8所示，可在此处添加顶点。

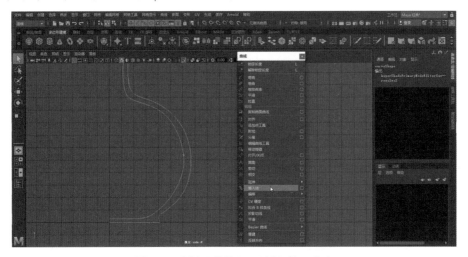

图 2-8　选择"曲线"|"插入结"命令

08 右击顶点并从弹出的菜单中选择"控制顶点"命令，此时会在之前所选中的顶点处插入一个新的顶点，如图2-9所示，通过插入此类顶点可以对模型进行更细致的调整。

09 右击模型并从弹出的菜单中选择"对象模式"命令，然后选择曲线，在"曲线/曲面"工具架中 曲线/曲面 单击"旋转"按钮 ，可在场景中得到一个曲面模型，如图2-10所示。

 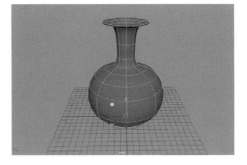

图 2-9　插入新的顶点　　　　　　　　　图 2-10　创建曲面模型

10 完成以上操作后，得到如图2-1所示的花瓶模型效果。

2.1.4　实例：樱桃建模

【实例 2-2】利用曲面建模的方法制作一个樱桃模型，效果如图 2-11 所示。

01 在"曲线 / 曲面"工具架中 曲线/曲面 单击"NURBS 球体"按钮◯，在场景中创建一个 NURBS 球体，如图 2-12 所示。

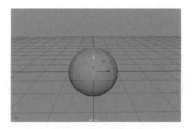

图 2-11　樱桃　　　　　　　　　图 2-12　创建 NURBS 球体

02 右击 NURBS 球体并从弹出的菜单中选择"等参线"命令，然后按数字 4 键，切换到线框显示模式，如图 2-13 所示。

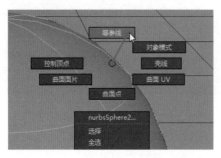
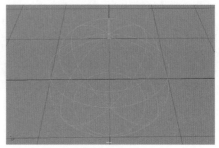

图 2-13　选择"等参线"命令并切换到线框显示模式

03 单击并长按 NURBS 球体顶部的第一条等参线，线段会变成红色，如图 2-14 所示。

04 将红线向上拖动，使其靠近顶端，然后释放鼠标，红色等参线会变成黄色虚线，如图 2-15 所示。

05 按 Shift 键不放，然后单击并长按 NURBS 球体底部的第一条等参线，该线段会变成红色，如图 2-16 所示。

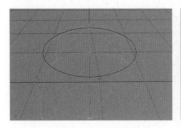

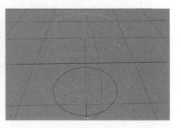

图 2-14　选中顶部等参线　　　图 2-15　向上拖动等参线　　　图 2-16　选中底部等参线

06 将选中的红色等参线向下拖动至靠近底端的位置，然后释放鼠标，该等参线会变成黄色虚线，如图 2-17 所示。

07 在菜单栏中选择"曲面"|"插入等参线"命令，如图 2-18 所示。

08 此时上下两端的黄色虚线转换成了实线，如图 2-19 所示。

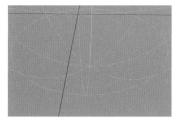

图 2-17 拖动等参线　　图 2-18 选择"曲面"|"插入等参线"命令　　图 2-19 转换为实线

09 按数字 5 键，返回物体显示模式，如图 2-20 所示。

10 右击并从弹出的菜单中选择"控制顶点"命令，如图 2-21 所示。

11 通过 NURBS 球体周围出现的顶点来调整其造型，如图 2-22 所示。

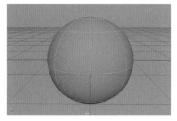
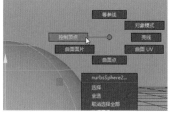
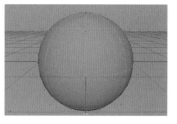

图 2-20 返回物体显示模式　　图 2-21 选择"控制顶点"命令　　图 2-22 调整物体形状

12 框选模型顶部的顶点，使用移动工具 沿着 Y 轴向下移动，制作出樱桃顶部的凹槽结构，如图 2-23 所示。

13 框选模型左右两端的顶点，使用移动工具 沿着 Y 轴向上移动，制作出樱桃两端微微凸起的结构，如图 2-24 所示。

14 框选模型中间的一圈控制点，使用移动工具 沿着 Y 轴向上移动来调整模型的大小，使模型从上至下呈现出一个由大到小的趋势，如图 2-25 所示。

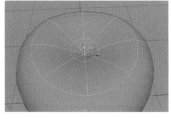

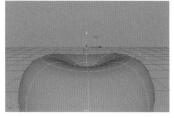
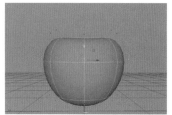

图 2-23 制作顶部凹槽结构　　图 2-24 制作两边凸起结构　　图 2-25 调整模型形状

15 在"曲线 / 曲面"工具架中单击"NURBS 圆形曲线"按钮 ，在场景中创建一个 NURBS 圆形曲线，然后将其移至樱桃顶端的凹槽处，如图 2-26 所示。

16 按 Ctrl+D 快捷键执行"复制"命令，向上复制出 4 条圆形曲线，然后调整 5 条圆形曲线的比例和方向，目的是制作樱桃模型的枝干，如图 2-27 所示。

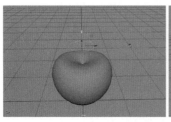
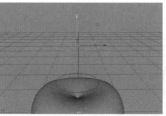
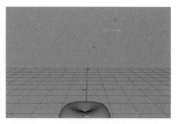

图 2-26　创建 NURBS 圆形曲线　　　　图 2-27　向上复制出 4 条圆形曲线

17 依次从上往下单击选中 5 条圆形曲线，如图 2-28 所示。

18 在"曲线 / 曲面"工具架中 曲线/曲面 单击"放样"按钮 ，此时场景中选中的 5 条圆形曲线会生成一个曲面模型。

19 若模型出现了黑面，此时可以选择模型，在菜单栏中选择"曲线"|"反转方向"命令，如图 2-29 所示。

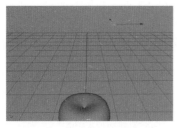

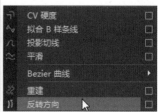

图 2-28　选中 5 条圆形曲线　　　　　图 2-29　选择"反转方向"命令

> **注意**
>
> 　　注意选择曲线的顺序，并且曲线形态的变化会直接影响后期的成型效果。如果放样后模型出现黑面，则是法线的方向发生了颠倒。

20 检查模型，可见枝干的顶部还处于一个未封口的状态，如图 2-30 所示。

21 在"曲线 / 曲面"工具架中 曲线/曲面 单击"平面"按钮 ，对洞口进行封口，如图 2-31 所示。

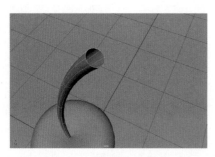
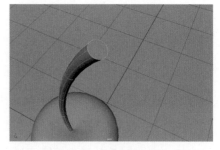

图 2-30　枝干顶部未封口　　　　　图 2-31　对洞口进行封口

22 完成以上操作后，樱桃模型的最终效果如图 2-11 所示。

2.1.5 实例：圣诞糖果棍建模

【实例 2-3】利用曲面建模命令制作一个圣诞糖果棍模型，效果如图 2-32 所示。

01 在"曲线 / 曲面"工具架中 曲线/曲面 单击"EP 曲线工具"按钮 。

02 按 X 键激活"捕捉到栅格"命令 ，通过单击绘制出圣诞糖果棍的大致造型，如图 2-33 所示。

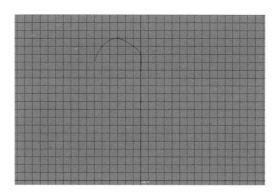

图 2-32　圣诞糖果棍　　　　　　　图 2-33　绘制曲线

03 右击圣诞糖果棍的造型，并从弹出的菜单中选择"控制顶点"命令，调整曲线形状，如图 2-34 所示。

04 切换到透视图并选择曲线，在菜单栏中选中"曲面"|挤出"命令右侧的复选框，如图 2-35 所示。

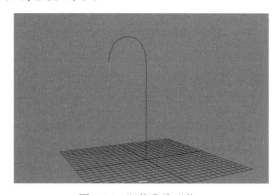

图 2-34　调整曲线形状　　　　　　图 2-35　选中"挤出"命令右侧的复选框

05 打开"挤出选项"窗口，在"样式"选项组中选择"距离"单选按钮，在"输出集合体"选项组中选择"多边形"单选按钮，在"类型"选项组中选择"四边形"单选按钮，在"细分方法"选项组中选择"常规"单选按钮，在"U 向数量"文本框中输入 20，在"V 向数量"文本框中输入 1，单击"应用"按钮，如图 2-36 所示。

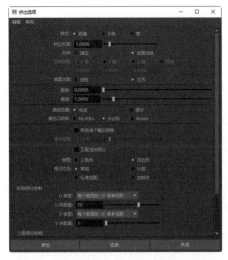
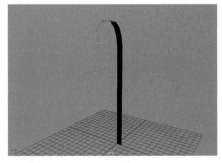

图 2-36　设置"挤出选项"参数

06 使用缩放工具 沿着 X 轴调整模型的宽度，如图 2-37 所示。

07 在"多边形建模"工具架中 多边形建模 单击"挤出"按钮 ，沿着 Z 轴向外拖动，如图 2-38 所示，制作出模型的厚度，完成后单击旁边空白处确认操作。

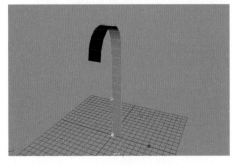
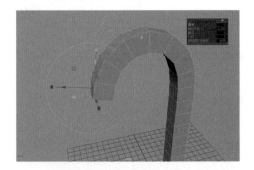

图 2-37　修改模型宽度　　　　　　　　图 2-38　制作模型的厚度

08 选中模型，右击并从弹出的菜单中选择"对象模式"命令，如图 2-39 所示。

09 调整到合适的比例后，按 Shift 键加鼠标右键并选择"平滑"命令，如图 2-40 所示。

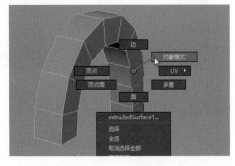
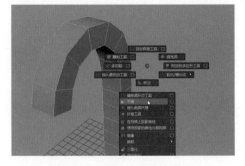

图 2-39　选择"对象模式"命令　　　　　图 2-40　选择"平滑"命令

10 场景中的模型被细化完善，整体变得圆润，如图 2-41 所示。

11 制作结束后，选中曲线，按 H 键将曲线隐藏，被隐藏的模型在大纲视图中的名称会变成灰色，如图 2-42 所示。

图 2-41　将模型细化完善　　　　　图 2-42　隐藏曲线

12 完成以上操作后，圣诞糖果棍模型的最终效果如图 2-32 所示。

2.2　Polygon 建模

Polygon(多边形) 建模是三维软件中两大流行建模方式之一。在电影《最终幻想》和《魔比斯环》中，大部分复杂的角色结构是通过 Polygon 建模完成的，使用该建模方式可以优化整个项目流程的操作步骤。

Polygon 建模的特点是操作灵活，可在创建的基础模型之上利用多边形建模工具对组件进行编辑，为其添加足够的细节并优化，从而制作出关系结构复杂的模型。在项目制作中也可以用较少的面来描绘出一个复杂模型的造型，这样在后续制作中，不仅能加快渲染速度，还能在游戏或其他应用软件中提供更高的运行速度和交互式性能。Polygon 建模适用于 CG 动画、游戏建模、工业产品、室内设计等领域。

Polygon 建模与曲面建模在技术上有着不同之处。Polygon 模型在 UV 编辑上非常自由，用户可以对 UV 进行手动编辑，方便后续的贴图制作，而 NURBS 模型的 UV 则无法手动编辑。

2.2.1　常用的建模命令和工具

常用的多边形工具和命令位于"多边形建模"工具架上，如表 2-3 所示。

表 2-3　常用的多边形建模命令和工具

结合		将选定的网格组合到单个多边形网格中。一旦多个多边形被组合到同一网格中，就只能在两个单独的网格壳之间执行编辑操作
分离		将网格中断开的壳分离为单独的网格。可以立即分离所有壳，或者可以首先选择要分离的壳上的某些面，再指定要分离的壳
平滑		通过选择多边形对象增加多边形分段以对其进行平滑处理
倒角		该操作可以对多边形网格的顶点进行切角处理，或使其边成为圆形边。为多个角边倒角，所有的倒角边长度都相等，并且新的线段均平行

（续表）

桥接		可在现有多边形网格上的两组面或边之间创建桥接。生成的桥接面将合并到原始网格中。如果需要通过一块网格将两组边连接到一起，桥接就十分有用
挤出		该操作可以从现有边、面或顶点挤出新的多边形
多切割		该工具允许用户对循环边进行切割、切片和插入。用户可以沿着模型进行切割操作或删除边操作，通过对模型的边进行插入循环边或切割操作后，在"平滑网格预览"模式下也可进行编辑
目标焊接		该工具允许用户合并顶点或边以在它们之间创建共享顶点或边。只能在组件属于同一网格时进行合并
连接		该工具可以在多边形组件之间插入边来连接这些组件。顶点将直接连接到边，而边将在其中点处进行连接

2.2.2　实例：沙发凳建模

多边形是直边形状（三条边或多条边），它是由三维点（顶点）和连接它们的直线定义的。多边形的内部区域称为面。通过在场景中创建一个或多个多边形基本体，并对其组件进行调整，综合应用倒角、挤出、复制、卡线等命令来制作出一个完整的模型。

在建模时，用户不仅需要注意物体对象的比例、细节、布线等方面，还要有清晰的建模思路和符合规范的模型，这样才能提高项目的建模效率。

【实例2-4】利用多边形建模的方法创建一个沙发凳，效果如图 2-43 所示。

01 启动 Maya 2020，在"多边形建模"工具架中 多边形建模 单击"多边形立方体"按钮，此时会在场景中创建一个多边形立方体，如图 2-44 所示。

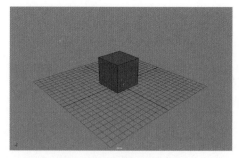

图 2-43　沙发凳　　　　　　　图 2-44　创建多边形立方体

02 使用缩放工具根据参考图调整多边形立方体的造型，如图 2-45 所示。

03 按数字 4 键，切换到线框显示模式，框选多边形立方体左右两端的线段，如图 2-46 所示。

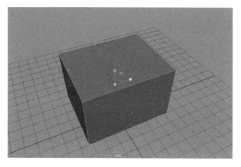

图 2-45　调整模型

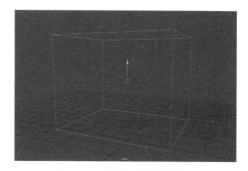

图 2-46　选中两端的线段

04 在"多边形建模"工具架中单击"倒角"按钮，在打开的面板中设置"分数"数值为 0.3，"分段"数值为 3，如图 2-47 所示。

05 按数字 5 键，切换到物体显示模式，如图 2-48 所示。

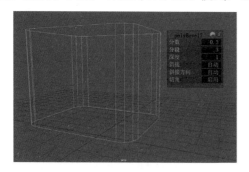

图 2-47　执行"倒角"操作

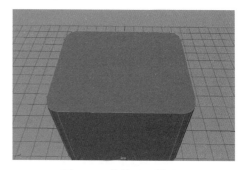

图 2-48　物体显示模式

💡 **注意**

出于倒角的性质原因，顶面和底面的边数都超过了四边面的边数，这样在后期的计算中会出现错误，此时需要用户手动对其进行加线。

06 右击并从弹出的菜单中选择"顶点"命令，如图 2-49 所示。

07 按 Shift 键加鼠标右键，在弹出的菜单中选择"连接工具"命令，如图 2-50 所示。

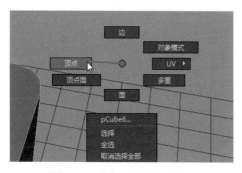

图 2-49　选择"顶点"命令

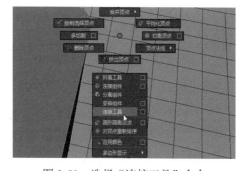

图 2-50　选择"连接工具"命令

08 选择左右两端对应的两个顶点，执行"连接工具"命令后会看到一条绿色线段出现在顶面，在确认所连接的线段无误后，按 Enter 键确认，如图 2-51 所示。

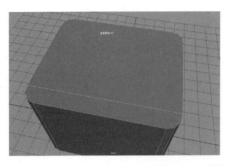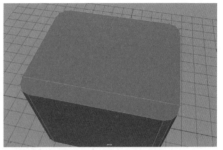

图 2-51　确认连接线段无误

💡 **注意**

在这里也可以使用"多切割工具"对面进行切分，但在面对结构复杂的模型时可能会发生失误，破坏原有的布线，而使用"连接工具"能确保用户不会选错顶点。

09 仔细检查模型，确保顶面和底面没有大于四边的面出现，如图 2-52 所示。

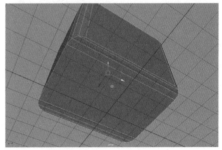

图 2-52　加完线段后的顶面和底面

💡 **注意**

虽然 Maya 支持使用四条以上的边创建多边形，但是多于四条边的面在后期渲染时易出现扭曲错误，故进行多边形建模时，通常使用四边面创建模型。

10 按数字 4 键，切换到线框显示模式下，双击选中上端外围的一圈边缘线，然后按住 Shift 键并双击加选下端外围的一圈边缘线，如图 2-53 所示。

11 按数字 5 键，切换到物体显示模式下，再次执行"倒角"命令，在打开的面板中设置"分数"数值为 1，如图 2-54 所示。

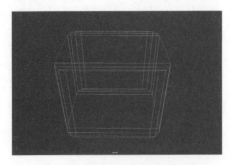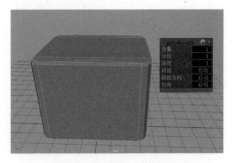

图 2-53　选中上下两端的边缘线　　　　　如图 2-54　执行"倒角"命令

12 选中上下两端倒角出的边线，使用"缩放"工具![icon]沿着 Y 轴向下移动来缩短两条线段的间距，如图 2-55 所示。

13 选中模型，按Ctrl+D快捷键复制出一个副本，使用"缩放"工具![icon]调整沙发垫的厚度，如图 2-56 所示。

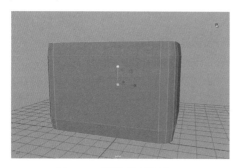
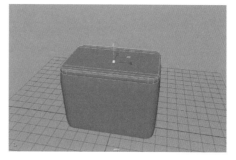

图 2-55 调整线段距离　　　　　　　　　图 2-56 调整沙发垫的厚度

14 在"多边形建模"工具架中单击"多边形圆柱体"按钮![icon]，在场景中创建出一个多边形圆柱体作为凳子腿，并调整其位置，如图 2-57 所示。

15 单击视图区上方的"隔离选项"按钮![icon]，使多边形圆柱体单独显示出来，如图 2-58 所示。

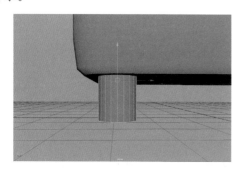
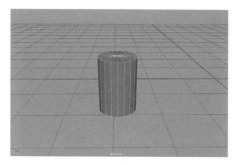

图 2-57 创建多边形圆柱体　　　　　　　图 2-58 使多边形圆柱体单独显示出来

16 右击并从弹出的菜单中选择"面"命令，选择圆柱体顶部的面，按 Delete 键将其删除，如图 2-59 所示。

17 再次单击视图区上方的"隔离选项"按钮![icon]，取消独显操作，按 D 键执行"移动中心轴"命令，结果如图 2-60 所示。

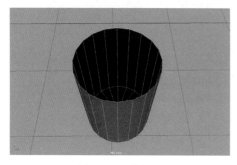
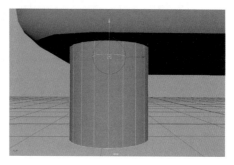

图 2-59 删除面　　　　　　　　　图 2-60 执行"移动中心轴"命令后的结果

注意

删除看不见的面是为了节省资源，并且方便后续拆分 UV。如果制作的模型面数过多会导致 Maya 软件操作变得卡顿。

18 按 X 键激活"捕捉到栅格"命令🔲，然后单击坐标轴中心，将坐标轴移到网格中心点，如图 2-61 所示。

19 完成操作后松开 X 键，再按 D 键，结果如图 2-62 所示。

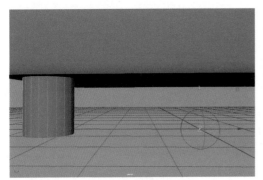
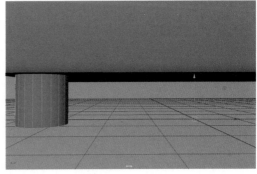

图 2-61　将坐标轴移至网格坐标中心　　　　图 2-62　松开 X 键并按 D 键后的结果

20 选择"编辑"|"特殊复制"命令右侧的复选框，打开"特殊复制选项"窗口，如图 2-63 所示。

图 2-63　打开"特殊复制选项"窗口

21 在"特殊复制选项"窗口的"缩放 X"文本框中输入 1，单击"应用"按钮，复制出一条凳子腿，如图 2-64 所示。

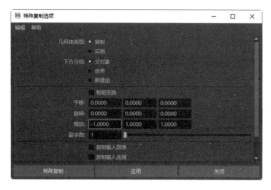
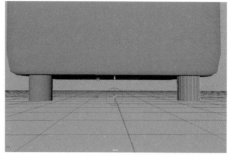

图 2-64　复制出一条凳子腿

22 选中两条凳子腿，在"缩放 Z"文本框中输入 -1，单击"应用"按钮，复制出另外两条凳子腿，如图 2-65 所示。

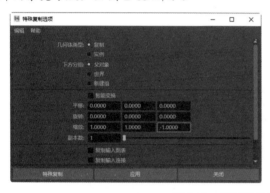
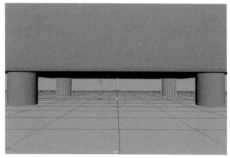

图 2-65　复制出另外两条凳子腿

23 本实例制作完成后的效果如图 2-43 所示。

2.2.3　实例：水杯建模

【实例 2-5】利用多边形建模方法创建一个水杯，效果如图 2-66 所示。

01 启动 Maya 2020，在"多边形建模"工具架中 多边形建模 单击"多边形圆柱体"按钮 ，在场景中创建一个多边形圆柱体，如图 2-67 所示。

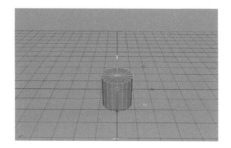

图 2-66　水杯模型　　　　图 2-67　创建一个多边形圆柱体

02 按 D 键激活"移动中心轴"命令，如图 2-68 所示。

03 按 V 键激活"捕捉到点"命令，将圆柱体的坐标轴中心点捕捉到圆柱体底部中心的顶点上，如图 2-69 所示。

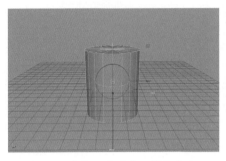

图 2-68 执行"移动中心轴"命令

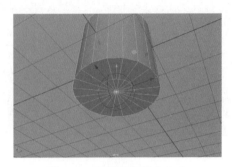

图 2-69 移动坐标轴中心点

04 按 X 键激活"捕捉到栅格"命令，然后将模型吸附至栅格水平面上，再按一次 D 键结束操作，如图 2-70 所示。

05 右击并从弹出的菜单中选择"面"命令，如图 2-71 所示。

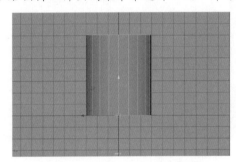

图 2-70 吸附至栅格水平面

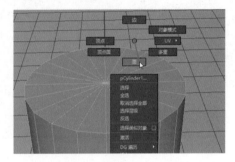

图 2-71 选择"面"命令

06 选择顶部所有的面，在"多边形建模"工具架中 多边形建模 单击"挤压"按钮 ，单击坐标轴箭头上方的方块，可切换到缩放模式。拖动坐标中心向内收缩，如图 2-72 所示。

07 再次执行"挤压"操作，将顶部选中的面向下拖动，如图 2-73 所示，是为了之后做出杯子的厚度，注意不要向下拖动得太深，以免穿模。

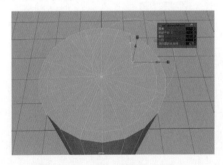

图 2-72 执行"挤压"操作

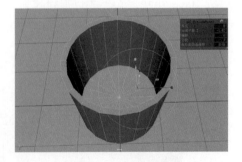

图 2-73 向下拖动面

08 接下来制作水杯把手，右击并从弹出的菜单中选择"边"命令，如图 2-74 所示。

09 按 Shift 键并右击，在弹出的菜单中选择"插入循环边工具"命令右侧的复选框，如图 2-75 所示，此时打开"工具设置"窗口。

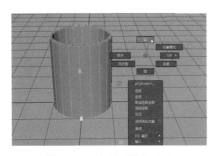

图 2-74　选择"边"命令

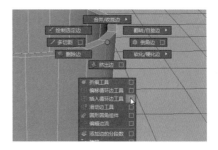

图 2-75　选择"插入循环边工具"命令右侧的复选框

10 在"工具设置"窗口的"保持位置"选项组中选择"多个循环边"单选按钮，在"循环边数"文本框中输入 5，如图 2-76 所示。

11 设置好参数后回到场景，然后单击水杯外壁，就能出现五条等分的线段，如图 2-77 所示。

图 2-76　将循环边数改为 5

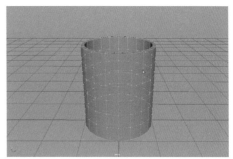

图 2-77　单击水杯外壁

12 切换到右视图视角中，右击并从弹出的菜单中选择"面"命令。

13 选中水杯外壁上的一个面，再按 Shift 键加选旁边的面，选中的这两个面将作为水杯把手的起始端，如图 2-78 所示。

14 切换至透视图，在"多边形建模"工具架中 多边形建模 单击"挤出"按钮，制作水杯把手的起始端，如图 2-79 所示。

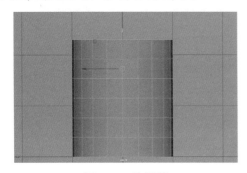

图 2-78　选择面

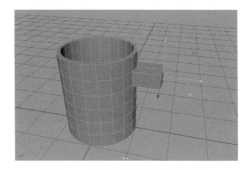

图 2-79　制作水杯把手的起始端

15 因为把手的起始端是从具有弧度的杯身上挤出的，所以挤出的横截面并不是平整的，如图 2-80 所示。

16 使用缩放工具 沿着 X 轴向内推到底，使其变成一个平整的横截面，如图 2-81 所示。

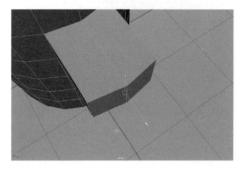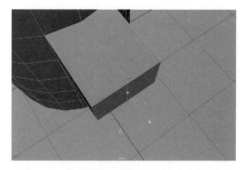

图 2-80　挤出的面并不平整　　　　　图 2-81　使用缩放工具沿 X 轴向内推到底

17 按 Delete 键删除选中的两个面，然后进入"边"模式，双击选中洞口一圈的边线，如图 2-82 所示。

18 切换至前视图，在"多边形建模"工具架中 多边形建模 单击"挤出"按钮 ，执行向外挤出操作，如图 2-83 所示。

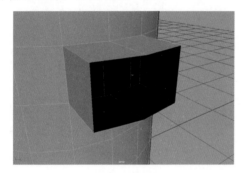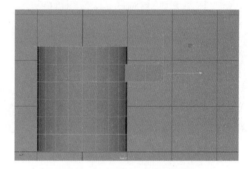

图 2-82　删除面　　　　　　　　　图 2-83　执行向外挤出操作

19 使用移动工具 沿 Y 轴向下拖动，使杯子把手形成一个弧度，如图 2-84 所示。

20 使用旋转工具 对选中的横截面进行旋转操作，如图 2-85 所示。

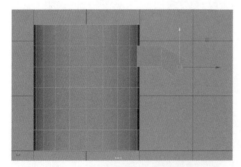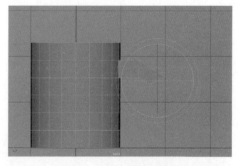

图 2-84　做出杯子把手的弧度　　　　　图 2-85　进行旋转操作

21 再次单击"挤出"按钮 ，使用移动工具 沿着 Y 轴向下拖动，如图 2-86 所示。

22 使用缩放工具 沿 Y 轴向内推到底，得到一个平整的横截面，如图 2-87 所示。

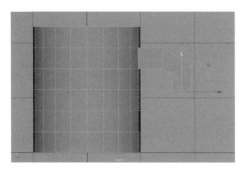

图 2-86　再次执行"挤出"操作

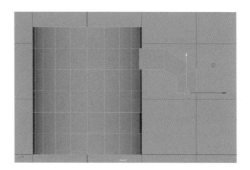

图 2-87　得到一个平整的横截面

23 按照同样的操作步骤，制作出水杯把手的造型，如图 2-88 所示。

24 接下来需要将杯子的把手和杯身的顶点焊接在一起，切换到透视图，进入"面"模式，选中杯身上与把手末端相连接的面，如图 2-89 所示。

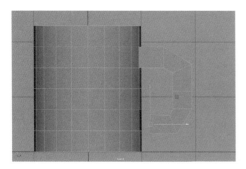

图 2-88　制作出水杯把手的造型

图 2-89　选中杯身上的两个面

25 按 Delete 键删除面，如图 2-90 所示。

26 进入"顶点"模式，在"多边形建模"工具架中 多边形建模 单击"焊接"按钮 ，单击把手末端上的顶点，按住鼠标将其拖动至与杯身相对应的目标顶点上，如图 2-91 所示。

图 2-90　删除面

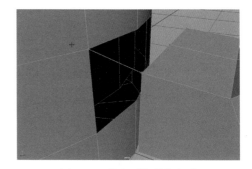

图 2-91　执行"焊接"操作

27 确认焊接位置无误后，松开鼠标，把手上的顶点就会被焊接到杯身上，如图 2-92 所示。

28 使用同样的方法将其余的顶点分别焊接到杯身上，完成后按 W 键结束命令，如图 2-93 所示。

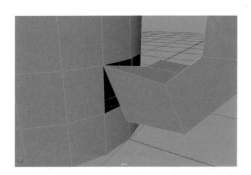

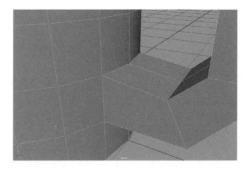

图 2-92　将把手上的点焊接到杯身上　　　　图 2-93　将其余点焊接到杯身上

29 此时把手的形状并不是很好看，需要手动调整把手的造型，使其比例更加合理，如图 2-94 所示。

30 切换到前视图，框选把手上一圈的点，调整造型，如图 2-95 所示。

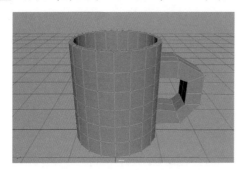

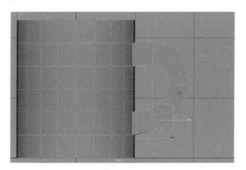

图 2-94　观察把手的形状　　　　　　　　图 2-95　调整把手形状

31 完成后，切换到顶视图，框选水杯把手上的顶点，但顶端和末端的顶点除外，如图 2-96 所示。

32 切换到右视图，使用缩放工具，沿 Z 轴向内推，如图 2-97 所示，使把手的宽度变窄。

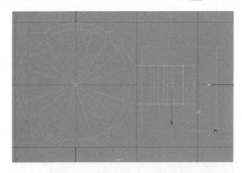

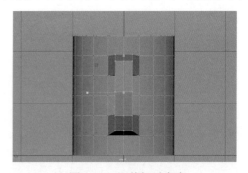

图 2-96　框选把手上的顶点　　　　　　　图 2-97　调整把手宽度

33 切换到透视图，进一步调整把手的宽度，使其造型更为合理，如图 2-98 所示。

34 按数字 3 键，进入平滑质量显示，如图 2-99 所示。这样能够帮助用户快速地预览低模细分之后的效果，此时可以看到水杯模型变得平滑，但是杯口、杯底、把手的起始端和末端并不需要这么平滑，接下来需要进行卡线操作。

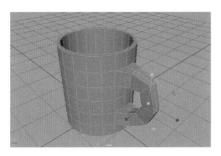

图 2-98 进一步调整把手

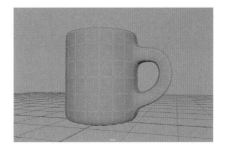

图 2-99 进行平滑质量显示

35 按数字 1 键，回到低精度模式。进入边模式，在"多边形建模"工具架中 多边形建模 单击"多切割工具"按钮 ，选中后鼠标会变成一个切刀的形状，按 Ctrl 键并单击需要卡线的地方，即可对模型进行环切操作，如图 2-100 所示。

36 杯口、杯底和把手都需要卡一圈线，完成后按 W 键结束命令，结果如图 2-101 所示。

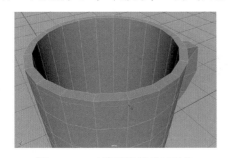

图 2-100 对模型进行环切操作

图 2-101 对模型进行卡线

37 右击并从弹出的菜单中选择"对象模式"命令，再按数字 3 键，结果如图 2-102 所示。进入平滑质量显示，确认杯子模型的形状，检查模型是否有忘记卡线的地方。

38 按 Shift 键并右击，从弹出的菜单中执行"平滑"命令 ，如图 2-103 所示。

图 2-102 确认杯子的形状

图 2-103 执行"平滑"命令

2.3 思考和练习

1. 简述 Maya 中 NURBS 建模与 Polygon 建模的区别。

2. 应用本章学习的 NURBS 建模和 Polygon 建模两种建模方法，创建沙发、茶几和水杯模型，效果如图 2-104 所示。

图 2-104 沙发、茶几和水杯模型

第**3**章

道具建模

本章将通过制作锤子和盾牌模型，向读者展示使用 Maya 2020 进行游戏道具建模的步骤，帮助读者进一步学习更多的常用建模方法、命令和制作流程，并且快速掌握道具建模的布线方法与技巧。

3.1 锤子建模

本节以一个游戏武器锤子建模为例，如图 3-1 所示，讲解如何利用 Maya 多边形建模技术制作一把锤子模型，重点介绍多边形基本几何形体的制作方法，多边形建模的常用命令。该案例综合应用切割多边形工具，复制、镜像、结合、合并等命令制作游戏武器锤子模型。

图 3-1　锤子模型

道具通常指的是玩家在游戏中用来操作的虚拟物体。游戏道具一般分为装备类、宝石类、使用类、特效类等。武器属于游戏道具中的装备类，它是丰富游戏角色的点睛之笔，要想让角色看起来丰富生动，就需要将游戏武器的形体与质感表现出来。道具建模主要是训练形体的造型能力，因为大多数道具不会像角色一样运动，所以布线的要求也偏低。要想做好道具模型，必须要将其形体与质感根据游戏项目需求表现出来。

建模师会依据原画设计进行造型分析，把复杂的造型高度概括，分解成较为简单的几何形体组合，然后利用 Maya 软件提供的基本几何形体对其进行参数设置，调整几何形体的点、边、面并进行细化修改，创建出所需要的模型。

在建模之前，我们需要理清模型的制作步骤。本例所制作的锤子模型需要三个步骤：第一步创建工程项目文件，第二步导入参考图，第三步制作锤子模型。

3.1.1 创建锤子项目工程文件

【实例 3-1】在 Maya 2020 中创建锤子项目工程文件。

01 先创建项目工程文件，打开 Maya 软件，执行"文件"|"项目窗口"命令，打开"项目窗口"窗口，单击"当前项目"文本框右侧的"新建"按钮。然后根据自己的情况设定文件保存路径，可以设置保存在计算机任意的磁盘空间中，这里设置为保存在桌面，如图 3-2 所示，单击"接受"按钮。

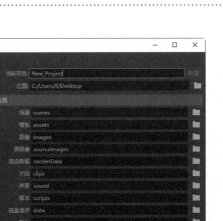

图 3-2　打开"项目窗口"窗口

02 项目创建成功后，桌面上会出现一个以 New_Project 命名的文件夹，打开 New_Project 文件夹中的 sourceimages(源图像) 子文件夹，将两张参考图复制至该文件夹内，如图 3-3 所示。

图 3-3　放入参考图

3.1.2　导入参考图

【实例 3-2】在 Maya 内部视图中导入道具锤子参考图。

01 启动 Maya 2020，按空格键切换到侧视图，在面板菜单中选择"视图"|"图像平面"|"导入图像"命令。

02 Maya 会弹出"打开"对话框并自动链接到 sourceimages(源图像) 文件夹内，选择第一张锤子前视参考图。

03 单击"打开"按钮，即可将外界参考图导入 Maya 内部的前视图中，如图 3-4 所示。

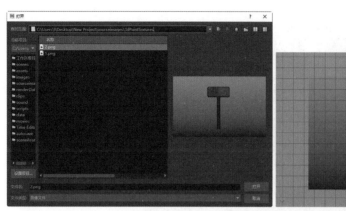
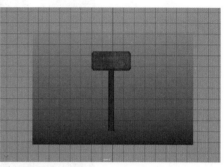

图 3-4　导入锤子前视参考图

04 按空格键切换到侧视图，在面板菜单中选择"视图"|"图像平面"|"导入图像"命令，选择第二张锤子参考图。

05 按照之前的步骤，将外界参考图导入 Maya 侧视图中作为参考图，以方便进行模型的创建，如图 3-5 所示。

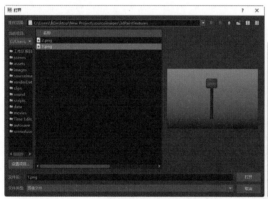
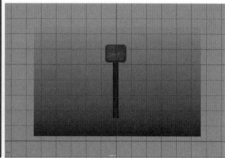

图 3-5　导入锤子侧视参考图

06 这时场景里会出现两张参考图，选择这两张参考图，将其上移至网格之上，并调整其位置，如图 3-6 所示。

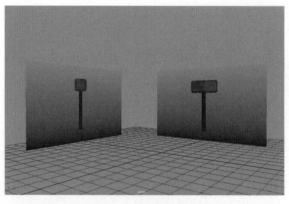

图 3-6　放置参考图

3.1.3　制作锤子模型

【实例 3-3】本例使用多边形建模的方法制作锤子模型，最终效果如图 3-1 所示。

01 按住空格键，单击"Maya"按钮，在弹出的菜单中选择"前视图"命令，切换至前视图，如图 3-7 所示。

02 在"多边形建模"工具架中 多边形建模 单击"多边形立方体"按钮 ，在场景中创建一个多边形立方体，如图 3-8 所示。

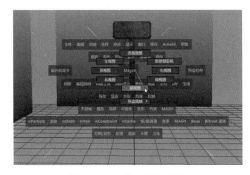
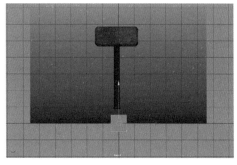

图 3-7　切换到前视图　　　　　　　　图 3-8　创建多边形立方体

03 按数字 4 键，切换到线框显示模式。

04 分别切换至前视图和侧视图，调整其比例，如图 3-9 所示。

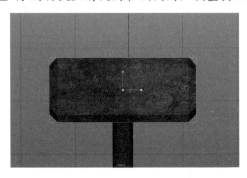
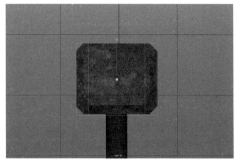

图 3-9　调整模型比例

05 框选多边形立方体的边线，再按数字 5 键切换到物体显示模式，然后在"多边形建模"工具架中 多边形建模 单击"倒角"按钮 ，在弹出的面板中设置"分数"数值为 0.3，如图 3-10 所示。

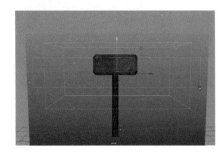
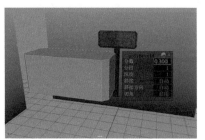

图 3-10　执行"倒角"操作

06 在"多边形建模"工具架 多边形建模 中单击"多切割工具"按钮，然后分别单击左右两端对应的顶点，对顶部和下部的面进行分割操作，如图 3-11 所示，确认两点之间连接无误后，右击结束操作。

图 3-11　对顶部和下部的面进行分割操作

07 选中多边形立方体上下两端的边线，然后在"多边形建模"工具架中 多边形建模 单击"倒角"按钮，在弹出的面板中设置"分数"数值为 0.5，如图 3-12 所示。

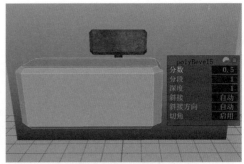

图 3-12　执行"倒角"操作

08 在"多边形建模"工具架中 多边形建模 单击"多边形圆柱体"按钮，在"通道盒/层编辑器"面板中设置"轴向细分数"数值为 12，如图 3-13 所示。

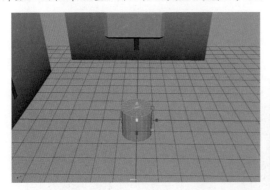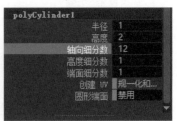

图 3-13　创建多边形圆柱体

09 分别切换至前视图和侧视图，根据参考图对多边形圆柱体的比例进行调整，如图 3-14 所示。

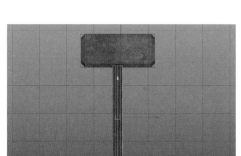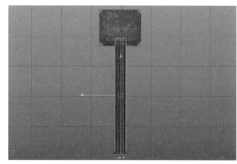

图 3-14　调整多边形圆柱体的比例

10 右击并从弹出的菜单中选择"边"命令，如图 3-15 所示，框选圆柱体手柄上的边线，按 Ctrl 键并右击，从弹出的菜单中选择"循环边工具"|"到环形边并分割"命令，可在多边形圆柱体中间插入一条边。

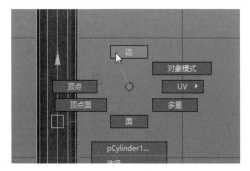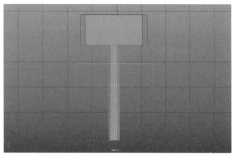

图 3-15　框选线段

11 按 Ctrl 键并右击，从弹出的菜单中选择"循环边工具"|"到环形边并分割"命令，可以看到在圆柱体中间插入了一条线，如图 3-16 所示。

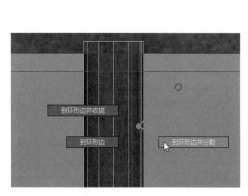

图 3-16　选择"到环形边并分割"命令

12 选择插入的循环边，向下拖动至模型底部，如图 3-17 所示。

13 按 Shift 键并右击，从弹出的菜单中选择"插入循环边工具"命令右侧的复选框，如图 3-18 所示。

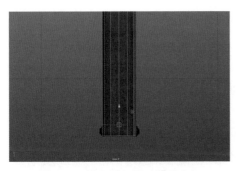

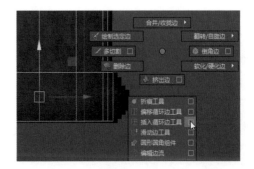

图 3-17　拖动循环边至模型底部　　　　图 3-18　选择"插入循环边工具"命令右侧的复选框

14 打开"工具设置"窗口，在"保持位置"选项组中选择"多个循环边"单选按钮，在"循环边数"文本框中输入 2，如图 3-19 所示，然后单击多边形圆柱体底部，此时会出现两条绿色的等分线段，松开鼠标确认操作。

15 选择添加的两条线段，调整其宽度，如图 3-20 所示。

图 3-19　添加两条循环边　　　　　　　图 3-20　调整循环边的宽度

3.2　盾牌建模

　　本节以游戏武器盾牌建模为例，讲解如何利用 Maya 多边形建模制作盾牌模型，重点学习使用多边形基本几何形体制作模型的方法，熟悉多边形建模的常用命令，依据原画设计，在保持造型准确的情况下，通过创建多边形命令绘制出局部模型或整体轮廓，调整与修改模型结构关系和细节塑造，最后创建出所需要的模型。该案例综合应用切割多边形工具，以及特殊复制、合并等命令制作游戏武器盾牌模型，如图 3-21 所示。

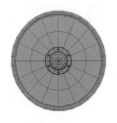   

图 3-21　盾牌模型

3.2.1　创建盾牌项目工程文件

【实例 3-4】在 Maya 2020 中创建盾牌项目工程文件。

01 打开 Maya 软件，首先创建项目工程文件，打开"项目窗口"窗口，单击"当前项目"文本框右侧的"新建"按钮，并根据项目要求设置项目文件路径，如图 3-22 所示，设置完成后单击"接受"按钮。

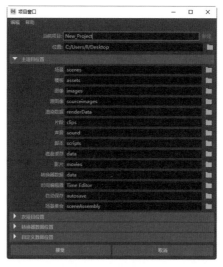

图 3-22　打开"项目窗口"窗口

02 项目创建成功后，桌面上会出现一个以 New_Project 命名的文件夹，然后将参考图复制、粘贴到桌面文件夹的 sourceimages(源图像) 文件夹内，如图 3-23 所示。

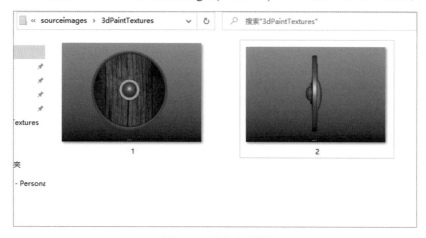

图 3-23　放入参考图

3.2.2　导入参考图

【实例 3-5】在 Maya 内部视图中导入道具盾牌参考图。

01 按空格键切换到前视图，在面板菜单中选择"视图"|"图像平面"|"导入图像"命令。

02 Maya 会自动弹出"打开"对话框并链接到 sourceimages(源图像) 文件夹内，选择第一张盾牌前视参考图，单击"打开"按钮，将外界参考图导入 Maya 内部的前视图中，如图 3-24 所示。

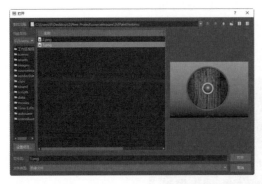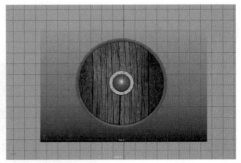

图 3-24　导入盾牌前视参考图

03 按空格键切换到右视图，选择"视图"|"图像平面"|"导入图像"命令，参照前面的方法导入第二张盾牌参考图，如图 3-25 所示。

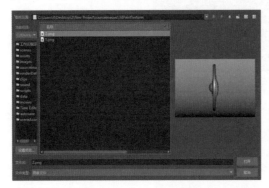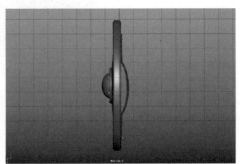

图 3-25　导入盾牌侧视参考图

04 调整好图片位置，在"层编辑器"面板中单击"从选定对象创建层"按钮，在创建图层的同时参考图会一起被添加进图层中，单击两下图层中的第三个按钮，设置为"R 锁定图层"，这样在建模的时候参考图就不会被选择到了，具体设置如图 3-26 所示。

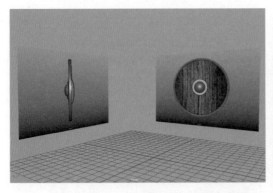

图 3-26　设置参考图

3.2.3 制作盾牌模型

【实例 3-6】利用多边形建模的方法制作盾牌模型。

`01` 在"多边形建模"工具架中 多边形建模 单击"多边形圆柱体"按钮，然后在"通道盒/层编辑器"面板中，设置"轴向细分数"数值为 16，如图 3-27 所示。

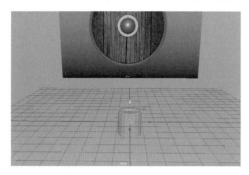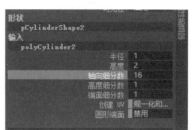

图 3-27 创建多边形圆柱体

`02` 选择多边形圆柱体，在"通道盒/层编辑器"面板中，设置"旋转 X"为 90°，如图 3-28 所示。

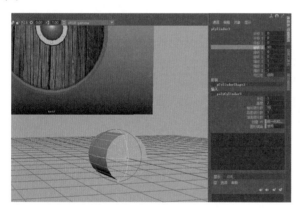

图 3-28 设置"旋转 X"数值

`03` 切换到前视图视角，按数字 4 键，切换到线框显示模式。

`04` 分别在前视图与侧视图中根据参考图调整圆柱体的大小、厚度和位置，如图 3-29 所示。

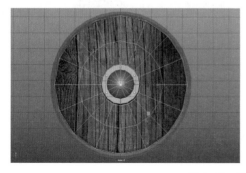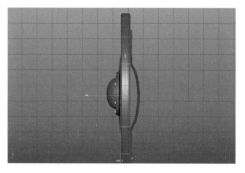

图 3-29 调整模型结构

05 选中多边形圆柱体模型的面，按 Delete 键将其删除，如图 3-30 所示。

06 双击模型外轮廓的一圈边线，然后在"多边形建模"工具架中 多边形建模 单击"挤出"按钮▣，使用缩放工具向内挤出，如图 3-31 所示。

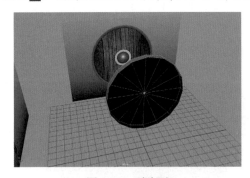

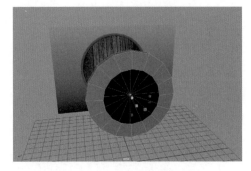

图 3-30　删除面　　　　　　　　　　　　　图 3-31　执行"挤出"操作

07 再次单击"挤出"按钮▣，使用缩放工具向内挤出，如图 3-32 所示。

08 选中圆柱体模型上的两圈顶点，如图 3-33 所示。

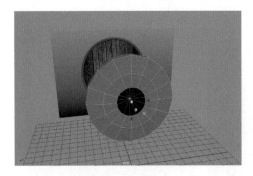

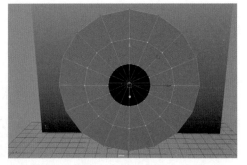

图 3-32　向内挤出　　　　　　　　　　　　图 3-33　选择顶点

09 切换到右视图，使用移动工具向左拖动，制作出盾牌表面的一个弧形突起结构，如图 3-34 所示。

10 切换到透视图，双击选中盾牌中心洞口的一圈边线，如图 3-35 所示。

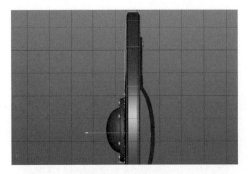

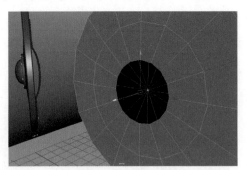

图 3-34　向左拖动　　　　　　　　　　　　图 3-35　选择边线

11 切换到侧视图，然后单击"挤出"按钮▣，使用移动工具根据参考图向外拖动边线，如图 3-36 所示。

12 切换到透视图，再次单击"挤出"按钮 ![按钮]，使用缩放工具向内收缩，然后按 Ctrl 键并右击，从弹出的菜单中选择"到顶点"命令，如图 3-37 所示。

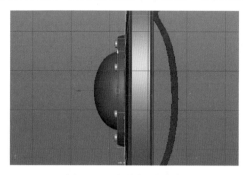

图 3-36　向外拖动边线

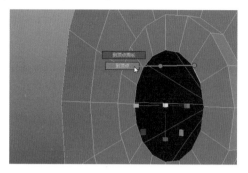

图 3-37　选择"到顶点"命令

13 按 Shift 键并右击，从弹出的菜单中选择"合并顶点"|"合并顶点到中心"命令 (如图 3-38 所示) 进行封口，效果如图 3-39 所示。

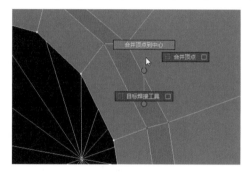

图 3-38　选择"合并顶点到中心"命令

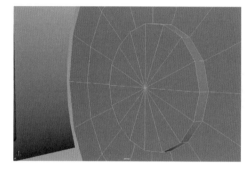

图 3-39　封口后的效果

14 按 Ctrl 键加右击，从弹出的菜单中选择"环形边工具"|"到环形边并分割"命令，如图 3-40 所示。

15 双击刚添加的一圈循环边，使用坐标轴工具向右移动，然后使用缩放工具调整循环边的比例，制作出起伏结构，如图 3-41 所示。

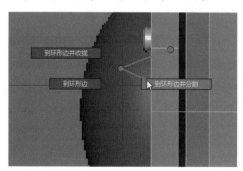

图 3-40　选择"到环形边并分割"命令

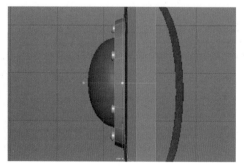

图 3-41　制作出起伏结构

16 选择一圈边线，然后在"多边形建模"工具架中 ![多边形建模] 单击"倒角"按钮，从弹出的面板中设置"分数"数值为 0.3，如图 3-42 所示。

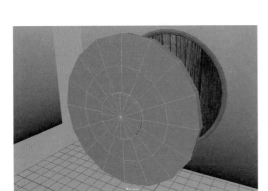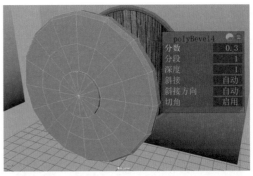

图 3-42　执行"倒角"操作

17 继续选择一圈边线，然后在"多边形建模"工具架中 多边形建模 单击"倒角"按钮，从弹出的面板中设置"分数"数值为 0.15，如图 3-43 所示。

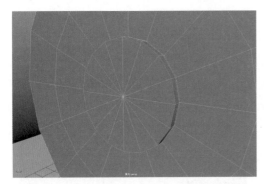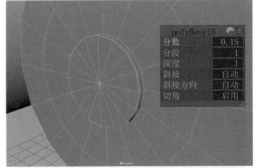

图 3-43　再次执行"倒角"操作

18 创建一个多边形球体，在"通道盒 / 层编辑器"面板中，设置"轴向细分数"数值为 12，设置"高度细分数"数值为 8，如图 3-44 所示。

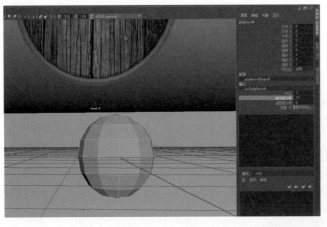

图 3-44　创建多边形球体

19 在"通道盒 / 层编辑器"面板中，设置"旋转 X"数值为 90，如图 3-45 所示。

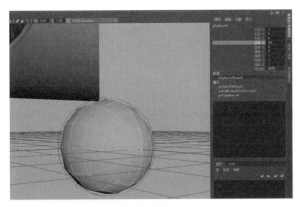
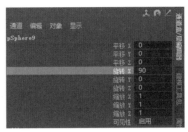

图 3-45　设置"旋转 X"数值

20 切换到右视图，进入"面"模式，删除掉一半的多边形球体，如图 3-46 所示。

21 根据参考图调整半球体的大小和位置，如图 3-47 所示。

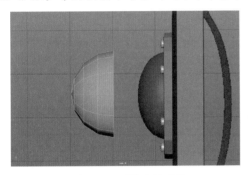
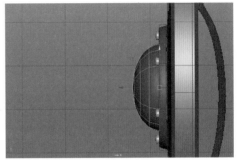

图 3-46　删除半边球体　　　　　　　　图 3-47　调整半球体的大小和位置

22 按 V 键激活"捕捉到点"命令，将多边形球体的坐标轴中心点吸附至盾牌的中心点上，如图 3-48 所示。

23 在"多边形建模"工具架中 多边形建模 单击"多边形圆环"按钮 ，制作盾牌的外围金属圈，如图 3-49 所示。

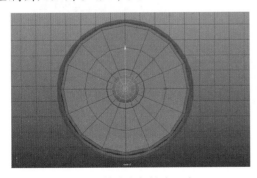
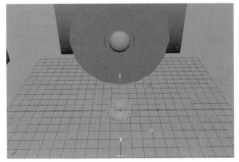

图 3-48　修改坐标轴中心点　　　　　　图 3-49　创建多边形圆环

24 在"通道盒 / 层编辑器"面板中，设置"旋转 X"数值为 90。

25 在"截面半径"文本框中输入 0.05，在"轴向细分数"文本框中输入 36，在"高度细分数"文本框中输入 8，如图 3-50 所示。

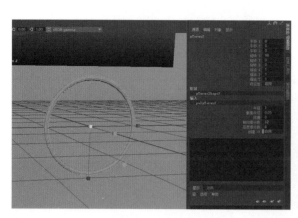
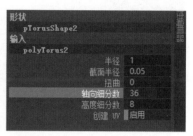

图 3-50　修改多边形圆环的参数

26 根据参考图将多边形圆环放置于适当的位置，如图 3-51 所示。

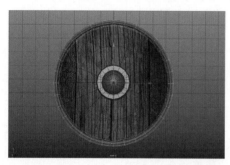
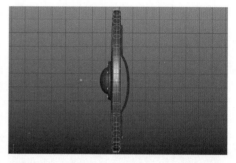

图 3-51　调整多边形圆环的位置

27 在"多边形建模"工具架中 多边形建模 单击多边形球体 ，创建一个多边形球体，如图 3-52 所示，来制作盾牌上的螺丝钉。

28 在"通道盒 / 层编辑器"面板中，设置"旋转 X"数值为 90，如图 3-53 所示。

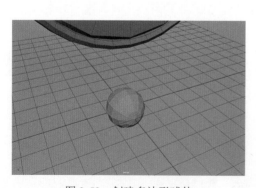

图 3-52　创建多边形球体　　　　　　图 3-53　设置"旋转 X"数值

29 在"通道盒 / 层编辑器"面板中，设置"轴向细分数"数值为 12，设置"高度细分数"数值为 6，如图 3-54 所示。

30 使用缩放工具调整模型的形状，如图 3-55 所示。

图 3-54 设置参数

图 3-55 调整多边形球体的形状

31 右击并从弹出的菜单中选择"边"命令，选择最右侧末端的一圈边线，单击"挤出"按钮，沿着 Z 轴向右拖动，如图 3-56 所示。

32 框选前半部分的面，单击"挤出"按钮，然后使用缩放工具进行放大，再使用移动工具向左拖动，如图 3-57 所示。

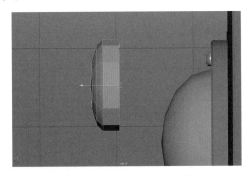

图 3-56 执行"挤出"操作

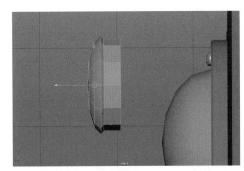

图 3-57 再次执行"挤出"操作

33 再次单击"挤出"按钮，使用移动工具沿着 Z 轴向左拖动制作出一段厚度结构，如图 3-58 所示。

34 在"多边形建模"工具架中 多边形建模 单击"多切割工具"按钮，为螺丝钉的转折处进行卡边，如图 3-59 所示。

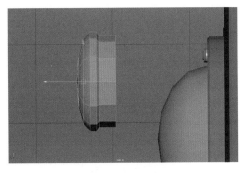

图 3-58 挤出厚度

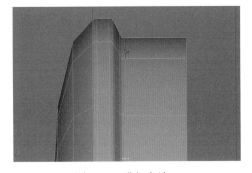

图 3-59 进行卡边

35 按 V 键激活"捕捉到点"命令，单击螺丝钉模型的坐标轴中心点并将其拖动至盾牌中心，如图 3-60 所示。

36 在菜单栏中选择"编辑"|"特殊复制"命令右侧的复选框，如图 3-61 所示。

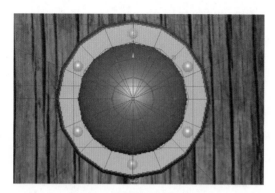

图 3-60　移动坐标轴中心点

图 3-61　选择"特殊复制"命令右侧的复选框

37 打开"特殊复制选项"窗口，在"旋转 Z"文本框中输入 60，在"副本数"文本框中输入 5，单击"应用"按钮，如图 3-62 所示，可在场景里看到复制出来的其余 5 个螺丝钉模型。

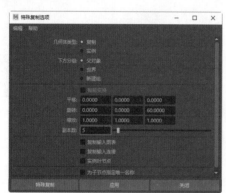

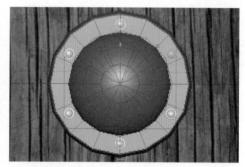

图 3-62　复制出其余的螺丝钉模型

38 在"多边形建模"工具架中 多边形建模 单击"多边形正方体"按钮 ，如图 3-63 所示。

39 切换到右视图，将多边形正方体移至盾牌背后，如图 3-64 所示，用来制作皮革握把模型。

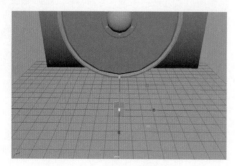

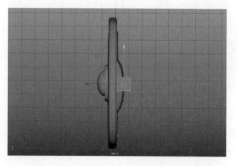

图 3-63　创建多边形正方体

图 3-64　调整多边形正方体的位置

40 在"通道盒／层编辑器"中，设置"高度细分数"数值为 4，如图 3-65 所示。

41 根据参考图来调整多边形正方体的造型，如图 3-66 所示。

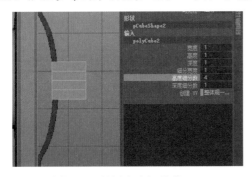

图 3-65　设置高度细分数

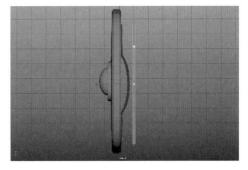

图 3-66　调整多边形正方体的造型

42 进入"边"模式，框选模型上的第二段线段，如图 3-67 所示。

43 按 Ctrl 键并右击，从弹出的菜单中选择"循环边工具"|"到环形边并分割"命令，线段中间就会插入一条循环边，如图 3-68 所示。

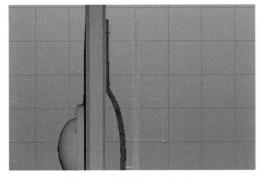

图 3-67　框选第二段线段

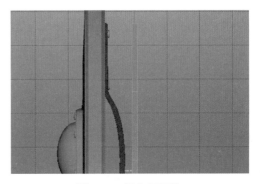

图 3-68　插入循环边

44 框选模型上的第三段线段，如图 3-69 所示。

45 按 G 键，继续"循环边工具"|"到环形边并分割"操作，结果如图 3-70 所示。

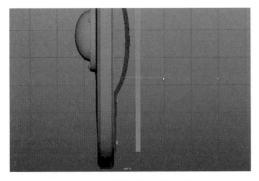

图 3-69　框选第三段线段

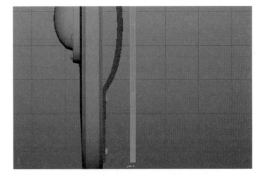

图 3-70　继续插入循环边

46 切换到透视图，进入"对象"模式，根据参考图将皮革握把模型调整到合适的宽度，如图 3-71 所示。

47 切换到右视图，进入"点"模式，框选中间区域的点，调整皮革握把模型的造型，如图 3-72 所示。

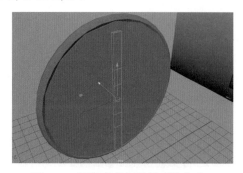
图 3-71　调整皮革握把模型的宽度

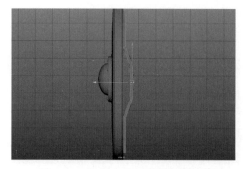
图 3-72　调整皮革握把模型的造型

48 进入"对象"模式，选中皮革握把模型，按 Shift 键并加选右视图参考图，单击面板工具栏中的"隔离选项"按钮，结果如图 3-73 所示，单独显示皮革握把模型，方便用户后续的操作。

49 进入"边"模式，双击选择握把四周的线，单击"倒角"按钮，在打开的面板中，设置"分数"数值为 0.4，如图 3-74 所示。

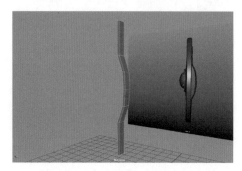
图 3-73　执行"隔离选项"操作

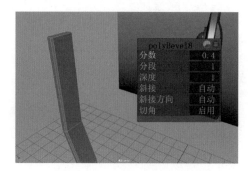
图 3-74　设置"分数"数值

50 切换到透视图，选择皮革握把模型的面，如图 3-75 所示，目的是做出表面凹槽结构。

51 单击"挤出"按钮，在打开的面板中设置"偏移"数值为 0.07，如图 3-76 所示。

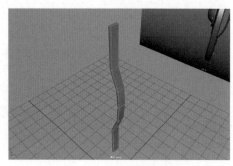
图 3-75　选择皮革握把的面

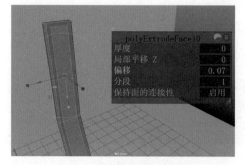
图 3-76　设置"偏移"数值

52 再次单击"挤出"按钮，在打开的面板中设置"局部平移 Z"数值为 -0.04，设置"偏移"数值为 0.02，如图 3-77 所示。

53 进入"面"模式，框选皮革握把模型下半部分的面，按 Delete 键将其删除，结果如图 3-78 所示。因为模型是上下对称的，所以只要制作好上半部分，即可镜像复制出下半部分。

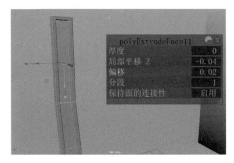

图 3-77　执行"挤出"操作

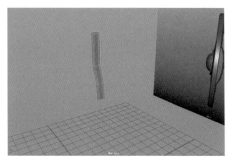

图 3-78　删除下半部分

54 进入"点"模式，因为之前进行过倒角，所以握把顶部出现了八边面，如图 3-79 所示。

55 选中需要连接的两个顶点，按 Shift 键并右击，在弹出的菜单中选择"连接工具"命令，确认连接位置无误后，按 Enter 键确认，如图 3-80 所示。

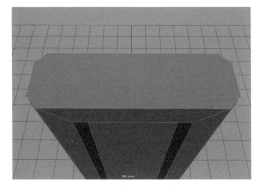

图 3-79　顶部出现八边面

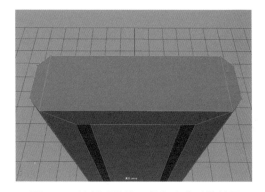

图 3-80　选择"连接工具"命令后的结果

56 选择顶部的面，使用移动工具向上拖动，如图 3-81 所示。

57 切换到"对象模式"，按快捷键 W 显示出移动坐标轴，如图 3-82 所示，接下来需要将下半部分的握把镜像复制出来。

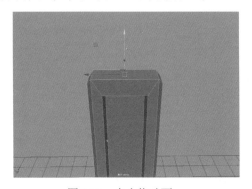

图 3-81　向上拖动面

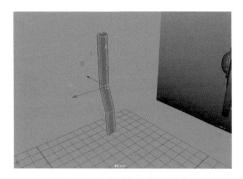

图 3-82　切换到"对象模式"

58 按 D 键，激活"移动中心轴"命令，然后在选择皮革握把坐标轴中心点的同时按键盘上的 V 键，激活"捕捉到点"命令，将坐标轴中心点拖动吸附至握把底端上的点，如图 3-83 所示。

59 再按一次 D 键结束命令，在菜单栏中选择"编辑"|"特殊复制"命令右侧的复选框，打开"特殊复制选项"窗口，在"缩放 Y"文本框中输入 -1，单击"应用"按钮，如图 3-84 所示。

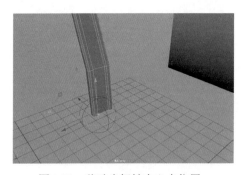

图 3-83　移动坐标轴中心点位置　　　　图 3-84　"特殊复制选项"窗口

60 此时可以在场景中得到上下两组的模型，如图 3-85 所示。

61 选择上半部分的皮革握把模型，然后按 Shift 键加选下半部分的皮革握把，再按 Shift 键并右击，在弹出的菜单中选择"结合"命令，如图 3-86 所示。

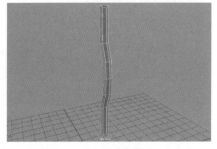

图 3-85　特殊复制后的结果　　　　图 3-86　选择"结合"命令

62 这时用户会发现握把模型不见了，在面板工具栏中单击"隔离选项"按钮，握把模型便会显示出来，如图 3-87 所示。

63 进入"点"模式，虽然两个模型已经合并在一起，但是两个模型之间交界处的点还是处于分离状态，如图 3-88 所示。

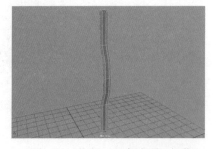
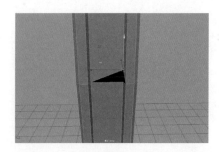

图 3-87　执行"隔离选项"操作　　　　图 3-88　交界处的顶点处于分离状态

64 框选上下部分连接处的点，如图 3-89 所示。

65 按数字 4 键进入线框模式，检查是否选中了一圈的线，如图 3-90 所示。

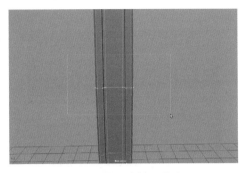
图 3-89　框选连接处的点

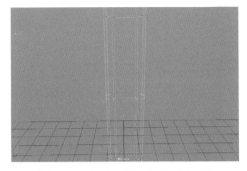
图 3-90　检查是否选中了一圈的线

66 按数字 5 键回到物体模式，按 Shift 键并右击，在弹出的菜单中选择"合并顶点"|"合并顶点"命令，如图 3-91 所示。

67 进入"边"模式，单击"多切割工具"按钮 ，在凹槽处卡一圈线，按住 Ctrl 键不放，单击想要卡线的地方，结果如图 3-92 所示。

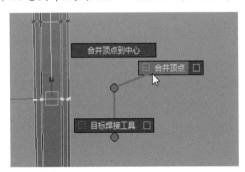
图 3-91　选择"合并顶点"命令

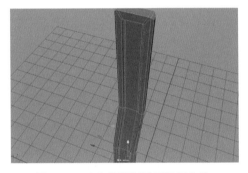
图 3-92　对皮革握把模型进行卡线

68 在面板工具栏中再次单击"隔离选项"按钮 ，取消独显模式，让其他物体显示出来，选择盾牌上的一个螺丝钉模型，按 Ctrl+D 快捷键复制出一个副本，如图 3-93 所示，用来制作皮革握把模型上的螺丝钉。

69 在菜单栏中选择"修改"|"中心枢轴"命令，如图 3-94 所示。

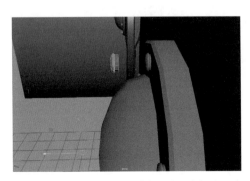
图 3-93　复制出一个螺丝钉副本

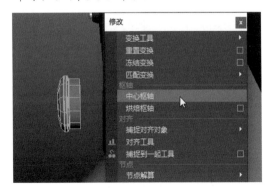
图 3-94　选择"中心枢轴"命令

70 选择"修改"|"中心枢轴"命令后，使坐标轴回归到物体中心，如图 3-95 所示。

71 在菜单栏中选择"编辑"|"按类型删除"|"非变形器历史"命令，如图 3-96 所示，删除螺丝钉模型的历史。

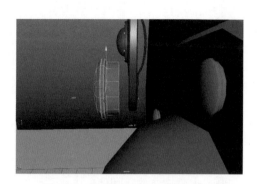

图 3-95　使坐标轴回归到物体中心　　　　图 3-96　删除螺丝钉模型的历史

72 切换到右视图，在"通道盒/层编辑器"面板中，设置"旋转 Y"数值为 180，如图 3-97 所示。

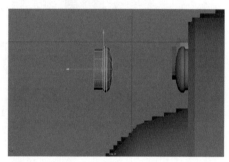

图 3-97　设置"旋转 Y"数值

73 参照参考图将螺丝钉模型移至合适的位置，按 Ctrl+D 快捷键分别复制出三个副本来制作握把上的螺丝钉模型，如图 3-98 所示。

74 按数字 4 键进入线框模式，调整螺丝钉模型的位置，如图 3-99 所示。

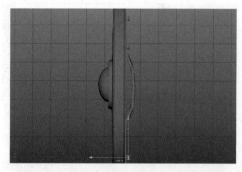

图 3-98　复制出另外三个螺丝钉模型副本　　　图 3-99　调整螺丝钉模型的位置

75 此时的皮革握把模型看起来过于棱角分明，线条不够流畅，选择皮革握把模型，按 Shift 键并右击，在弹出的菜单中选择"平滑"命令 ⊞，如图 3-100 所示。

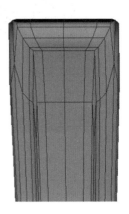

图 3-100　对握把进行"平滑"处理

76 平滑处理后，观察场景中皮革握把模型的变化，如图 3-101 所示。

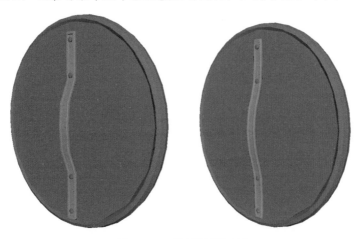

图 3-101　观察模型的变化

3.3　思考与练习

1.收集相关游戏武器道具的模型并进行分析。

2. 通过本章介绍的多边形游戏道具建模的两种建模方法，创建枪支模型，要求体现出模型的形体与质感，如图 3-102 所示。

图 3-102　枪支模型

第4章

建筑建模

本章将通过为游戏场景设计建筑(亭子)模型实例,帮助读者进一步掌握 Maya 2020 的建模操作。在实例中,读者可以通过实际操作,了解游戏场景模型的搭建原则和制作方法,以及建筑结构中的穿插和转折关系。

4.1　房屋建筑概述

　　游戏场景是游戏中不可或缺的元素之一，游戏中的历史、文化、时代、地理等因素能反映游戏的世界观和背景，向玩家传达视觉信息，这也是吸引玩家的重要因素。游戏中，场景通常为角色提供活动环境，它既可以反映游戏气氛和世界观，又可以比角色更好地表现时代背景，衬托角色。游戏场景就是指游戏中除游戏角色之外的一切物体，是围绕在角色周围与角色有关系的所有景物，即角色所处的生活场所、社会环境、自然环境及历史环境。通常建模时会根据游戏原画师设计的原画稿件设计出游戏中的道具、环境、建筑等，一个优秀的场景设计能够第一时间烘托出游戏的氛围，决定着整个游戏的画面质量。

　　游戏场景的风格主要有写实风格、写意风格和卡通风格三大类，由游戏的设定来决定，如图 4-1 所示。写实风格以写实为基础，注重场景元素的质感表现；写意风格重在虚实，重在意境的表达；卡通风格造型圆润可爱，颜色鲜艳亮丽，注重造型元素风格的把握与提炼。例如，网络游戏《剑灵》的游戏场景为写实风格，网络游戏《苍天 2》的游戏场景为写意风格，网络游戏《神雕侠侣》的游戏场景为卡通风格。

图 4-1　游戏场景

　　亭子是最能代表中式建筑特色的一种建筑样式，它也是我国古典园林建筑中应用最广泛的一种建筑，如图 4-2 所示。

图 4-2　亭子

　　亭子最初是供人途中休息的地方，后来随着不断地发展、演变，其功能与造型逐渐丰富多彩起来，应用也更为广泛。汉代以前的亭子，大多是驿亭、报警亭，亭子的形体较为高大。魏晋以后，出现了供人游赏的小亭子，亭子不仅成了赏景建筑，还成了一种景点建筑。南朝时，在园中建亭已极为普遍，亭子的观赏性逐渐代替了它的实用功能。唐宋以后，亭子的造型更为丰富多样，建筑更为精细考究，尤其是皇家宫苑中的亭子，常用琉璃瓦覆顶，金碧辉煌。亭子的最大特点就是体量小巧、样式丰富。

亭子的顶式有庑殿顶、歇山顶、悬山顶、硬山顶、十字顶、卷棚顶、攒尖顶等，几乎包括了所有古代建筑的屋顶样式，其中又以攒尖式屋顶最为常见。攒尖式屋顶的特点是无正脊，数条垂脊交合于顶部，上覆宝顶，它有多种形式，如四角、六角、八角及圆顶等。故宫的中和殿、天坛的祈年殿等都属于攒尖式屋顶，如图 4-3 所示。

图 4-3　攒尖式屋顶

攒尖式屋顶多见于亭、阁，绝大部分亭子为攒尖式屋顶。北京颐和园中的廊如亭是我国最大的攒尖式屋顶的亭子，如图 4-4 所示。

图 4-4　廊如亭

亭建筑的基本构造虽然比较复杂，但是网络游戏建筑模型不同于影视建筑模型，在制作模型时并不需要把所有的建筑构造都通过建模的方式建造出来。考虑到网络游戏的运行速度，通常网络游戏建模都是尽量用最少的面把模型结构表现出来即可，把外观能看到的模型部分制作出来，而内部看不到的模型部分是不需要创建出来的。游戏建筑模型制作重点是概括出场景大致的形体结构和比例结构，掌握好建筑构造穿插关系和建筑结构转折关系，有些建筑构造需要用贴图的方式进行处理。如建筑屋顶中的瓦当和滴水、檐柱间的倒挂楣子、屋檐下的飞椽和椽子等，都是创建面片即可，后期会通过贴图去表现。

本节以一个中国古建亭子的模型为例，学习如何利用综合建模的方法制作游戏场景里的凉亭建筑。中国古代凉亭大多是木结构，选材的特性会对亭子的风格和造型产生影响，不同材质建造的亭子各有特色，常作为园林中一处画龙点睛的美景，是让人们歇足休息的地方。建议用户在建模之前查阅并收集足够的建筑资料，了解中国古代建筑的构造和特点。

4.2　制作台基和踏跺

台基是一种高出地面的平台，是建筑物底座，在中国古代建筑中历史悠久。台基的类型可分为普通台基、须弥座台基、复合型台基等。台基的主要作用是承托建筑物和防水避潮。

踏跺是中国古代建筑中的台阶，供人上下行走，也叫"踏步"，它不仅有台阶的功能，而且有助于处理从人工建筑到自然环境之间的过渡。踏跺大体可以分为垂带踏跺、如意踏跺、御路踏跺等。

【实例 4-1】使用亭子来演示如何制作建筑模型，最终效果如图 4-5 所示。

01 单击工具架左下方的"工具架编辑器"按钮，从弹出的菜单中选择"新建工具架"命令，进行自定义工具架，将建模时常用的工具放在新建的工具架中，方便后续使用，如图 4-6 所示。

图 4-5　亭子模型最终效果

图 4-6　新建工具架

02 按 Ctrl+Shift 快捷键，然后单击工具架或菜单栏中的命令，即可将所需的命令添加至新建的工具架中，如图 4-7 所示。

图 4-7　添加工具

03 单击时间轴右下方的"动画首选项"按钮，打开"首选项"窗口，选择"设置"选项，在"工作单位"选项组的"线性"下拉列表中选择"米"，如图 4-8 所示。

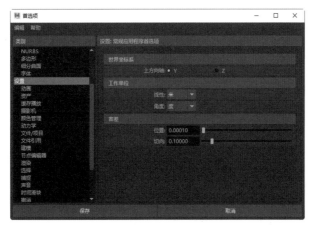

图 4-8　设置工作单位

04 在"多边形建模"工具架中 多边形建模 单击"多边形圆柱体"按钮 创建一个多边形圆柱体，然后在"通道盒 / 层编辑器"面板中，设置"轴向细分数"数值为 6，并调整多边形圆柱体的比例，如图 4-9 所示。

05 选择台基侧面的一圈面，单击"挤出"按钮 ，挤出台基的厚度，如图 4-10 所示。

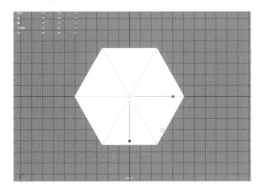

图 4-9　新建一个多边形圆柱体

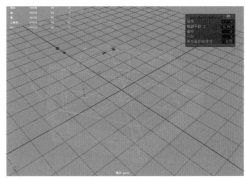

图 4-10　挤出台基厚度

06 进入侧视图，按 V 键激活"捕捉到点"命令 ，并调整台基的位置和比例，如图 4-11 所示。

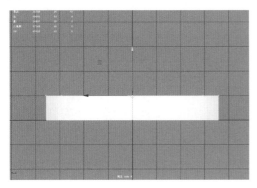

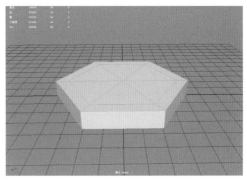

图 4-11　调整台基的位置和比例

07 选择左右两侧的面，单击"挤出"按钮，在打开的面板中，在"保持面的连接性"中选择"禁用"，设置"偏移"数值为 43.8，如图 4-12 所示。

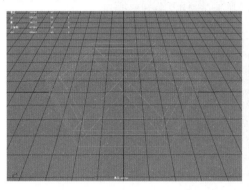 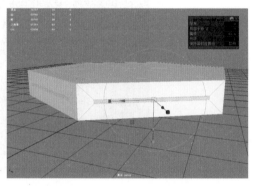

图 4-12　执行"挤出"操作

08 使用缩放工具沿着 Y 轴调整面的高度，如图 4-13 所示。

09 再次单击"挤出"按钮，在打开的面板的"局部平移 Z"文本框中输入 -0.05，"在"偏移"文本框中输入 4.2，制作出凹槽结构，如图 4-14 所示。

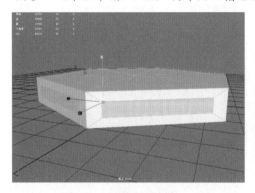 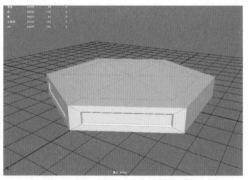

图 4-13　调整面的高度　　　　　　　　　　图 4-14　制作出凹槽结构

10 单击"多切割工具"按钮，为前后两端添加线段，然后按 Ctrl+Shift 快捷键进行垂直切割，一直连接到底部的顶点，如图 4-15 所示。

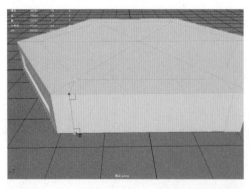 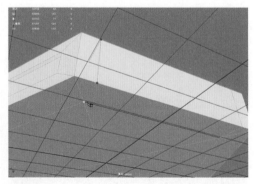

图 4-15　添加线段

11 选择两边的边线，使用缩放工具沿着 X 轴向中心拖曳，调整台基的布线，如图 4-16 所示。

第 4 章 建筑建模

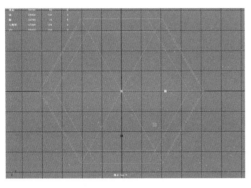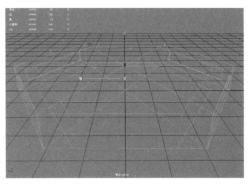

图 4-16　调整布线

12 选择台基顶部一侧的面，然后按 Shift 键并右击，在弹出的菜单中选择"提取面"命令，提取出所选择的面，如图 4-17 所示。

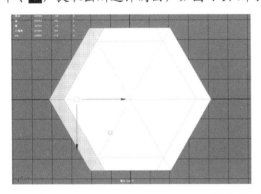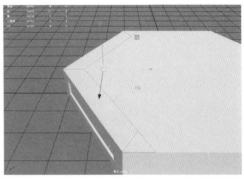

图 4-17　提取出面

13 在面板工具栏中单击"隔离选项"按钮，独显出复制的面，进入"顶点"模式，选择"目标焊接工具"按钮，调整上下两端的布线，如图 4-18 所示。

14 再次单击"隔离选项"按钮，取消独显模式，选择模型的边线，再单击"挤出"按钮，沿着 Y 轴向外挤出，如图 4-19 所示。

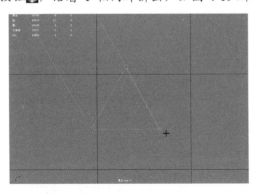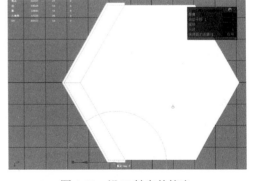

图 4-18　调整布线　　　　　　　　　图 4-19　沿 Y 轴向外挤出

15 右击鼠标，在弹出的菜单中选择"对象模式"命令，然后在"多边形建模"工具架中单击"挤出"按钮，挤出厚度，如图 4-20 所示。

16 重复以上步骤，制作出三层阶梯式的结构，如图 4-21 所示。

83

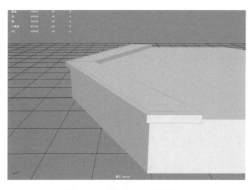

图 4-20　挤出台面厚度

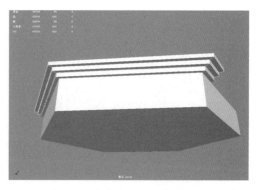

图 4-21　制作出三层阶梯式结构

17 分别选择三层阶梯式模型一侧的面，单击"倒角"按钮 ，在打开的面板中设置"分数"数值为 0.2，如图 4-22 所示。

18 选择三层阶梯式模型，单击"结合"按钮 ，使其合并成一个物体，如图 4-23 所示。

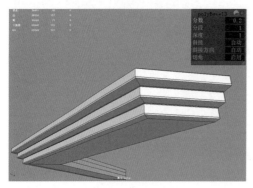

图 4-22　制作边角

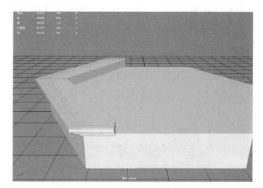

图 4-23　合并三层阶梯式结构模型

19 选择三层阶梯式模型，在菜单栏中选择"编辑"|"按类型删除全部"|"非变形器历史"命令，如图 4-24 所示。

20 按 W 键显示坐标轴，在菜单栏中选择"修改"菜单，在打开的菜单中依次选择"中心枢轴""冻结变换""重置变换"命令，如图 4-25 所示，重置坐标轴，使坐标轴回归到物体中心。

图 4-24　删除非变形器历史

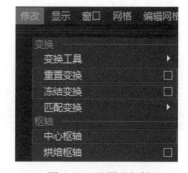

图 4-25　设置坐标轴

21 选择"网格"|"镜像"命令右侧的复选框，打开"镜像选项"窗口，取消"切割

几何体"复选框的选中状态,在"镜像轴"选项中选择"X"单选按钮,单击"应用"按钮,如图 4-26 所示。

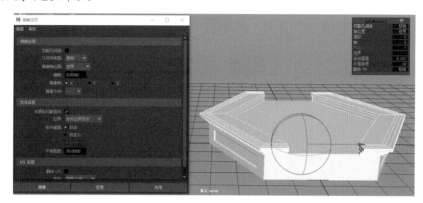

图 4-26 设置"镜像复制"属性镜像复制出另一半

22 框选下方模型顶部的顶点,然后按 V 键向上吸附至最顶端,调整台基比例,如图 4-27 所示。

23 选择面,然后按 Shift 键并右击,在弹出的菜单中选择"复制面"命令 ,复制出台基正面的一处面,如图 4-28 所示。

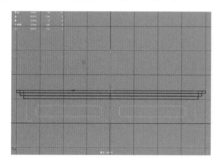

图 4-27 调整台基比例

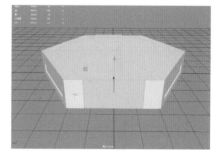

图 4-28 复制出台基正面的一处面

24 选择复制出的面,然后选择侧边的一条边,在建模工具包的"工具"卷展栏中单击"连接"按钮,在弹出的"连接选项"选项卡的"分段"文本框中输入 3,按 Enter 键确认,如图 4-29 所示。

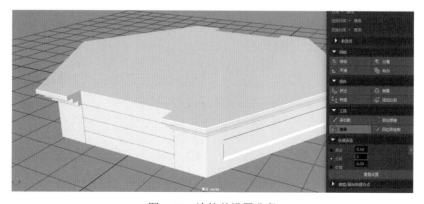

图 4-29 连接并设置分段

25 选择面，然后单击"挤出"按钮，按 V 键并沿着 Z 轴向外拖动，如图 4-30 所示。

26 多次执行"挤出"操作制作台阶，在打开的面板中，设置"局部平移 Z"数值为 0.5，如图 4-31 所示。

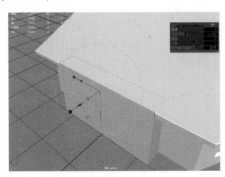
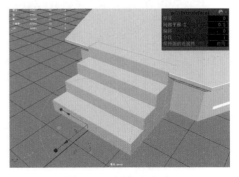

图 4-30　沿 Z 轴拖动　　　　　　　　　　图 4-31　制作出台阶

27 在工具架中单击"中心枢轴"按钮 ，然后调整楼梯比例，如图 4-32 所示。

28 全选台阶的边，按 D 键，再按住 Shift 键并单击台阶的边线，使中心枢轴的位置捕捉到台阶的边线上，若中心枢轴方向不正确，可以按 Ctrl+Shift 快捷键，从弹出的菜单中选择"世界"命令，如图 4-33 所示，按 D 键结束命令。

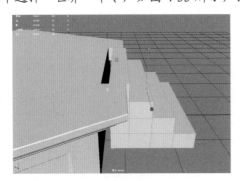
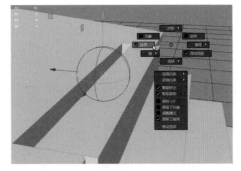

图 4-32　调整楼梯比例　　　　　　　　　图 4-33　选择"世界"命令

29 按 V 键激活"捕捉到点"命令，将边线吸附至台基边线处，如图 4-34 所示。

30 按 Ctrl 键减选边线，如图 4-35 所示。

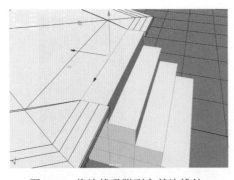
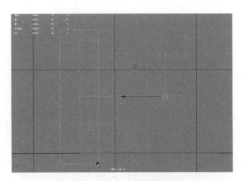

图 4-34　将边线吸附到台基边线处　　　　图 4-35　减选边线

31 将枢轴的位置捕捉到台阶外侧的边线，按 V 键将台阶模型吸附至台基边线处，如图 4-36 所示。

32 创建一个多边形正方体，制作台阶两边的象眼模型，如图 4-37 所示。

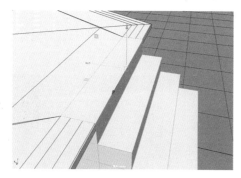

图 4-36　修改枢轴位置

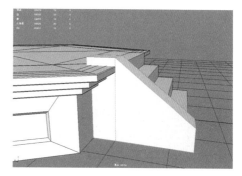

图 4-37　制作象眼模型

33 选择象眼模型顶部的面，再按 Shift 键并右击，在弹出的菜单中选择"复制面"命令，结果如图 4-38 所示。

34 选择复制出的面，单击"挤出"按钮 ，在打开的面板中设置"局部平移"数值为 0.1，如图 4-39 所示。

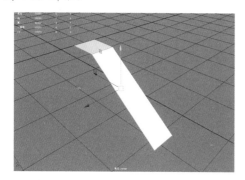

图 4-38　从象眼模型顶部复制面

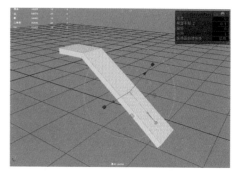

图 4-39　挤出面的厚度

35 选择外围的一圈面，单击"挤出"按钮，在打开的面板中，设置"厚度"数值为 8，如图 4-40 所示。

36 单击"倒角"按钮 ，过渡边缘，如图 4-41 所示。

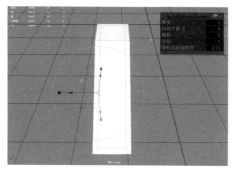

图 4-40　向外挤出

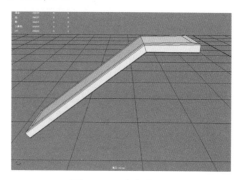

图 4-41　过渡边缘

37 选择台面和斜坡两个模型，按 Shift 键并右击，在弹出的菜单中选择"结合"命令，然后选择"编辑"|"按类型删除全部"|"历史"命令，如图 4-42 所示。

38 选择象眼模型，在自定义工具架中，依次单击"冻结变换"按钮 、"中心枢轴"按钮 、"重置变换"按钮 ，重置坐标轴。

39 按 Shift 键并右击，在弹出的菜单中选择"镜像"命令，镜像出另一边的斜坡，如图 4-43 所示。

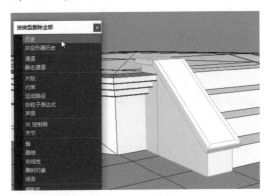
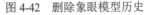

图 4-42　删除象眼模型历史

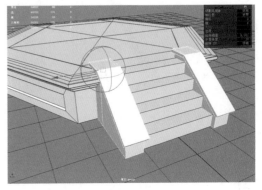

图 4-43　镜像出另一边的斜坡

40 选择台阶转折处的边，单击"倒角"按钮 ，在打开的面板中设置"分数"数值为 0.1，如图 4-44 所示，过渡台阶边缘。

41 选择台阶和斜坡两个模型，按 Shift 键并右击，在弹出的菜单中选择"结合"命令，结果如图 4-45 所示。

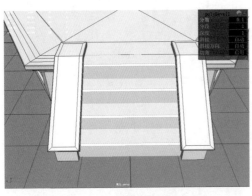

图 4-44　过渡台阶边缘

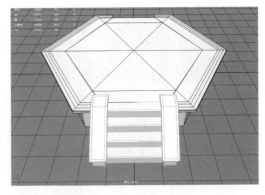

图 4-45　合并台阶和斜坡

42 选择楼梯模型，选择"编辑"|"按类型删除"|"历史"命令，如图 4-46 所示。

43 在自定义工具架中，单击"冻结变换"按钮 ，再单击"重置变换"按钮 ，重置坐标轴。然后按 Shift 键并右击，在弹出的菜单中选择"镜像"命令右侧的复选框，打开"镜像选项"窗口，在"镜像轴"选项中选择"Z"单选按钮，然后单击"镜像"按钮，结果如图 4-47 所示。

图 4-46 按类型删除楼梯模型历史

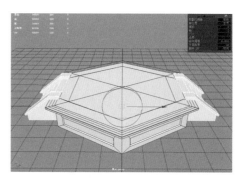

图 4-47 镜像出另一半楼梯

4.3 制作檐柱和倒挂楣子

檐柱是位于木结构建筑最外围的一圈柱子，多用于重檐或重檐带平座的建筑物，用来支撑挑出较长的屋檐及角梁翼角等。柱子断面有圆、方之分，通常为方形，柱径较小。擎檐柱与其他联络构件枋、檐柱、华板、栏杆等结合在一起，不仅能起到支撑作用，还起到装饰作用。

倒挂楣子是古代建筑中用于游廊建筑外侧或游廊柱间上部的一种装修，主要起装饰作用，均透空，使建筑立面层次更为丰富。根据安装位置的不同分为倒挂楣子和坐凳楣子。游戏中的倒挂楣子常用贴图的形式来表现。

【实例 4-2】继续例 4-1 的操作，制作檐柱和倒挂楣子模型。

01 在场景中创建一个多边形圆柱体，在"通道盒 / 层编辑器"面板的"轴向细分数"文本框中输入 24，调整檐柱的高度，如图 4-48 所示。

02 依次复制出三根檐柱，然后按 Shift 键并右击，在弹出的菜单中选择"结合"命令，结果如图 4-49 所示。

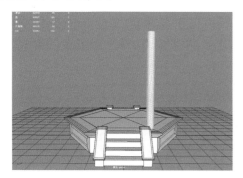

图 4-48 制作一根檐柱

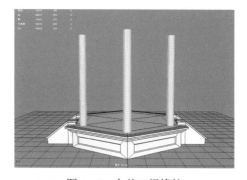

图 4-49 合并三根檐柱

03 使檐柱的坐标轴回归到世界坐标系，执行"镜像"操作镜像出另一半檐柱，如图 4-50 所示。

04 选择组合的三根檐柱，然后按 Shift 键并右击，在弹出的菜单中选择"分离"命令
，选择其中一根檐柱，按 Ctrl+D 快捷键复制出一根檐柱的副本，如图 4-51 所示。

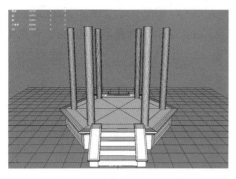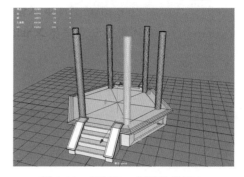

图 4-50　镜像出另一半檐柱　　　　　图 4-51　复制出一根檐柱的副本

05 将坐标轴回归到世界坐标系，调整副本模型的比例，如图 4-52 所示。

06 按 Ctrl 键并右击，从弹出的菜单中选择"环形边工具"|"到环形边并分割"命令，
调整柱顶石的结构，如图 4-53 所示。

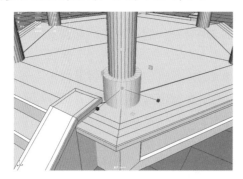

图 4-52　调整檐柱副本的比例　　　　　图 4-53　调整柱顶石的结构

07 可见柱顶石的外形不够平滑，选择中间的一条线段，按 Shift 键并右击，在弹出的
菜单中选择"编辑边流"命令，如图 4-54 所示，调整柱顶石线段。

08 使柱顶石的坐标轴回归到世界坐标系，选择"编辑"|"特殊复制"命令右侧的复选框，
打开"特殊复制选项"窗口，在"旋转 Y" 文本框中输入 60，在"副本数"文本框中
输入 5，单击"特殊复制"按钮，结果如图 4-55 所示。

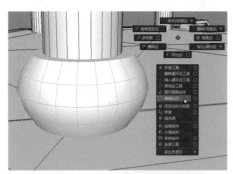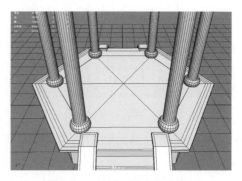

图 4-54　调整柱顶石线段　　　　　图 4-55　复制出其余的柱顶石

09 选择台基顶部的面，按 Shift 键并右击，在弹出的菜单中选择"复制面"命令，然后执行"挤出"操作制作出厚度，并删除上下两个面，结果如图 4-56 所示。

10 留下一个面，将多余的面删除，然后按 Shift 键并右击，在弹出的菜单中选择"连接工具"命令进行布线，如图 4-57 所示。

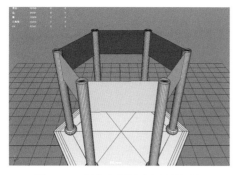

图 4-56　制作出倒挂楣子的造型

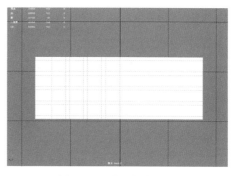

图 4-57　进行布线

11 删除多余的面，制作出镂空效果，如图 4-58 所示。

12 选择模型，然后按 Shift 键并右击，在弹出的菜单中选择"镜像"命令，结果如图 4-59 所示。

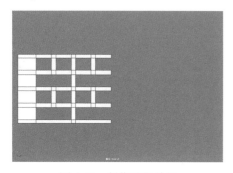

图 4-58　制作镂空效果

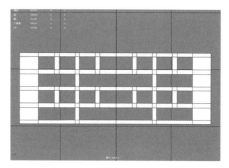

图 4-59　镜像出倒挂楣子另一半

13 框选中部的顶点，使用缩放工具沿 X 轴向中心拖动，按 Shift 键并右击，从弹出的菜单中选择"合并顶点"|"合并顶点"命令，如图 4-60 所示。

14 使倒挂楣子的坐标轴回归到世界坐标系，选择"编辑"|"特殊复制"命令，结果如图 4-61 所示。

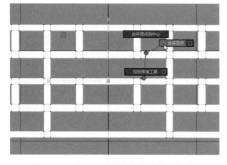

图 4-60　合并倒挂楣子中部的顶点

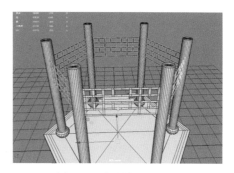

图 4-61　复制倒挂楣子

15 选择倒挂楣子模型，按 Shift 键并右击，在弹出的菜单中选择"结合"命令，并框选所有的顶点，然后按 Shift 键并右击，在弹出的菜单中选择"合并顶点"|"合并顶点"命令，结果如图 4-62 所示。

16 选择模型，单击"挤出"按钮，在打开的面板中设置"局部平移 Z"数值为- 0.1，制作出厚度，如图 4-63 所示。

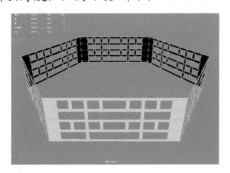

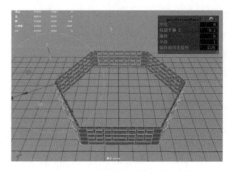

图 4-62　对所有顶点执行"合并顶点"命令　　图 4-63　挤出倒挂楣子的厚度

17 选择模型，在"自定义"工具架中 自定义 单击"反向"按钮，结果如图 4-64 所示。

18 复制出倒挂楣子顶部的一圈面，然后删除掉多余的面，如图 4-65 所示。

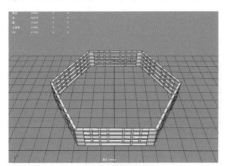

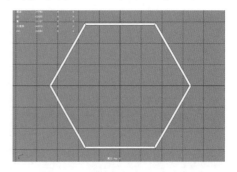

图 4-64　反转面　　　　　　　　图 4-65　删除倒挂楣子多余的面

19 单击"挤出"按钮，调整模型造型，如图 4-66 所示。

20 选择底部外围的一圈边线，单击"倒角"按钮，在打开的面板中设置"分数"数值为 0.2，如图 4-67 所示。

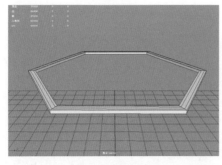

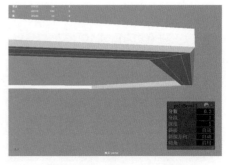

图 4-66　调整模型造型　　　　　　图 4-67　设置"分数"数值

21 复制出倒挂檐底部的一圈面，调整模型造型，如图 4-68 所示。

22 选择所有的边线，单击"倒角"按钮 ，在打开的面板中设置"分数"数值为 0.2，过渡底部模型的边线，如图 4-69 所示。

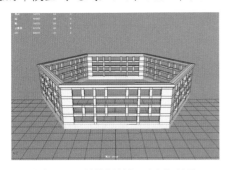
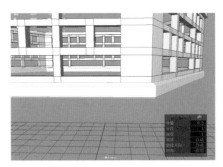

图 4-68 制作倒挂楣子底部结构 　　　　图 4-69 过渡底部模型的边线

4.4 制作额枋和屋顶

额枋是中国古代建筑中柱子上端联络与承重的水平构件。在南北朝时期的石窟建筑中可以看到此种建筑，多置于柱顶；隋、唐以后移到柱间，到宋代开始称为"阑额"，也称"檐枋"。有些额枋是上下两层重叠的，在上的称为大额枋，在下的称为小额枋。建筑正面的额枋是雕刻和彩绘装饰的重点部位。

中国古代建筑屋顶样式丰富，主要由屋面、屋脊等组成，而且有严格的等级制度。中国古代建筑的屋顶对建筑立面起着特别重要的作用，远远伸出的屋檐、富有弹性的屋檐曲线、由举架形成的稍有反曲的屋面、微微起翘的屋角(仰视屋角，角椽展开如鸟翅，故称"翼角")，以及硬山、悬山、歇山、庑殿、攒尖、十字脊、盝顶、重檐等众多屋顶形式的变化，加上灿烂夺目的琉璃瓦，使建筑物产生独特而强烈的视觉效果和艺术感染力。通过对屋顶进行种种组合，又使建筑物的体形和轮廓线变得更加丰富。而从高空俯视，屋顶效果更好，中国传统建筑的"第五立面"是最具魅力的。

【实例 4-3】继续例 4-2 的操作，制作额枋和屋顶模型。

01 选择台基顶部的面，按住 Shift 键并右击，从弹出的菜单中选择"复制面"命令，移动坐标轴将复制的面向上垂直移动出来，然后选择复制出的面中间的顶点，将其沿着 Y 轴向上拖动出来，如图 4-70 所示。

02 选择底部的边线，单击"挤出"按钮 ，向下挤出，如图 4-71 所示。

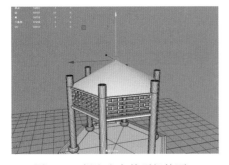
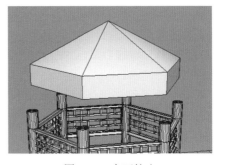

图 4-70 提取出台基顶部的面 　　　　图 4-71 向下挤出

03 选择挤出的面，按 Shift 键并右击，在弹出的菜单中选择"提取面"命令，如图 4-72 所示。

04 选择提取出的面，单击"多切割工具"按钮 ✎，按 Shift 键插入一条循环边，如图 4-73 所示。

05 单击"挤出"按钮 ⬛，沿着 Z 轴向外挤出，如图 4-74 所示。

06 在挤出的面上插入一条循环边，再次单击"挤出"按钮 ⬛，沿着 Z 轴向内挤出，如图 4-75 所示，选择底部的一圈面，按 Delete 键删除。

图 4-72 选择"提取面"命令

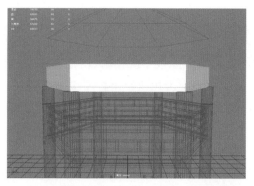

图 4-73 在提取出的面上插入一条循环边

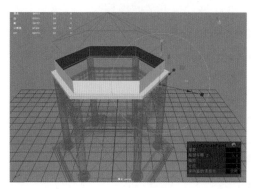

图 4-74 沿 Z 轴向外挤出

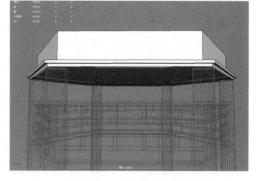

图 4-75 沿 Z 轴向内挤出

07 选择上半部分一圈的面，按 Shift 键并右击，在弹出的菜单中选择"提取面"命令，分离出上下两个结构。

08 选择下半部分结构的边线，单击"挤出"按钮 ⬛，再单击"倒角"按钮 ⬛，结果如图 4-76 所示。

09 选择面，单击"挤出"按钮 ⬛，向内挤出，会发现出现了黑面，全选面，然后按 Shift 键并右击，在弹出的菜单中选择"面法线"|"反转法线"命令，结果如图 4-77 所示。

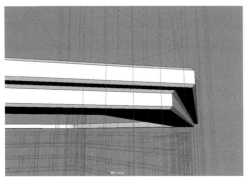

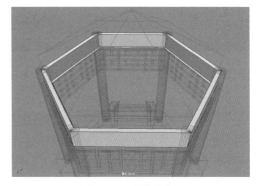

图 4-76 分离出上下两个结构　　　　图 4-77 反转法线

10 按 Shift 键并右击，在弹出的菜单中选择"插入循环边工具"命令，然后调整循环边的位置，如图 4-78 所示。

11 单击"挤出"按钮，再单击"倒角"按钮，在打开的面板中设置"分数"数值为 1，过渡挤出部位的边，结果如图 4-79 所示。

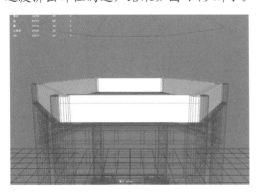

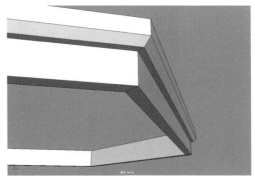

图 4-78 在模型上插入循环边　　　　图 4-79 过渡挤出部位的边

4.5 制作角梁、垂脊和瓦

　　角梁位于建筑物屋顶上的垂脊处。在屋顶正面与侧面的相交处，最下面斜置并伸出柱子之外的梁，即为角梁。角梁由老角梁和仔角梁相叠组成，下层梁在清式建筑中称为"老角梁"，老角梁上面，即角梁的上层梁称为"仔角梁"，也称"子角梁"。

　　垂脊是中国古代建筑屋顶的一种屋脊，在歇山顶、悬山顶、硬山顶的建筑上自正脊两端沿着前后坡向下，在攒尖顶中自宝顶至屋檐转角处。

　　【实例 4-4】继续例 4-3 的操作，制作角梁、垂脊和瓦模型。

01 切换到前视图，按 Shift 键并右击，在弹出的菜单中选择"创建多边形工具"命令，如图 4-80 所示。

02 通过单击的方式，绘制出角梁的形状，按 Enter 键确认，结果如图 4-81 所示。

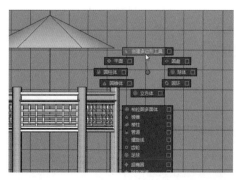

图 4-80　选择"创建多边形工具"命令

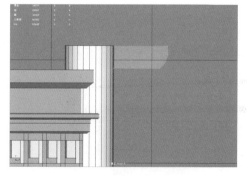

图 4-81　绘制出角梁的形状

03 在"多边形建模"工具架中 多边形建模 单击"多切割工具"按钮 ，修改布线，并调整角梁的形状，如图 4-82 所示。

04 按 Ctrl+D 快捷键复制出两个副本，然后在"多边形建模"工具架中 多边形建模 单击"结合"按钮 ，结果如图 4-83 所示。

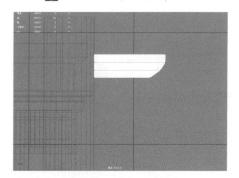

图 4-82　修改角梁布线

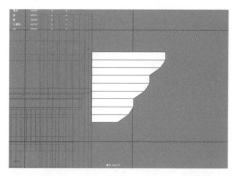

图 4-83　复制出两个副本并进行结合

05 框选衔接处边界的顶点，使用缩放工具将顶点向中心收缩，然后按 Shift 键并右击，在弹出的菜单中选择"合并顶点"|"合并顶点"命令，并调整角梁的比例，结果如图 4-84 所示。

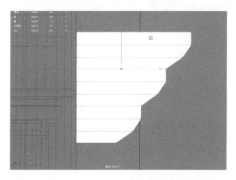

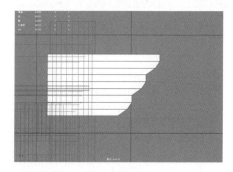

图 4-84　选择"合并到顶点"命令合并角梁之间交界处的点

06 选择模型，单击"挤出"按钮，然后选择其边线，单击"倒角"按钮，在打开的面板中设置"分数"数值为 0.5，如图 4-85 所示。

07 将角梁坐标轴回到世界坐标系，按 Ctrl+D 键复制出一个副本，然后在"通道盒 /

层编辑器"中，设置"Y 轴"文本框中的数值为 60，然后按 Shift+D 快捷键复制并转
换四次，复制出一圈的角梁，如图 4-86 所示。

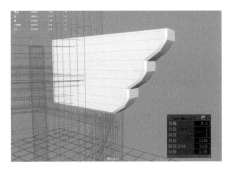

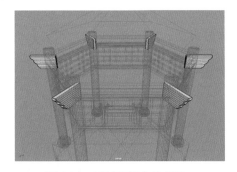

图 4-85　对角梁边线执行"倒角"操作　　　　图 4-86　复制出其余的角梁

08 选择屋顶模型，单击"多切割工具"按钮，按住 Shift 键切割出三条平行的循环边，
使用缩放工具对插入的边进行缩放，然后按 Shift 键并右击，在弹出的菜单中选择"编
辑边流"命令，结果如图 4-87 所示。

09 单击"多切割工具"按钮，按住 Shift 键在顶部添加边，删除顶端的面，如图 4-88
所示。

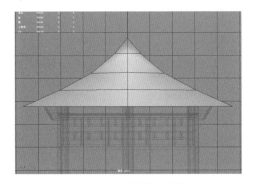

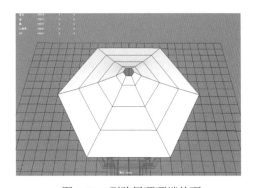

图 4-87　调整屋顶布线　　　　　　　　　图 4-88　删除屋顶顶端的面

10 选择边线，单击"挤出"按钮，向外挤出屋顶的边，如图 4-89 所示。

11 选择屋顶模型，单击"挤出"按钮，制作出屋顶厚度，然后选择屋顶模型的面，
在菜单栏中选择"面法线"|"反转法线"命令，结果如图 4-90 所示。

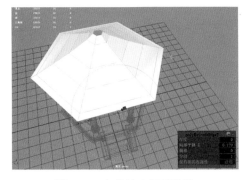

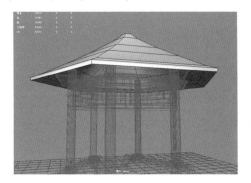

图 4-89　向外挤出屋顶的边　　　　　　　图 4-90　制作出屋顶厚度

12 选择边，单击"倒角"按钮 ▦，在打开的面板中设置"分数"数值为 0.68，如图 4-91 所示。

13 选择倒角出的面，按 Shift 键并右击，在弹出的菜单中选择"复制面"命令，然后单击"挤出"按钮，制作垂脊的造型，如图 4-92 所示。

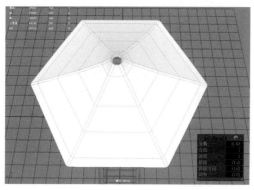

图 4-91　执行"倒角"操作　　　　　　图 4-92　复制倒角出的面并制作出厚度

14 选择一条垂脊模型的边线，按 Ctrl 键并右击，在弹出的菜单中选择"环形边工具"|"到环形边并分割"命令，然后选择循环边，单击"倒角"按钮 ▦，在打开的面板中设置"分数"数值为 0.45，如图 4-93 所示。

15 复制出顶部倒角出来的面，单击"挤出"按钮 ▦，制作出厚度，如图 4-94 所示。

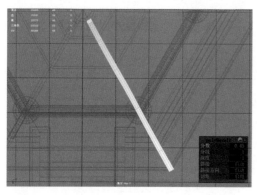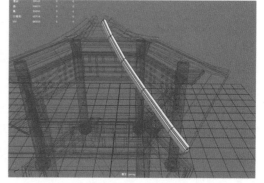

图 4-93　在垂脊模型上插入循环边并进行倒角　　　　图 4-94　复制倒角出的面并制作出厚度

16 在菜单栏中选择"编辑"|"特殊复制"命令右侧的复选框，在打开的"特殊复制选项"窗口的"旋转 Y"文本框中输入 60，在"副本数"文本框中输入 5，单击"应用"按钮，得到的效果如图 4-95 所示。

17 选择一条垂脊，按 Ctrl 键并右击，在弹出的菜单中选择"环形边工具"|"到环形边并分割"命令，插入一条循环边，如图 4-96 所示。

18 选择顶部的循环边，在菜单栏中选择"修改"|"转化"|"多边形边到曲线"命令，从中提取出一条曲线，如图 4-97 所示。

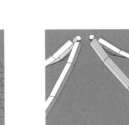

图 4-95　选择"特殊复制"命令复制出其余的模型

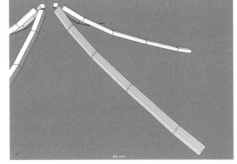

图 4-96　插入一条循环边

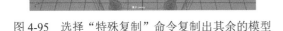

图 4-97　对垂脊执行"多边形边到曲线"命令

19 创建一个多边形圆柱体，在"通道盒/层编辑器"面板中，设置"旋转 X"数值为 90、"半径"数值为 0.12、"高度"数值为 8、"轴向细分数"数值为 16、"高度细分数"数值为 12，结果如图 4-98 所示。

20 每隔一条线段选择一条边，单击"倒角"按钮，在打开的面板中设置"分数"数值 0.04，然后单击"挤出"按钮，在打开的面板中设置"局部平移 Z"数值为 -0.023，制作凹槽结构，如图 4-99 所示。

图 4-98　创建一个圆柱体

图 4-99　制作凹槽结构

21 调整曲线的长度，使尾端向外延伸出去，在菜单栏中选择"曲线"|"重建"命令右侧的复选框，打开"重建曲线选项"窗口，在"跨度数"文本框中输入 10，单击"应用"按钮，如图 4-100 所示。

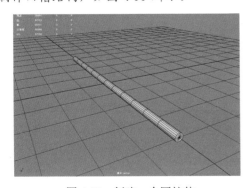

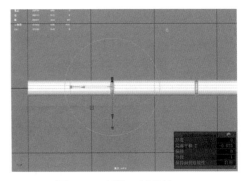

图 4-100 "重建曲线选项"窗口

22 选择圆柱体和曲线，单击"冻结变换"按钮，然后先选择曲线，再选择圆柱体，在菜单栏中选择"变形"|"曲线扭曲"命令，如图 4-101 所示。

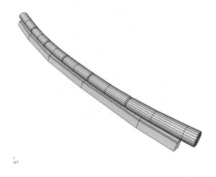

图 4-101 曲线扭曲

23 选择多边形圆柱体，选择"编辑"|"特殊复制"命令右侧的复选框，打开"特殊复制选项"窗口，在"旋转 Y"文本框中输入 60，在"副本数"文本框中输入 5，单击"应用"按钮，结果如图 4-102 所示。

图 4-102 复制出其余的多边形圆柱体

24 选择屋顶模型，按 Ctrl 键并右击，在弹出的菜单中选择"环形边工具"|"到环形边并分割"命令，插入循环边，使用缩放工具对其进行缩放，调整屋顶造型，如图 4-103 所示。

25 再次选择"到环形边并分割"命令，使用缩放工具对其进行缩放，如图 4-104 所示。

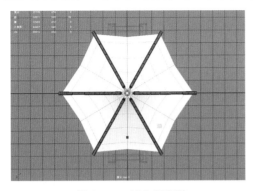

图 4-103　插入循环边

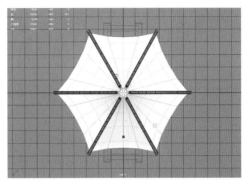

图 4-104　调整屋顶造型

26 按 Ctrl+D 快捷键复制出一个多边形圆柱体，然后在"通道盒 / 层编辑器"面板中，设置"旋转 Y"文本框中的数值为 90，并调整多边形圆柱体的大小，结果如图 4-105 所示。

27 依次复制出其余四个沟头瓦，并删除掉穿插的部分，如图 4-106 所示。

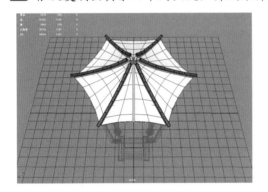

图 4-105　调整多边形圆柱体的大小

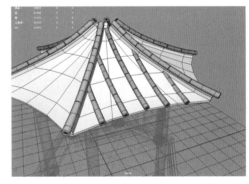

图 4-106　复制出其余的沟头瓦

28 创建一个多边形立方体，然后按 Ctrl 键并右击，在弹出的菜单中选择"环形边工具"|"到环形边并分割"命令，插入三条环形边，调整立方体的结构，创建一个瓦片，如图 4-107 所示。

29 选择插入的循环边，按 Shift 键并右击，在弹出的菜单中选择"编辑边流"命令，然后调整瓦片模型的大小，如图 4-108 所示。

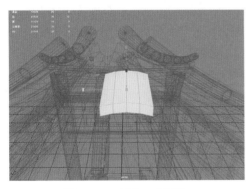

图 4-107　创建一个瓦片

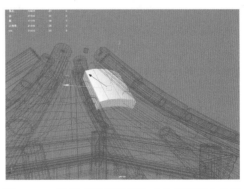

图 4-108　选择"编辑边流"命令调整瓦片造型

30 按Ctrl+D快捷键复制出一个瓦片模型，调整好位置后按Shift+D快捷键复制并转换，复制出一列瓦片模型，如图4-109所示。

31 选择所有瓦片，单击"结合"按钮，并按Ctrl+D快捷键四次复制出四列瓦片，调整位置并删除掉穿插出来的面，选择四列瓦片，再次单击"结合"按钮，结果如图4-110所示。

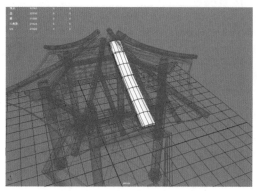

图 4-109　复制出一列瓦片模型　　　　　　图 4-110　复制其余几列瓦片并进行结合

32 将坐标轴回归到世界坐标系，按Shift键并右击，在弹出的菜单中选择"镜像"命令右侧的复选框，打开"镜像选项"窗口，在"镜像轴"选项中选择"X"单选按钮，单击"镜像"按钮，结果如图4-111所示。

33 选择所有瓦片并单击"结合"按钮，然后顺着垂脊的方向，执行"多切割工具"命令，使用套索工具快速选择穿插的部分，按Delete键将其删除，结果如图4-112所示。

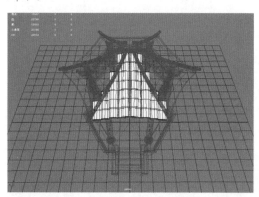
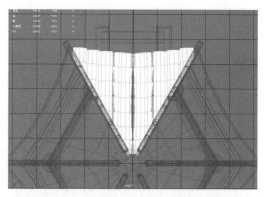

图 4-111　镜像出另一半瓦片　　　　　　图 4-112　切割并删除掉穿插的部分

34 选择沟头瓦和瓦片并选择"网格"|"结合"命令，将坐标轴回到世界坐标系，然后按Ctrl+D快捷键复制出一组副本，设置旋转Y为60，然后按Shift+D快捷键复制并转换五次，结果如图4-113所示。

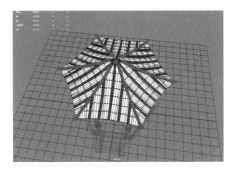

图 4-113　复制出其余的瓦片

4.6　制作宝顶和鹅颈椅

宝顶位于建筑物最高处的中心位置，尤其是攒尖式屋顶的顶尖处，往往立有一个圆形或近似圆形的装饰，它被称为"宝顶"。在一些等级较高的建筑中，或者确切地说，在皇家建筑中，宝顶大多由铜质鎏金材料制成，光彩夺目。

鹅颈椅优雅曼妙的曲线设计合乎人体轮廓，靠坐着十分舒适。通常建于回廊或亭阁围槛的临水一侧，除休憩之外，更兼得凌波倒影之趣，这给中规中矩的徽式庭院增添一点飘逸。

【实例 4-5】继续例 4-4 的操作，制作宝顶和鹅颈椅模型。

01 创建一个多边形圆柱体，设置"轴向细分数"为 6，结果如图 4-114 所示。

02 选择顶部的面，单击"挤出"按钮，向上挤出顶部的面，并调整多边形圆柱体的比例，如图 4-115 所示。

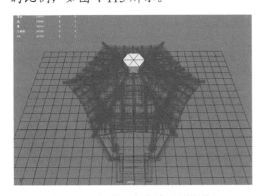

图 4-114　创建一个多边形圆柱体

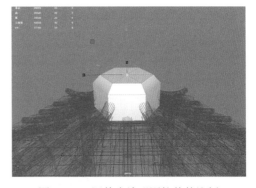

图 4-115　调整多边形圆柱体的比例

03 再次选择顶部的面，按 Shift 键并右击，在弹出的菜单中选择"复制面"命令，调整面的比例，然后单击"挤出"按钮，将面向上挤出，如图 4-116 所示。

04 继续复制顶部的面并挤出厚度，在建模工具包的"工具"卷展栏中选择"连接"命令，在弹出的"连接选项"选项卡的"分段"文本框中输入 2，插入两条循环边，选择上下两端的边，使用缩放工具调整距离，如图 4-117 所示。

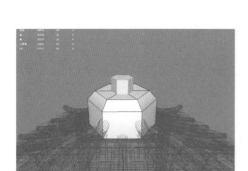

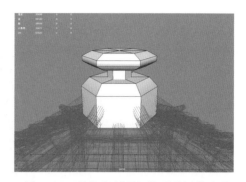

图 4-116　复制模型顶部的面并将其向上挤出　　　图 4-117　继续复制顶部的面并调整造型

05 再次复制顶部的面并挤出厚度，然后单击"倒角"按钮，在打开的面板中设置"分数"数值为 0.2，并调整面的比例，制作出宝顶造型，如图 4-118 所示。

06 调整多边形立方体的形状，在建模工具包的"工具"卷展栏中选择"连接"命令，在弹出的"连接选项"选项卡的"分段"文本框中输入 2，使用缩放工具调整两条线段的距离，单击"挤出"按钮，修改其造型，结果如图 4-119 所示。

图 4-118　制作出宝顶造型　　　　　　　图 4-119　对宝顶模型进行卡线

07 在场景中创建一个多边形立方体，如图 4-120 所示。

08 调整多边形立方体的形状，在建模工具包的"工具"卷展栏中选择"连接"命令，在弹出的"连接选项"选项卡的"分段"文本框中输入 2，使用缩放工具调整两条线段的距离，并单击"挤出"按钮，修改其造型，如图 4-121 所示。

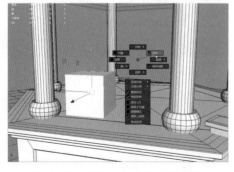

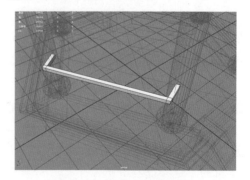

图 4-120　创建一个多边形立方体　　　　　图 4-121　修改立方体结构

09 单击"目标焊接工具"按钮，将点倒角出的点焊接到边界上，如图 4-122 所示。

10 选择面，按 Shift 键并右击，在弹出的菜单中选择"复制面"命令，并调整复制的面的位置，如图 4-123 所示。

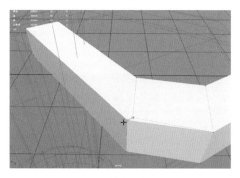

图 4-122　调整立方体布线

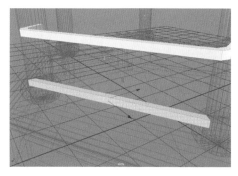

图 4-123　复制面并调整位置

11 分别选择复制出的模型两端的边，使用缩放工具使两端分别处于同一水平面，再按 Shift 键并右击，在弹出的菜单中选择"填充洞"命令，如图 4-124 所示。

图 4-124　选择"填充洞"命令

12 选择模型的一圈面，单击"倒角"按钮，结果如图 4-125 所示。

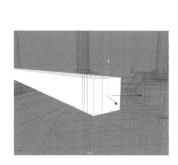
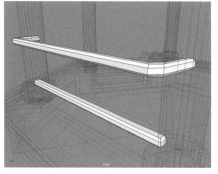

图 4-125　倒角

13 再创建一个多边形立方体，在"通道盒/层编辑器"面板中，设置"旋转 Y"数值为 30，然后按 Shift 键并右击，在弹出的菜单中选择"插入循环边工具"命令，并调整出靠背的结构，如图 4-126 所示。

14 选择模型，按 Ctrl+D 快捷键复制出一个副本，向右移动一段距离，然后按 Shift+D 快捷键复制并转换，制作出靠背，如图 4-127 所示。

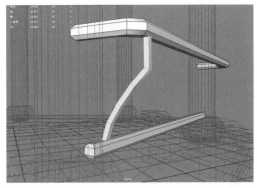

图 4-126　再创建一个立方体并调整结构　　　　图 4-127　制作出靠背

15 按 Shift 键并右击，在弹出的菜单中选择"复制面"命令，然后单击"挤出"按钮，制作出坐凳，如图 4-128 所示。

16 选择底面，按 Shift 键并右击，在弹出的菜单中选择"复制面"命令，然后单击"挤出"按钮，制作出底座，如图 4-129 所示。

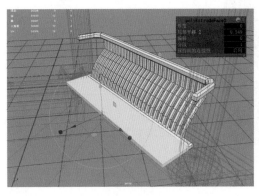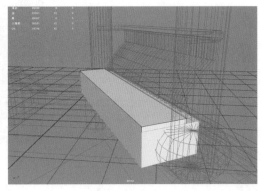

图 4-128　制作座凳　　　　　　　　　　图 4-129　制作底座

17 选择底座模型，插入一条循环边，然后单击"挤出"按钮，调整底座结构，如图 4-130 所示。

18 独显出底座模型，按 Shift 键并右击，在弹出的菜单中选择"插入循环边工具"命令，插入一条循环边，删除多余的面，单击"目标焊接工具"按钮，修改底座结构，如图 4-131 所示。

19 选择底座模型两侧相对应的边线，按 Shift 键并右击，在弹出的菜单中选择"桥接"命令，然后双击选择三边形洞口的边，按 Shift 键并右击，在弹出的菜单中选择"填充洞"命令，填充底座空洞部分，如图 4-132 所示。

20 选择底座上的面，按 Shift 键并右击，在弹出的菜单中选择"复制面"命令，然后单击"挤出"按钮，再单击"倒角"按钮，在打开的面板中设置"分数"文本框为 0.4，制作底部凸出结构，如图 4-133 所示。

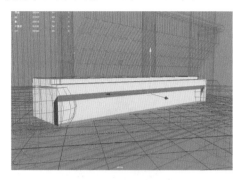

图 4-130　调整底座结构

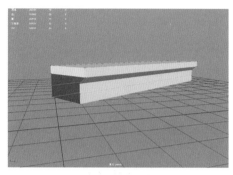

图 4-131　修改底座结构

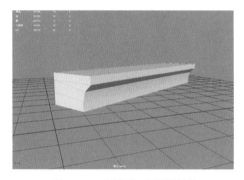

图 4-132　填充底座空洞部分

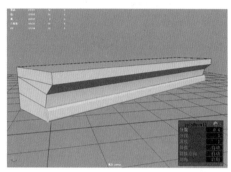

图 4-133　制作底部凸出结构

21 选择座凳的边线，单击"倒角"按钮，在打开的面板中设置"分数"数值为 0.5，结果如图 4-134 所示。

22 选择靠背、坐凳、底座三个模型，单击"结合"按钮，再按 Ctrl+D 快捷键复制出一个副本，在"通道盒/层编辑器"面板中设置"旋转 Y"的值为 60，然后按 Shift+D 快捷键复制并转换四次，最后删除掉多余的模型，结果如图 4-135 所示。

23 框选所有的模型，选择"编辑"|"按类型删除"|"历史"命令。

24 亭子模型的最终效果如图 4-5 所示。

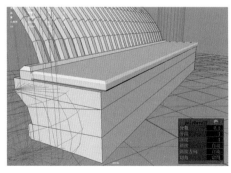

图 4-134　倒角

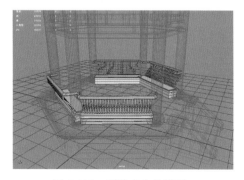

图 4-135　删除多余的模型

4.7　思考和练习

1. 收集相关游戏中带有亭子的场景并进行游戏建筑模型的分析。

2. 创建两个游戏场景模型，如图 4-136 所示，要求熟练掌握游戏场景古代建筑模型的制作规范和布线规律。

图 4-136　习题练习

第5章

角色建模

本章将通过使用 Maya 2020 制作二次元人物角色模型，进一步介绍多边形建模技术，帮助用户掌握在建模时布线的方法和技巧。

5.1　游戏角色建模概述

RPG 即 Role-Playing Game(角色扮演游戏)，是由玩家扮演游戏中的一个或数个角色，拥有完整的故事情节的游戏。玩家可能会将 RPG 与冒险类游戏混淆，其实区分起来很简单，RPG 更强调的是剧情发展和个人体验。一般来说，RPG 分为日式和美式两种，主要区别在于文化背景和战斗方式。日式 RPG 多采用回合制或半即时制战斗，如《阴阳师》(如图 5-1 所示)、《最终幻想》系列，大多数国产中文 RPG 也可归为日式 RPG，如《仙剑》《剑侠》等。美式 RPG，如《暗黑破坏神》《龙与地下城》《无冬之夜 X 异城镇魂曲》《冰风谷》《博德之门》。

图 5-1　《阴阳师》

本章以彼岸花角色作为案例，整体看上去比较复杂，其实模型制作起来并没有想象中那么复杂。用户可以采用从局部到整体的建模思路，把角色分解成躯干 (衣服、挂饰)、头部 (面部、头发、发饰)、上肢 (手臂与手掌)、下肢 (裙子与鞋子) 几部分并分别进行制作。

5.2　创建游戏角色模型项目工程文件

【实例 5-1】在 Maya 2020 中创建游戏角色模型项目工程文件。

01 打开 Maya 软件，首先创建项目工程文件，选择"文件"|"项目"|"项目窗口"命令，打开"项目窗口"窗口，单击"当前项目"文本框右侧的"新建"按钮，设置"当前项目"为 Game，将"位置"设置为 Model 文件夹，如图 5-2 所示，然后单击"接受"按钮。

02 项目创建成功后，桌面上会出现一个以 Game 命名的文件夹，然后选择角色参考图 (前视图、左视图和后视图) 并复制、粘贴到桌面 Game 文件夹的 sourceimages(源图像文件) 子文件夹内，如图 5-3 所示。

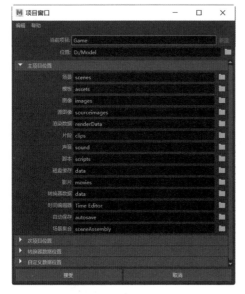

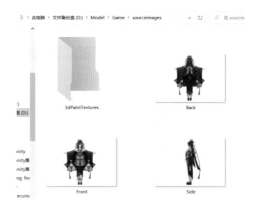

图 5-2 "项目窗口"窗口

图 5-3 复制参考图

5.3 导入参考图

【实例 5-2】在 Maya 内部视图中导入二次元人物角色参考图。

01 启动 Maya 2020，按空格键切换到侧视图，在面板菜单中选择"视图"|"图像平面"|"导入图像"命令，如图 5-4 所示。

02 Maya 会打开"打开"对话框并自动链接到 sourceimages(源图像) 文件夹内，分别在正视图、侧视图、背视图导入参考图。

03 这时场景里会出现三张参考图，调整图片至合适位置，如图 5-5 所示。

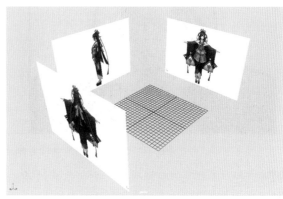

图 5-4 选择"导入图像"命令

图 5-5 调整图片位置

5.4　制作人体模型

【实例 5-3】根据参考图，在 Maya 2020 中制作人体模型。

01 在"多边形建模"工具架中单击"多边形立方体"按钮，在场景中创建一个多边形立方体并调节其比例，如图 5-6 所示，作为角色的头部。

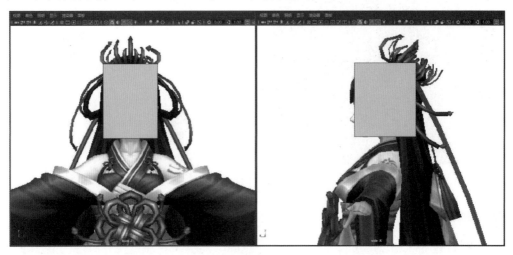

图 5-6　创建多边形立方体

02 选择多边形立方体，按 Shift 键并右击，在弹出的菜单中选择"平滑"命令，将立方体平滑一级，然后删除多边形立方体半边的面，如图 5-7 所示。

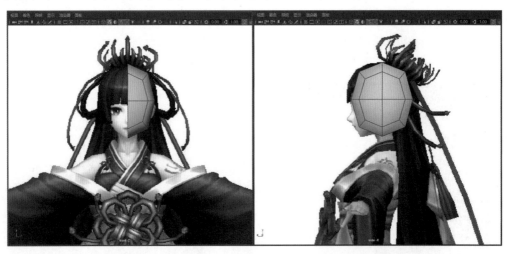

图 5-7　选择"平滑"命令并删除多边形立方体半边的面

03 选择"编辑"|"特殊复制"命令右侧的复选框，打开"特殊复制选项"窗口，在"几何体类型"选项组中选择"实例"单选按钮，在"缩放 X"文本框中输入 -1，然后单击"应用"按钮，复制出另一半头部的模型，如图 5-8 所示。

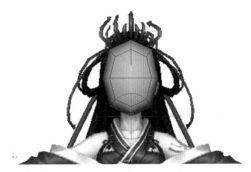

图 5-8　复制出另一半头部的模型

04 进入右视图并进入"点"模式，调整出头部的造型比例，如图 5-9 所示。

05 选择头部中间的线段，单击"倒角"按钮，继续调整头部比例，如图 5-10 所示。

图 5-9　调整头部比例　　　　　　　　图 5-10　执行"倒角"操作

💡 **提示**

　　人物头部在制作初期近似一个蛋形，前视图的头部造型整体是长方形的，顶视图的头部造型中前边的面部比较窄，后脑部分比较宽。

06 选中头部下方的面，单击"挤出"按钮，挤出脖子模型，并调整脖子的造型，如图 5-11 所示。

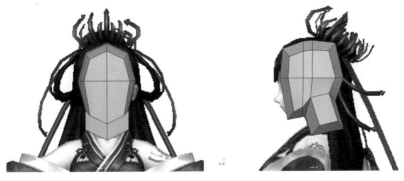

图 5-11　挤出脖子模型

07 选中面，单击"挤出"按钮，向下挤出身体模型，如图 5-12 所示。

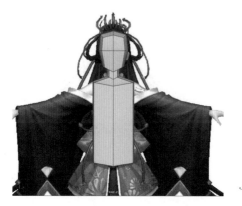

图 5-12　挤出身体模型

08 按 Ctrl 键并右击，从弹出的菜单中多次选择"环形边工具"|"到环形边并分割"命令，调整上半身的造型，如图 5-13 所示。

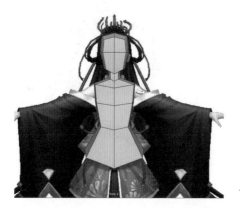

图 5-13　调整上半身的造型

09 选中上半身侧面上半部分的面，多次单击"挤出"按钮，制作出下半身，然后按 Ctrl 键并右击，从弹出的菜单中多次选择"环形边工具"|"到环形边并分割"命令，调整下半身造型，如图 5-14 所示。

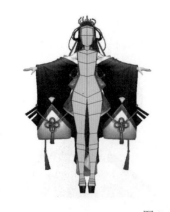

图 5-14　制作下半身造型

10 选择肩膀处的面，单击"挤出"按钮，制作出手臂，然后按 Ctrl 键并右击，从弹出的菜单中选择"环形边工具"|"到环形边并分割"命令，制作出手肘部位，如图 5-15 所示。

图 5-15 制作手臂和手肘

11 分别选中手肘和腰部的边线，单击"倒角"按钮，然后调整手肘和腰部的结构，如图 5-16 所示。

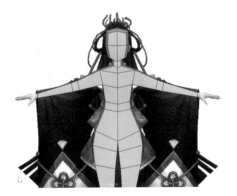

图 5-16 调整手肘和腰部的结构

12 按 Ctrl 键并右击，从弹出的菜单中多次选择"环形边工具"|"到环形边并分割"命令，调整小臂的线条，如图 5-17 所示。

图 5-17 调整小臂的线条

13 选择身体上的边线，按 Ctrl 键并右击，从弹出的菜单中选择"环形边工具"|"到环形边并分割"命令，为身体添加线段，如图 5-18 所示。

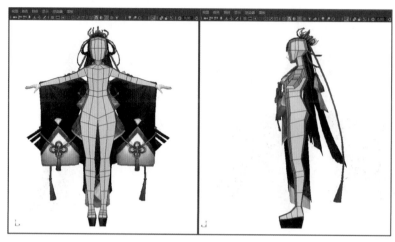

图 5-18 为身体添加线段

14 选择头部中间的边线，单击"倒角"按钮，调整头部边线，使其过渡更加平滑，如图 5-19 所示。

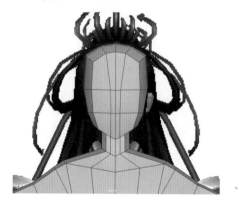

图 5-19 过渡头部的边线

15 选中鼻子部位，单击"挤出"按钮，制作出鼻子的造型，然后单击"多切割工具"按钮，添加一圈线段，并调整头部布线，如图 5-20 所示。

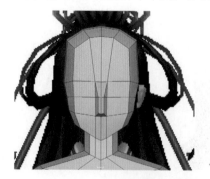

图 5-20 制作出鼻子的造型

16 选择头部侧边的面，单击"挤出"按钮，挤出耳朵的造型，并调整耳朵的朝向，如图 5-21 所示。

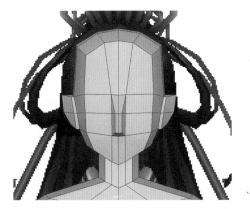 

图 5-21　挤出耳朵的造型

17 选择耳朵上的边，按 Shift 键并右击，在弹出的菜单中选择"删除边"命令，将多余的边删除掉，调整耳朵的形状，如图 5-22 所示，使其布线更加合理。

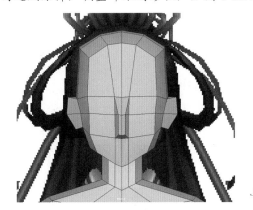 

图 5-22　调整耳朵的形状

18 单击"多切割工具"按钮，调整脸部的布线，确定出嘴巴的位置，如图 5-23 所示。

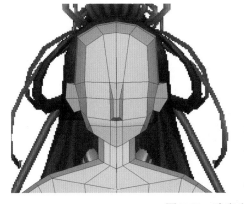 

图 5-23　确定出嘴巴的位置

19 单击"多切割工具"按钮，添加线并调整出嘴巴的轮廓，如图 5-24 所示。

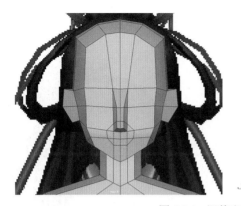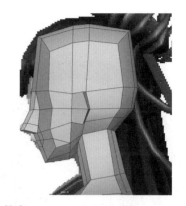

图 5-24 调整出嘴巴的轮廓

提示

嘴部是脸部最活跃的区域，环状的口轮匝肌和放射状的提肌可以丰富后期的表情动画，因此嘴部周围的布线相对密集。

20 单击"多切割工具"按钮，在下嘴唇下面加线，并选择下巴上的边，然后单击"倒角"按钮，调整下庭的结构，如图 5-25 所示。

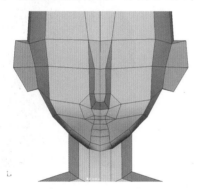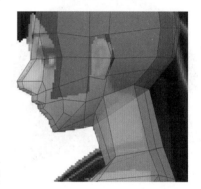

图 5-25 调整下庭的结构

21 单击"多切割工具"按钮，对头部进行加线使其布线更加合理，如图 5-26 所示，并调整头部结构。

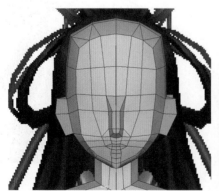

图 5-26 对头部进行加线

22 选择眼睛处的顶点，单击"倒角"按钮，确定出眼睛的位置，如图 5-27 所示。

23 选中鼻梁中间的线段，单击"倒角"按钮，结果如图 5-28 所示。

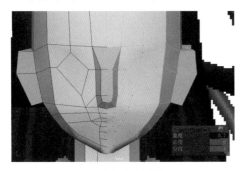
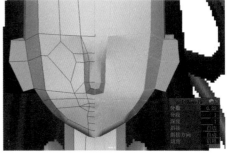

图 5-27　确定出眼睛的位置　　　　图 5-28　单击"倒角"按钮后的结果

24 单击"多切割工具"按钮，按照眼轮匝肌的结构进行布线，如图 5-29 所示。

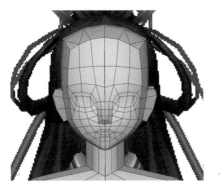
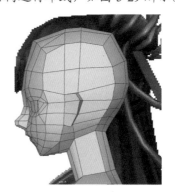

图 5-29　按照眼轮匝肌的结构进行布线

💡 提示

　　在游戏中，角色的头部是非常引人注目的，因此，游戏人物头部的制作是整个角色模型的重点和难点，它的好坏直接影响后期的动画制作。而头部模型制作的关键在于面部 (眼睛、鼻子、嘴巴和耳朵)，其中眼睛和耳朵通常可以利用贴图来表现，鼻子和嘴巴上增加一些细节是很有必要的。

25 选择脖子的线段，按 Ctrl 键并右击，从弹出的菜单中选择"环形边工具"|"到环形边并分割"命令，然后单击"倒角"按钮，调整脖子的布线，如图 5-30 所示。

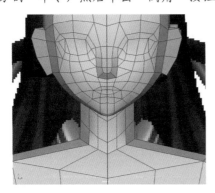
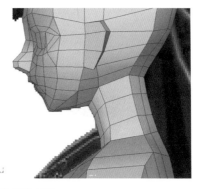

图 5-30　调整脖子的布线

26 选择身体上的边线，单击"倒角"按钮，再单击"多切割工具"按钮，调整身体布线，如图 5-31 所示，身体造型调整好后，在后期制作衣服模型时，可直接从身体模型上提取面。

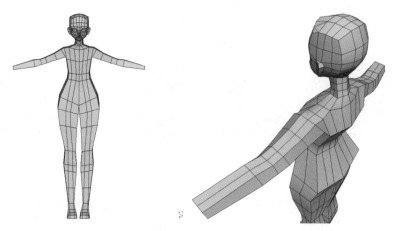

图 5-31　调整身体布线

27 选择手腕处的边线，单击"挤出"按钮，制作出手的食指和其他手指的造型，如图 5-32 所示，游戏角色的手部一般是单独创建拇指和食指模型或单独创建拇指模型，其余的手指靠后期的贴图表现。

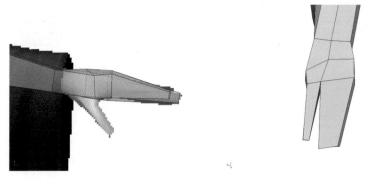

图 5-32　执行"挤出"操作

28 选择手掌大拇指位置的面，单击"挤出"按钮，挤出大拇指模型，并调整手掌造型，大拇指是从手掌的侧面伸出来的，和手掌间有一个倾斜角度，如图 5-33 所示。

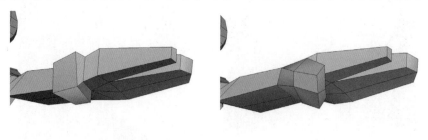

图 5-33　制作手掌

29 单击"目标焊接工具"按钮 ▊▊，调整大拇指的布线，如图 5-34 所示。

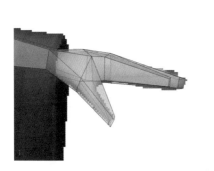

图 5-34 调整大拇指的布线

30 单击"多切割工具"按钮，调整手部的布线和造型，如图 5-35 所示。

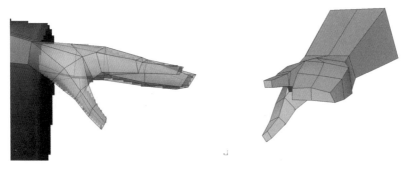

图 5-35 调整手部的布线和造型

5.5 制作角色发型

【实例 5-4】进一步对角色模型进行处理，制作出角色发型。

01 选择头顶的面，按 Shift 键并右击，从弹出的菜单中选择"提取面"命令，将多余的线删除，如图 5-36 所示，用提取出的面制作头发模型。

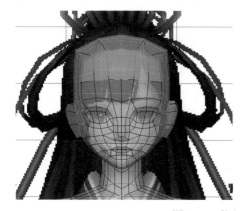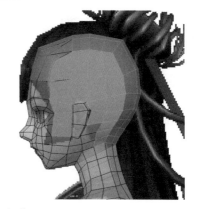

图 5-36 执行"提取面"操作

02 单击"多切割工具"按钮，制作出刘海的造型，并调整发型的造型，如图 5-37 和图 5-38 所示。

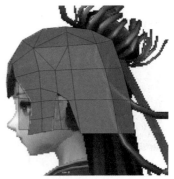

图 5-37　制作出刘海的造型

图 5-38　调整刘海的造型

03 选择头发后半部分的边，单击"挤出"按钮，按 Ctrl 键并右击，从弹出的菜单中选择"环形边工具"|"到环形边并分割"命令，增加头发的布线，调整后面头发的造型，如图 5-39 所示。

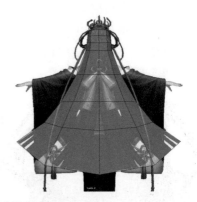

图 5-39　调整后面头发的造型

04 选择头发模型的边，按 Shift 键并右击，从弹出的菜单中选择"分离组件"命令，然后选择头发模型，再按 Shift 键并右击，从弹出的菜单中选择"分离"命令，将头发分为上下两组模型，并删除半边的面，如图 5-40 所示。

图 5-40　执行"分离组件"和"分离"命令

05 在菜单栏中选择"编辑"|"特殊复制"命令右侧的复选框，打开"特殊复制选项"窗口，在"几何体类型"选项组中选择"实例"单选按钮，在"缩放 X"文本框中输入 -1，单击"应用"按钮，然后单击"多切割工具"按钮，调整头发布线，并将多余的面删除，如图 5-41 所示。

图 5-41　调整头发布线

06 选择头发上下两部分的模型，单击"结合"按钮，然后框选相交处的点，按 Shift键并右击，在弹出的菜单中选择"合并顶点"|"合并顶点"命令，结果如图 5-42 所示。

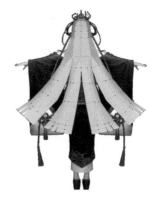

图 5-42　执行"合并顶点"命令后的结果

07 选择面，按 Shift 键并右击，在弹出的菜单中选择"复制面"命令，将复制的模型向前平移，然后在菜单栏中选择"网格显示"|"反向"命令，结果如图 5-43 所示，目的是制作出头发的厚度，这里复制出的面只需向前平移一小段距离即可，中间接缝不宜过大。

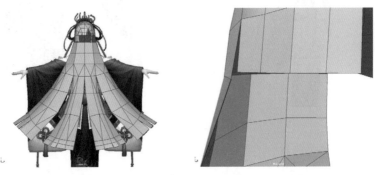

图 5-43　制作出头发的厚度

08 单击"EP 曲线"按钮，绘制出后面的盘发造型，并创建一个多边形圆柱体，在"通道盒 / 层编辑器"面板中，设置"轴向细分数"数值为 3，删除圆柱体下半部分的面，留下顶面，如图 5-44 所示。

图 5-44　创建 EP 曲线和多边形圆柱体

09 将模型中心点吸附至曲线起始点，如图 5-45 所示。

图 5-45　将模型中心点吸附至曲线起始点

10 进入面模式，选择多边形圆柱体，再按 Shift 键加选曲线，然后按 Ctrl+E 快捷键，激活"挤出"命令，在打开的面板中设置"分段"数值为 9，如图 5-46 所示。

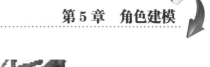

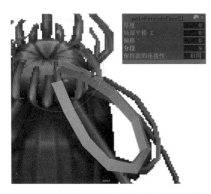

图 5-46 执行"挤出"操作

11 选择盘发模型，选择"特殊复制"命令，以实例方式复制出另一半模型，如图 5-47 所示。

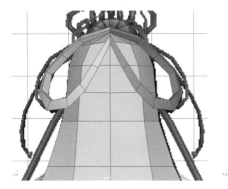

图 5-47 以实例方式复制出另一半模型

5.6 制作角色服饰

【实例 5-5】制作角色服饰。

01 框选手臂上的面，按 Shift 键并右击，从弹出的菜单中选择"复制面"命令，选择下方的边线并向下拖曳，然后删除多余的线段以制作出套袖的造型，如图 5-48 所示。

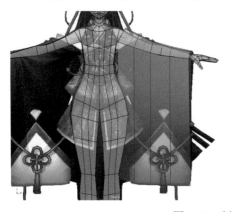

图 5-48 制作出套袖的造型

02 单击"挤出"按钮，制作落肩的袖口造型，然后单击"多切割工具"按钮，调整套袖的布线，如图 5-49 所示。

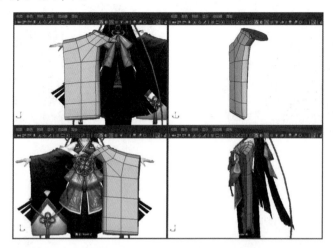

图 5-49　调整套袖的布线

03 按 Ctrl 键并右击，从弹出的菜单中选择"循环边工具"|"到环形边并分割"命令，在胸腔部位添加一条边线，选中袖套上的顶点，并按住快捷键 V，将套袖上的点吸附到身体上，如图 5-50 所示。

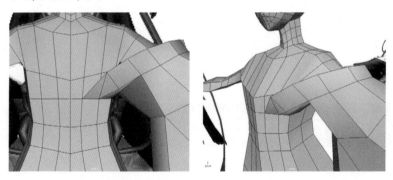

图 5-50　将套袖上的点吸附到身体上

04 选择袖口两端的边线，按 Shift 键并右击，从弹出的菜单中选择"桥接"命令进行封口，如图 5-51 所示。

图 5-51　进行封口

05 删除大腿部分的面，按 Ctrl 键并右击，从弹出的菜单中选择"环形边工具"|"到环形边并分割"命令，在胯部添加线段，如图 5-52 所示。

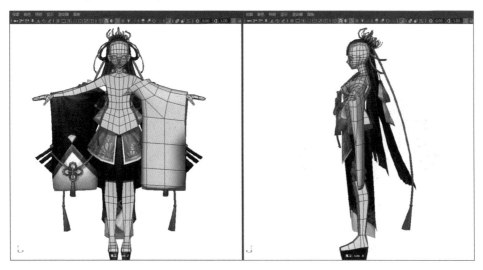

图 5-52　在胯部添加线段

💡 **提示**

在制作游戏模型时，需要建模师对模型的面数有一定的把控，有必要将看不见的面删除，以节省资源。

06 单击"挤出"按钮，然后单击"多切割工具"按钮，制作出裙子造型，如图 5-53 所示。

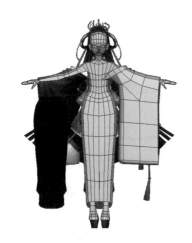

图 5-53　制作出裙子造型

07 由于裙子左右两边是不对称的，双击选中胯部的边线，按住 Shift 键并右击，在弹出的菜单中选择"分离组件"命令，将裙子与胯部的线段断开，然后选择模型，再选择"分离"命令，将下身裙子单独分离出来，如图 5-54 所示。

08 选择上半身模型，选择"编辑"|"特殊复制"命令右侧的复选框，打开"特殊复制选项"窗口，设置"几何体类型"为"实例"，将"缩放 X"改为 -1，复制出上半身的另一半模型，并选择"修改"|"转化"|"实例到对象"命令，结果如图 5-55 所示。

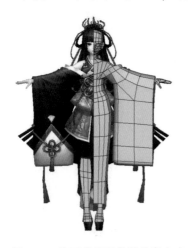

图 5-54　将下身裙子单独分离出来　　　　图 5-55　执行"特殊复制"操作

 提示

分离之后用户会发现左边的身体模型消失了，是因为上半身左边的模型是实例复制，可以理解为实例复制的物体为母体的影子，需要先将实例复制的物体转换为对象，然后再将其与其他模型进行合并或者分离操作。

09 选择"编辑"|"特殊复制"命令右侧的复选框，打开"特殊复制选项"窗口，在"几何体类型"选项组中选择"复制"单选按钮，在"缩放 X"文本框中输入 -1，复制出裙子的另一半模型，如图 5-56 所示。

10 选择左右两边的裙子模型，单击"结合"按钮，然后框选裙子中间接缝处的点，按 Shift 键右击，从弹出的菜单中选择"合并顶点"|"合并顶点"命令，如图 5-57 所示。

图 5-56　复制出裙子的另一半模型　　　　图 5-57　选择"合并顶点"|"合并顶点"命令

11 选择裙摆下方的一圈边线，单击"挤出"按钮，挤出外侧的裙摆结构，如图5-58所示。

图 5-58　挤出外侧的裙摆结构

12 单击"多切割工具"按钮并添加线段，然后将多余的面删除，如图5-59所示，制作出外层裙摆下方的开叉造型。

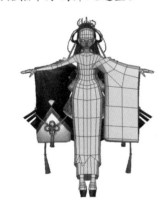

图 5-59　制作出外层裙摆下方的开叉造型

13 选择腰部的面，单击"挤出"按钮，制作出腰封的造型，如图5-60所示，角色身上的部分衣服可以直接利用身体模型上的面制作出来，无须重新创建几何体。

图 5-60　制作出腰封的造型

14 选择上半身的面，按 Shift 键并右击，从弹出的菜单中选择"复制面"命令，制作出上衣的基本造型，如图 5-61 所示。

图 5-61　制作出上衣的基本造型

15 单击"多切割工具"按钮，调整上衣的布线，如图 5-62 所示。

图 5-62　调整上衣的布线

5.7　制作角色头饰和道具

【实例 5-6】制作角色头饰和道具。

01 创建一个多边形球体，然后在"通道盒 / 层编辑器"面板中，设置"轴向细分数"数值为 8，设置"高度细分数"数值为 6，制作出花苞造型，如图 5-63 所示。

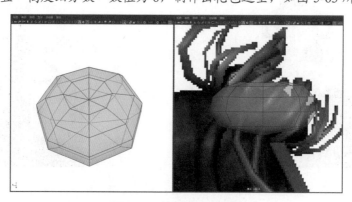

图 5-63　制作出花苞造型

02 按照之前制作盘发的方法，创建 EP 曲线和多边形圆柱体，制作出花瓣的造型，如图 5-64 所示。

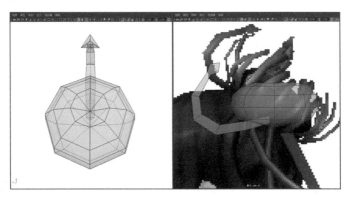

图 5-64　制作出花瓣的造型

03 选择花瓣，选择"编辑"|"特殊复制"命令右侧的复选框，打开"特殊复制选项"窗口，在"几何体类型"选项组中选择"复制"单选按钮，在"旋转 Y"文本框中输入 90，在"副本数"文本框中输入 3，单击"应用"按钮，复制出三个花瓣，如图 5-65 所示。

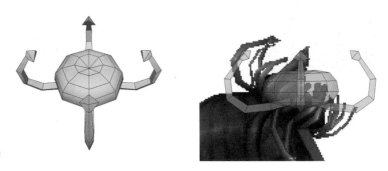

图 5-65　执行"特殊复制"操作

04 按 Ctrl+G 快捷键，将花苞和花瓣组合，然后按 Ctrl+D 快捷键复制出一个花瓣组的副本，选择副本模型，在"通道盒 / 层编辑器"面板中，设置"旋转 X"数值为 45，结果如图 5-66 所示。

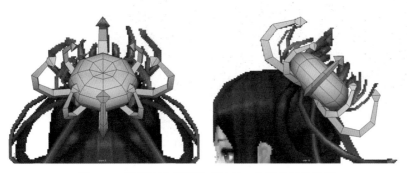

图 5-66　设置副本模型的"旋转 X"数值后的结果

05 参照前面的步骤，旋转复制出其余的花瓣，复制完成后调整花瓣的造型，使其大小具有随机性，如图 5-67 所示。

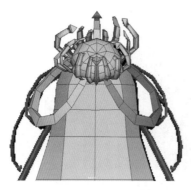

图 5-67　复制出其余的花瓣

06 创建一条 EP 曲线和一个多边形圆柱体，创建出头饰上的飘带，如图 5-68 所示。

图 5-68　创建出头饰上的飘带

07 创建一个多边形圆柱体，在"通道盒 / 层编辑器"面板中，设置"轴向细分数"数值为 6，单击"多切割工具"按钮，调整多边形圆柱体的布线，如图 5-69 所示。

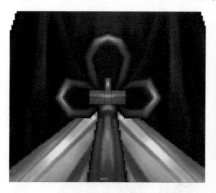

图 5-69　调整多边形圆柱体的布线

08 单击"挤出"按钮，制作出结的结构，并参照制作头饰的步骤制作出带子的造型，如图 5-70 所示。

图 5-70　制作出结的结构和带子的造型

09 创建一个多边形平面，单击"挤出"按钮，制作出蝴蝶结前半部分的造型，如图 5-71 所示。

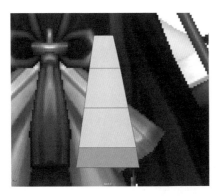

图 5-71　制作蝴蝶结前半部分的造型

10 选择蝴蝶结，参照前面的方法打开"特殊复制选项"窗口，在"几何体类型"选项组中选择"实例"单选按钮，在"缩放 X"文本框中输入 -1，单击"应用"按钮，复制出另一边的蝴蝶结，然后单击"结合"按钮，结果如图 5-72 所示。

图 5-72　实例复制并结合

11 选择蝴蝶结的边线，单击"挤出"按钮，按 Shift 键并右击，在弹出的菜单中选择"合并顶点"|"合并顶点到中心点"命令，为侧边洞口进行封口，如图 5-73 所示。

图 5-73　为侧边洞口进行封口

12 按照同样的方法，制作出背部的蝴蝶结，调整蝴蝶结位置，然后选择"编辑"|"特殊复制"命令，实例复制出另一边，如图 5-74 所示。

图 5-74　制作出背部的蝴蝶结

13 按照同样的方法，制作出前面的蝴蝶结，如图 5-75 所示。

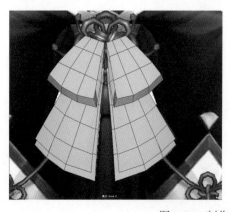

图 5-75　制作前面的蝴蝶结

14 创建一个多边形圆环，在"通道盒／层编辑器"面板中，设置"轴向细分数"数值为8，设置"高度细分数"数值为6，然后删除掉后半部分，调节其朝向和宽度，如图5-76所示。

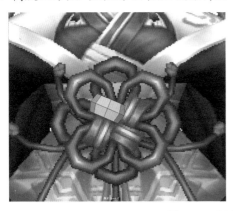

图 5-76　创建多边形圆环

15 使用 EP 曲线和多边形圆柱体制作出其中一个结的造型，选择"编辑"|"特殊复制"命令复制出另一半，如图 5-77 所示。

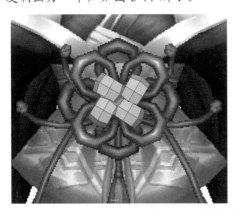

图 5-77　执行"特殊复制"操作

16 按照制作头饰的步骤制作出绳结的造型，如图 5-78 所示。

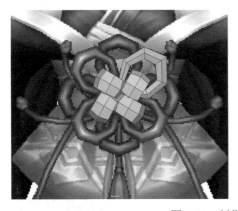

图 5-78　制作绳结的造型

17 选择"编辑"|"特殊复制"命令，以实例方式复制出另一边的装饰模型，然后按 Ctrl+G 快捷键，将所选择的模型进行组合，如图 5-79 所示。

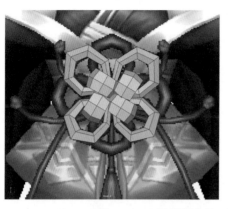

图 5-79　实例复制出另一边的装饰模型并进行组合

18 按 Ctrl+D 快捷键激活"复制"命令，复制出上一步制作好的结，按照参考图调整其位置，如图 5-80 所示。

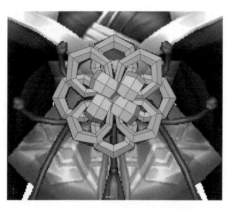

图 5-80　复制出上一步制作好的结并调整位置

19 创建一条 EP 曲线和一个多边形圆柱体，制作出半边的长条状装饰模型，然后选择"编辑"|"特殊复制"命令，复制出另一半边模型，如图 5-81 所示。

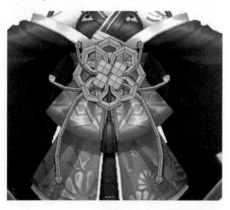

图 5-81　制作长条状装饰模型并进行特殊复制

20 创建一个多边形长方体，调整其造型，单击"挤出"按钮，然后单击"多切割工具"按钮，制作出下方流苏的造型，如图 5-82 所示。

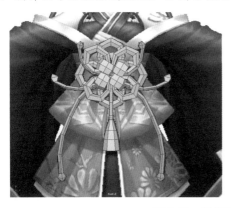

图 5-82　制作下方流苏的造型

21 从做好的结模型中复制出一部分，调整其造型，如图 5-83 所示，作为袖子上的装饰。

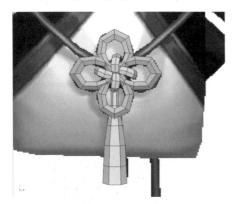

图 5-83　制作袖子上的装饰

22 创建一条 EP 曲线和一个多边形圆柱体，制作出两边的绳子，如图 5-84 所示。

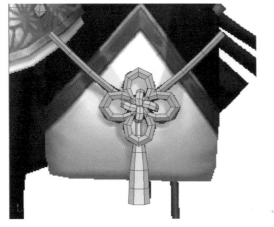

图 5-84　制作两边的绳子

23 做好一个装饰模型后，选择"编辑"|"特殊复制"命令，复制出袖子上其余的饰品，然后按 Shift 键并右击，在弹出的菜单中选择"合并顶点"|"合并顶点到中心"命令，将交界处的顶点进行合并，如图 5-85 所示。

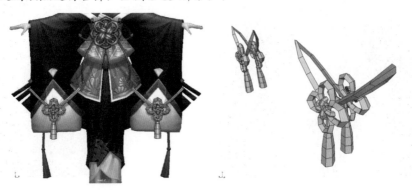

图 5-85　将交界处的顶点进行合并

24 创建一个多边形球体，在"通道盒/层编辑器"面板中，设置"轴向细分数"数值为 3，设置"高度细分数"数值为 3，然后分别框选模型中间上下对应的顶点，按 Shift 键并右击，在弹出的菜单中选择"合并顶点"|"合并顶点到中心"命令，将上下对应的顶点进行合并，将其形状调整为一个菱形，放置在袖口处，如图 5-86 所示。

图 5-86　创建多边形球体

25 选择"编辑"|"特殊复制"命令，复制出另一边的菱形装饰模型，如图 5-87 所示。

图 5-87　复制出另一边的菱形装饰模型

26 选择脚底的一圈边线，多次单击"挤出"按钮，制作出鞋子的造型，如图 5-88 所示。

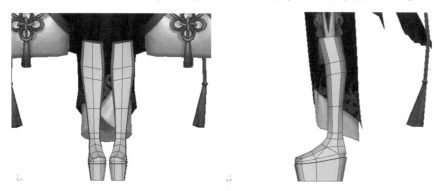

图 5-88　制作出鞋子的造型

27 最后调整整体的布线，检查模型是否存在穿插、顶点未合并等情况，如图 5-89 所示。

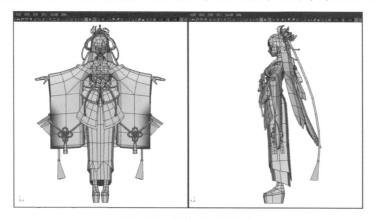

图 5-89　调整整体的布线

28 游戏角色模型的最终效果如图 5-90 所示。

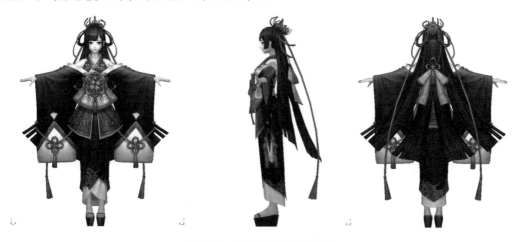

图 5-90　角色模型的最终效果

5.8 思考和练习

　　应用多边形建模技术创建游戏角色模型，本章的游戏角色原画设计图如图 5-91 所示。制作要求：使用模型合理布线，尽量用最少的多边形面数来塑造模型，熟练掌握游戏角色建模的方法与技巧。

图 5-91　习题模型

第6章

拓扑与烘焙

　　根据项目要求，高模在制作完成后，需要进行拓扑和烘焙操作。用户利用拓扑技术制作出与高模包裹度相匹配的低模后，再对其进行烘焙操作，使高模的细节信息通过贴图的方式传递给低模。本章将通过案例操作，帮助读者对 Maya 软件中的拓扑和烘焙技术有一个全面的了解。

6.1　拓扑概述

　　拓扑是三维建模师必须掌握的一门技术，以创建较少面数的低模来最大程度保留高模的结构。高精度模型也就是高模，指的是次世代建模，次世代的模型细节丰富，结构复杂，点线面的数量庞大。低模就是面数较少的模型。影视模型为了追求逼真的效果，使用预渲染，模型面数非常大。游戏模型属于实时渲染，内存资源有限不支持面数百万甚至上千万的模型，大量的点线面的高模无法使用，所以需要简化模型的面数，来达到更好的优化效果。

　　建模师通常会通过雕刻软件或其他三维软件来制作高模，如图 6-1 所示，但是高模很难在后续进行动画处理，所以需要限制模型的面数。将一个复杂的模型用规整和整洁的布线拓扑出基本的结构特征，不仅外观上使人看着清爽，还可以在很大程度上提升建模效率。

图 6-1　高模作品展示

6.1.1　拓扑方式

　　建模师会通过使用 Maya、ZBrush 或 Topogun 等三维软件进行拓扑，要确保拓扑出的低模能包裹住高模，这样在后续的烘焙中能使高模上的细节结构烘焙到低模上。

利用 Maya 的绘制工具用户可以快速地在高模对象表面上创建新模型。在 ZBrush 软件中可使用 ZRemesher 进行自动拓扑，如图 6-2 所示，但有时并不能达到用户需要的效果，还需要用户通过调节数值达到需要的效果。本章主要介绍如何使用 Maya 软件进行拓扑。

　　Maya 软件的拓扑功能主要集中在界面右侧的建模工具包中，建模工具包能为用户在进行拓扑时提供很大的帮助，如图 6-3 所示。

图 6-2　使用 ZRemesher 进行自动拓扑　　　图 6-3　建模工具包

　　在拓扑过程中尽量避免出现三边面，三边面在后续会影响模型细分、角色动画或打断插入循环边等，从而破坏了整体的拓扑结构，尤其是在做角色动画时，在不恰当的地方使用三边面会出现穿刺变形的情况。

6.1.2　拓扑快捷键

　　【实例 6-1】本例将讲解拓扑时常用的快捷键。

01　选择高模，然后单击状态行中的"激活选定对象"按钮，成功后在该按钮右侧将显示被选中的高模名称，如图 6-4 所示。

02　在"建模工具包"面板中展开"工具"卷展栏，单击"四边形绘制"按钮，如图 6-5 所示。

图 6-4　单击"激活选定对象"按钮　　　图 6-5　"工具"卷展栏

03 按照高模结构，在对象模型上单击出 4 个绿色顶点，"四边形绘制"工具会自动捕捉到高模上，然后将光标放在 4 个绿色顶点范围内，按 Shift 键并单击鼠标左键，可创建新拓扑，如图 6-6 所示。

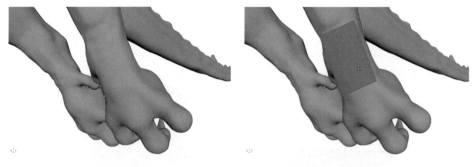

图 6-6　创建新拓扑

04 拓扑完成后，按 Shift 键加左击不放，光标会出现"relax"图标，此时可使用松弛笔刷在拓扑出的曲面上进行滑动，Maya 会自动均匀平滑整个曲面，或将松弛运算集中在网格的某个部分，如图 6-7 所示。

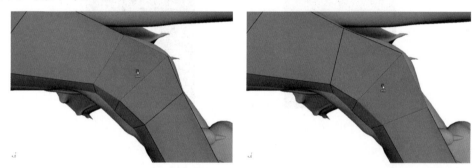

图 6-7　平滑整个曲面

05 按 Ctrl+Shift 快捷键并单击拓扑点或面，可将需要删除的拓扑点或面删除，如图 6-8 所示。

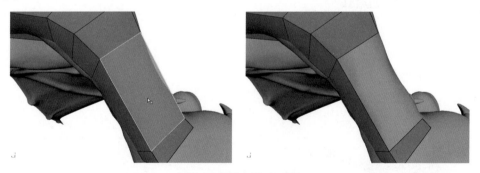

图 6-8　删除拓扑点或面

06 在一段连续规则的循环面中，按住 Ctrl 键并将鼠标移至高模上，将显示绿色虚线循环边预览线，指示将会在此处插入新循环边，单击即可插入循环边，如图 6-9 所示。

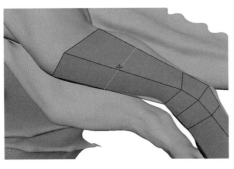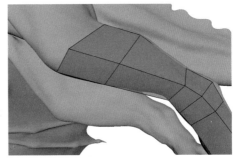

图 6-9 插入循环边

07 按 Tab 键不放，可进行"延伸"操作，然后选中一条边界处的边，并对其进行拖曳来延伸边，如图 6-10 所示。

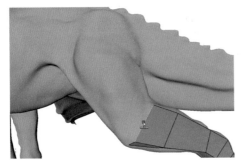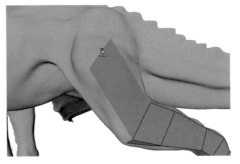

图 6-10 延伸边

6.2 烘焙概述

烘焙就是将高模上的细节用贴图渲染出来，贴到低模上，让低精度的模型看上去有高精度模型的细节。高精度模型一般用 ZBrush 制作，制作好后，进行模型的拓扑，拓扑的作用是保证高精度模型与低精度模型在大的形体上的一致，形体保持一致的作用是保证烘焙的时候贴图不出错，烘焙的贴图种类比较多，一般用到的是法线贴图与 AO 贴图。

高精度模型具有低精度模型没有的纹理细节，在制作流程中需要进行烘焙作为中转过程，将高模上的点线面空间关系以图片的形式转换出来，称其为贴图，并将贴图贴到低模上，使低模能呈现出高模的细节纹理效果。

三维建模师通常会使用 Maya、3ds Max、八猴等软件来对模型进行烘焙。通过在如图 6-11 所示的"传递贴图"窗口中对高模和低模进行烘焙，可以得到法线、AO(环境光遮蔽贴图) 等贴图。如果是由多个子物体组合的模型，通常需要将它们按照结构拆分后再分别逐个进行烘焙 (在实际操作中，个体模型如果结构复杂，可以酌情拆分模型)，最后在 Photoshop 里将多个贴图进行整合，这样可以高效地解决高模信息烘焙不完整的情况。

如果项目要求对相似模型进行 UV 重叠，则在烘焙时，只需在 UV 第一象限留有一个选定模型的 UV，其余相似模型使用 UV 编辑器向右位移到第二象限，烘焙完成的贴图将自动匹配第二象限的 UV。

图 6-11 "传递贴图"窗口

6.2.1 目标网格

"目标网格"作为传递贴图的目标，会将贴图纹理烘焙到所选的目标对象上，"目标网格"卷展栏内的参数如图 6-12 所示。

图 6-12 "目标网格"卷展栏

▶ 名称：显示场景视图中被选择的目标对象的名称。

▶ 输出 UV 集：对为其创建纹理贴图的目标网格设定 UV 集。UV 集定义映射目标网格的方式。

▶ 显示：设定场景中显示目标的哪些方面。可以显示目标网格或封套，或同时显示这两者。

▶ 搜索封套 (%)：搜索封套是用户可编辑的一块几何体，它定义了传递贴图生成操作的搜索体积或阈值。该属性设定目标网格的搜索封套的大小 (%)。如果将"搜索封套"设定为 10，则封套将比其目标网格大 10%。

▶ 添加选定对象：将场景视图中的当前选定对象添加到"目标网格"列表。

▶ 移除选定对象：将场景视图中的当前选定对象从"目标网格"列表移除。

▶ 清除全部：删除"目标网格"列表中的所有对象名称。

6.2.2　源网格

"源网格"卷展栏内的参数如图 6-13 所示。

图 6-13　"源网格"卷展栏

- ▶ 名称：显示场景视图中被选择的源对象的名称。
- ▶ 添加选定对象：将场景视图中的当前选定对象添加到"源网格"列表。
- ▶ 添加未选定对象：将场景视图中的所有未选定对象添加到"源网格"列表。
- ▶ 移除选定对象：将场景视图中的当前选定对象从"源网格"列表中移除。
- ▶ 清除全部：删除"源网格"列表中列出的所有对象名称。

6.2.3　输出贴图

展开"输出贴图"卷展栏，可从可用图标列表中选择用户所需的贴图类型，如图 6-14 所示。下面介绍其中的主要选项。

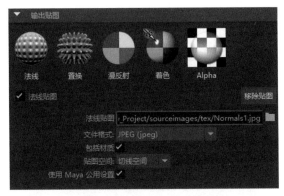

图 6-14　"输出贴图"卷展栏

- ▶ 法线贴图：设置法线贴图的输出路径。
- ▶ 文件格式：为要创建的法线贴图设定文件格式，用户可从该下拉列表中选择所需的格式，Maya 会自动将相应的文件扩展名附加到法线贴图的文件名中。
- ▶ 包括材质：选中该复选框后，所有源材质 (如凹凸贴图) 将包括在法线贴图中。使用该属性可获取修改过的法线 (如应用凹凸贴图后) 的视图，即法线在最终渲染中的显示。未选中该复选框，可查看法线在实际几何体中的显示。
- ▶ 贴图空间：包括切线空间和对象空间。切线空间法线是根据每个顶点在本地定义的，并且可以通过变形旋转。"切线空间"用于已设置动画的对象上的纹理。"对象空间"法线始终指向相同的方向，即使旋转了三角形也是如此。"对象空间"用于未设置动画的对象上的纹理。

▶ 使用 Maya 公用设置：选中该复选框，如果要创建多个相同宽度和高度的贴图，可以通过在"传递贴图"窗口的"Maya 公用输出"区域输入这些设置以重用。如果取消选中该复选框，则"传递贴图"窗口的"法线贴图"区域中将显示"贴图宽度"和"贴图高度"属性。

6.2.4　连接输出贴图

"连接输出贴图"卷展栏用于指定要创建的纹理在目标对象上的显示方式，"连接输出贴图"卷展栏内的参数如图 6-15 所示。

图 6-15　"连接输出贴图"卷展栏

将贴图连接至着色器：禁用时，保留当前网格不变并在磁盘上创建纹理文件，在场景视图中不对网格做任何可见更改；启用时，将贴图连接至新建着色器或指定的着色器。

6.2.5　Maya 公用输出

"Maya 公用输出"卷展栏内的参数如图 6-16 所示。

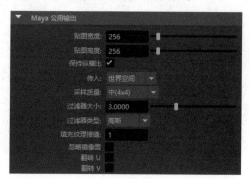

图 6-16　"Maya 公用输出"卷展栏

▶ 贴图宽度：设定要创建的纹理贴图的宽度（以像素为单位），默认的贴图宽度是 256。

▶ 贴图高度：设定要创建的纹理贴图的高度（以像素为单位），默认的贴图高度为 256。

▶ 传入：该下拉列表中包括"世界空间""对象空间""UV 空间"三个选项。当对象大小不同时，使用"世界空间"。当传入世界空间时，请确保源对象和目标对象位于场景视图中相同的世界位置（一个位于另一个的上方）。使用"对象空间"可查看传递贴图的结果而不必重叠网格。若要确保对象空间传递起作用，请移动对象使之相互叠加 (所有网格的枢轴重叠)，并冻结对象的所有变换，然后将其分离开来并列放置。当源网格和目标网格比例不同或形状不同时，使用 "UV 空间"。例如，如果要同时创建男性和女性角色，并且需要将曲面属性从一个网格传递到另一个网格，尽管两个网格都有手臂，但手臂还是有很大的不同的，如果采用基于空间的传递，产生的效果会不理想。请确保为两个网格都定义了 UV 空间映射。

▶ 采样质量：为贴图指定取自源网格的每像素采样数量，并确定纹理贴图的质量。提高采样质量以获取纹理贴图中的更多细节。但是，在调整采样质量值之前，用户必须首先确保源对象是高质量的。例如，如果用户正创建环境光遮挡传递贴图，则首先应调整源对象的遮挡光线的数量以确保它提供了高质量的细节，然后再修改 "采样质量" 属性。

▶ 过滤器大小：控制对纹理贴图中的每个像素插值的过滤器大小。过滤器调小会产生较锐利的纹理贴图，过滤器调大会产生较平滑 / 柔和的纹理贴图。

▶ 过滤器类型：控制如何模糊或柔化纹理贴图以消除锯齿或锯齿状边缘。可从下列过滤器类型中选择："高斯" (稍微柔和)、"三角形" (柔和) 或 "长方体" (非常柔和)。

▶ 填充纹理接缝：计算围绕每个 UV 壳的其他像素以移除围绕 UV 接缝的纹理过滤瑕疵。

▶ 忽略镜像面：选中该复选框后，带有反转 UV 缠绕顺序的面不会用于创建传递贴图。该功能的典型应用是为角色创建镜像法线贴图。

6.2.6 高级选项

"高级选项" 卷展栏内的参数如图 6-17 所示。

图 6-17 "高级选项" 卷展栏

▶ 搜索方法：用于设定正在查找的目标网格相对于搜索封套的位置。

▶ 最大搜索深度 (%)：用于设定接受目标网格匹配所需的搜索深度限制或距离目标网格最远的百分比。该选项可以避免查找对象背面的曲面交集作为搜索结果。

▶ 烘焙时删除封套：选中该复选框后，则在烘焙时删除目标对象的搜索封套。

▶ 使用以下对象匹配：包括 "几何体法线" 和 "曲面法线"。选择 "几何体法线"，在烘焙时将纹理贴图匹配到目标网格的面法线。该匹配方法适用于软边曲面。选择 "曲面法线"，烘焙时将纹理贴图匹配到目标曲面的顶点法线。该匹配方法适用于硬边曲面。

6.2.7 平面烘焙

平面烘焙适用于特殊项目，多用于游戏图标设计。在游戏主界面中一般都有角色图标，如果要对其加入动作则需要进行二维绘制以制作简易动画，为了契合真实游戏中的角色，游戏厂商会选择渲染出一张二维平面图片，通过三维面片对其关节分开进行渲染，以达到角色真实的目的。

【实例 6-2】本例将通过制作图 6-18 所示的卡通角色介绍平面烘焙的使用方法。

图 6-18　平面烘焙最终效果

01 在文件夹中右击参考图，从弹出的快捷菜单中选择"属性"命令，打开"属性"对话框，在该对话框中了解图片的分辨率，如图 6-19 所示。

02 打开 Maya 2020，在"多边形建模"工具架中 多边形建模 单击"多边形平面"按钮 ，在"通道盒/层编辑器"面板中将"细分宽度"和"高度细分数"调整为 1，将旋转 X 设置为 90，使其能够在前视图中平行于摄影机，如图 6-20 所示。

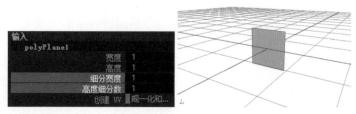

图 6-19　了解参考图的分辨率　　　　　图 6-20　创建多边形平面

03 根据图像分辨率调整平面多边形的比例，选择模型并右击，从弹出的菜单中选择"指定收藏材质"|"Lambert"命令，赋予其 Lambert 材质，效果如图 6-21 所示。

04 在状态行中单击"显示 Hypershade 窗口"按钮 ，打开"Hypershade"窗口，在"特性编辑器"选项卡中，展开 Common Material Properties 卷展栏，单击 Color 选项右侧的■按钮，打开"创建渲染节点"窗口，选择"文件"选项，如图 6-22 所示。

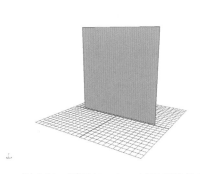
图 6-21 赋予 Lambert 材质后的效果

图 6-22 "创建渲染节点"窗口

05 展开 File Attributes 卷展栏，单击"图像名称"文本框右侧的■按钮，在弹出的对话框中导入参考图文件，如图 6-23 所示。

06 设置完成后，按数字 6 键，显示贴图信息，如图 6-24 所示。

图 6-23 导入参考图文件

图 6-24 显示贴图信息

07 按 Ctrl+D 快捷键，复制出一个多边形平面的副本，然后选择副本模型，按 H 键执行隐藏命令，留以备用，如图 6-25 所示。

08 选择多边形平面，在"通道盒 / 层编辑器"面板中，选择"平移 X"至"缩放 Z"文本框，右击，从弹出的菜单中选择"锁定选定项"命令，对模型进行锁定，防止移动模型，设置成功后，每个属性右侧会出现蓝色方框，如图 6-26 所示。

图 6-25 创建副本

图 6-26 执行"锁定选定项"命令后每个属性右侧出现蓝色方框

09 单击"多切割工具"按钮，对图像中的角色左侧的耳朵进行切割，如图 6-27 所示。

10 切割完成后，再次单击"多切割工具"按钮，调整耳朵的布线，如图 6-28 所示，由于耳朵在面部的后方，切割时可以根据轮廓进行切割，受到面部隐藏的区域可以适当闭合。

图 6-27　对左侧的耳朵进行切割　　　　图 6-28　调整耳朵的布线

11 切割完成后，选择左耳的面，按 Shift 键并右击，从弹出的菜单中选择"复制面"命令，然后使用"多切割工具"根据结构对平面进行布线，如图 6-29 所示，以帮助绑定师对模型进行绑定。

图 6-29　执行"复制面"操作并对其进行切割

12 按照切割耳朵的步骤，多次单击"多切割工具"按钮执行"多切割"命令，对着图像中的角色关节分别进行切割，然后多次按 Shift 键并右击，从弹出的菜单中选择"复制面"命令，结果如图 6-30 所示。

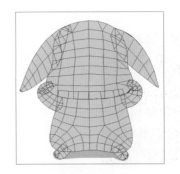

图 6-30　执行"多切割"命令和"复制面"命令后的结果

13 将所有的面片制作完成后，对各个部位的平面进行排列，如图 6-31 所示。

14 将菜单集切换至"渲染"模块，在菜单栏中选择"照明/着色"|"传递贴图"命令，打开"传递贴图"窗口，展开"目标网格"卷展栏，选择左边的耳朵模型，然后单击"添加选定对象"按钮，如图 6-32 所示。

图 6-31　排列各个部位的平面　　　　　　图 6-32　单击"添加选定对象"按钮

15 展开"源网格"卷展栏，选择参考图，然后单击"添加选定对象"按钮，如图 6-33 所示。

16 展开"输出贴图"卷展栏，单击"漫反射"按钮，在"漫反射颜色贴图"文本框中输入保存路径，在"文件格式"下拉列表中选择 JPEG(jpeg) 选项，如图 6-34 所示。

图 6-33　单击"添加选定对象"按钮　　　　图 6-34　设置"文件格式"为"JPEG"

17 展开"Maya 公用输出"卷展栏，在"贴图宽度"和"贴图高度"文本框中均输入 2048，在"采样质量"下拉列表中选择"高 (8×8)"选项，如图 6-35 所示。

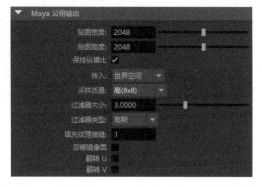

图 6-35　设置"Maya 公用输出"卷展栏中的参数

18▶ 烘焙结束后，在场景中可以看到左边耳朵会自动映射上贴图，如图 6-36 所示。

19▶ 打开 Photoshop 软件，修饰下边界处多余的贴图结构，再重新加载一次贴图，如图 6-37 所示。

图 6-36　左边耳朵会自动映射上贴图　　　　图 6-37　打开 Photoshop 软件修饰贴图

20▶ 参考步骤 14 ～ 17 的方法，对其余关节进行平面烘焙，最终效果如图 6-18 所示。

6.3　拓扑锤子低模

【实例 6-3】拓扑出锤子的低模。

01▶ 利用第 2 章的"锤子"模型，在 ZBrush 软件中雕刻出一个高模，如图 6-38 所示，减面之后再导入 Maya。

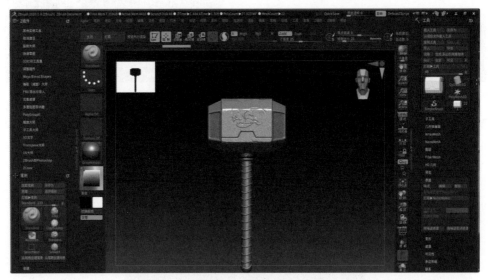

图 6-38　高模效果

02▶ 在 Maya 中打开高模"锤子 .mb"文件，如图 6-39 所示。

03▶ 选中高模，在状态行中单击"激活选定对象"按钮 🧲，成功后按钮会变蓝，且右侧方框内会出现所选中模型的"chuizi"名称，如图 6-40 所示。

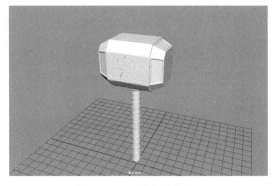

图 6-39 打开高模文件

图 6-40 单击"激活选定对象"按钮

04 在"建模工具包"面板中展开"工具"卷展栏，单击"四边形绘制"按钮，如图 6-41 所示。

05 鼠标会变成十字形状，沿着锤子高模的形状，绘制出四个点，按 Shift 键并左击，生成曲面，如图 6-42 所示。

图 6-41 单击"四边形绘制"按钮

图 6-42 绘制顶点并生成曲面

06 向右侧再绘制出两个点，然后按 Shift 键并左击，生成曲面，如图 6-43 所示。

07 按住 Tab 并左击，向外可拖曳出面，被拖曳出的面会自动吸附至邻近的高模边上，如图 6-44 所示。

图 6-43 再次绘制顶点并生成曲面

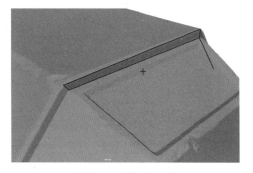

图 6-44 拖曳出面

08 顺着锤子高模的结构，拓扑出锤子一边的造型，如图 6-45 所示。

09 在锤子高模的侧边单击两下，创建两个点并生成一个新拓扑，如图 6-46 所示。

图 6-45　拓扑出锤子一边的造型

图 6-46　在侧边绘制顶点并生成新拓扑

10 选择新拓扑的边并向右拖动，边会自动与相邻边和顶点焊接在一起，如图 6-47 所示。

11 通过单击分别填补模型侧面上下的面，如图 6-48 所示。

图 6-47　边与相邻边和顶点焊接在一起

图 6-48　填补模型侧面上下的面

12 参考以上操作步骤绘制出锤子头部的结构，如图 6-49 所示。

13 单击"激活选定对象"按钮，退出拓扑模式，创建一个多边形圆柱体，在"通道盒 / 层编辑器"面板中，设置"轴向细分数"数值为 12，并删除顶端和底端的面，结果如图 6-50 所示。

图 6-49　绘制出锤子头部的结构

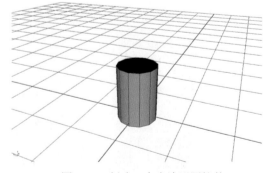

图 6-50　创建一个多边形圆柱体

14 将多边形圆柱体的高度根据锤子高模进行调整，使之与锤子高模相匹配，如图 6-51 所示。

15 单击"挤出"按钮，根据高模形状调整握把顶部的造型，如图 6-52 所示。

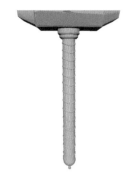

图 6-51　调整多边形圆柱体的高度

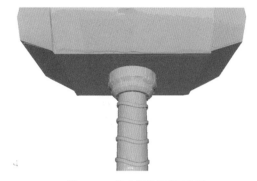

图 6-52　挤出握把顶部造型

16 单击"多切割工具"按钮,调整握把底端的布线并删除面,如图 6-53 所示。

17 创建一个多边形球体,在"通道盒 / 层编辑器"面板中,设置"轴向细分数"和"高度细分数"数值均为 12,结果如图 6-54 所示。

图 6-53　调整底端的布线并删除面

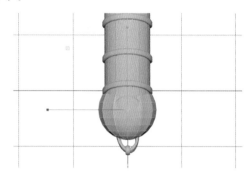

图 6-54　创建一个多边形球体

18 单击"多切割工具"按钮,调整多边形球体的布线使其匹配高模,如图 6-55 所示。

19 选择多边形圆柱体的边线,多次单击"挤出"按钮,使多边形圆柱体的边线尽量靠近下方多边形圆形的边界,如图 6-56 所示。

图 6-55　调整多边形球体的布线

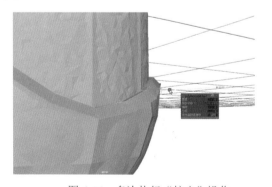

图 6-56　多次执行"挤出"操作

20 选择多边形圆柱体和多边形圆柱体后半部分的面,并按 Delete 键删除,然后单击"目标焊接工具"按钮,将两个模型之间的交接处的顶点进行吸附并合并,如图 6-57 所示。

21 选择握把模型,选择"编辑"|"特殊复制"命令右侧的复选框,打开"特殊复制选项"窗口,在"缩放 Z"文本框中输入 -1,复制出后面一半,如图 6-58 所示。

图 6-57 吸附并合并交界处的顶点

图 6-58 复制出后面一半

22 选择两组模型，单击"结合"按钮并框选所有的顶点，然后按 Shift 键并右击，在弹出的菜单中选择"合并到顶点"命令，结果如图 6-59 所示，制作出锤子握把的部分。

23 选择高模，在状态行中单击"激活选定对象"按钮 ，再选中低模，在"建模工具包"面板中展开"工具"卷展栏，单击"多切割"按钮，拓扑出握把上装饰模型的右半部分，如图 6-60 所示。

图 6-59 选择"合并到顶点"命令后的结果

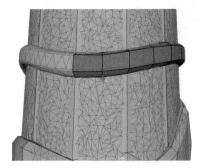

图 6-60 拓扑出半边的装饰

24 在状态行中单击"激活选定对象"按钮，退出拓扑模式，选择拓扑出的模型，按 Shift 键并右击，从弹出的菜单中选择"镜像"命令右侧的复选框，打开"镜像选项"窗口，在"镜像轴"选项中选择 Z 单选按钮，单击"应用"按钮，结果如图 6-61 所示。

25 双击选择装饰模型的一圈边线，执行"挤出"操作，向内挤出，结果如图 6-62 所示。

图 6-61 镜像复制出另一半

图 6-62 向内挤出后的结果

提示

　　锤身有形状相同的纹理结构，根据高模拓扑出一个纹理结构作为主体，其余纹理结构在结束 UV 拆分阶段后，再对其进行调整。

26 在状态行中单击"激活选定对象"按钮进入拓扑模式，参考制作锤头的步骤，拓扑出锤子高模最下方的绳结造型，如图 6-63 所示。

27 将低模拓扑完成后，退出拓扑模式，选择高模，按 H 键将其隐藏，在场景中可以看到一个低模，如图 6-64 所示。

图 6-63　拓扑出绳结造型　　　　图 6-64　退出拓扑模式得到一个低模

28 在状态行中单击"UV 编辑器"按钮▓，选择低模的边线，在"UV 编辑器"窗口中按 Shift 并右击，在弹出的菜单中选择"剪切"命令，根据模型结构对低模进行剪切 UV 操作，如图 6-65 所示，一般两个面的夹角大于 90°或者公用线都需要进行剪切。

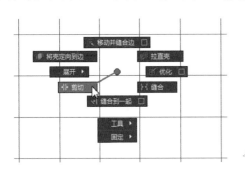

图 6-65　对低模进行剪切 UV 操作

29 将低模的所有 UV 剪切并展开完成后，右击，在弹出的菜单中选择"UV 壳"命令，框选所有的 UV 壳，按 Shift 键并右击，在弹出的菜单中选择"排布"|"排布 UV"命令，对所有 UV 进行排布，如图 6-66 所示。

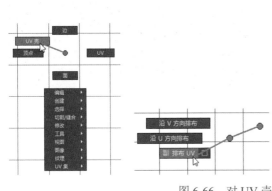
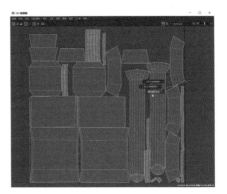

图 6-66　对 UV 壳进行排布

30 回到场景中，按 Shift 键并右击，在弹出的菜单中选择"软化 / 硬化边"|"硬化边"命令，如图 6-67 所示。

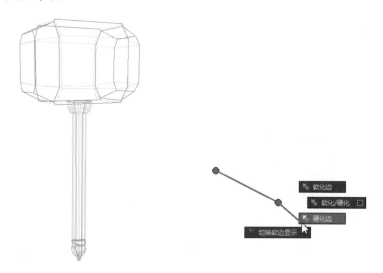

图 6-67　选择"硬化边"命令

31 选择握把上的装饰模型，多次按 Ctrl+D 快捷键，逐个复制出其余的装饰模型，如图 6-68 所示。

32 将菜单集切换至"渲染"模块，在菜单栏中选择"照明 / 着色"|"传递贴图"命令，打开"传递贴图"窗口，展开"目标网格"卷展栏，选择低模的锤头模型，单击"添加选定对象"按钮，然后展开"源网格"卷展栏，选择高模，单击"添加选定对象"按钮，如图 6-69 所示。

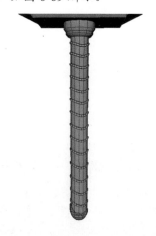

图 6-68　复制出其余的装饰模型

图 6-69　单击"添加选定对象"按钮

33 展开"输出贴图"卷展栏，选择"法线"，修改保存路径，调整图片格式，如图 6-70 所示。

34 展开"Maya 公用输出"卷展栏，在"贴图宽度"和"贴图高度"文本框中均输入 2048，在"采样质量"下拉列表中选择"高 (8×8)"选项，如图 6-71 所示。

图 6-70　调整图片格式

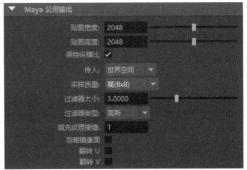

图 6-71　调整 "Maya 公用输出" 卷展栏中的参数

35 烘焙完成后，Maya 会自动将贴图赋予到低模上，但贴图的颜色模式还需要手动更改为 Raw，结果如图 6-72 所示，重复以上步骤，分别烘焙出低模的其余部分。

36 选择锤头模型，单击 "材质编辑器" 按钮 ⊙，打开 "材质编辑器" 窗口，在该窗口的菜单栏中选择 "编辑" | "从对象选择材质" 命令，能够快速找到与模型对应的材质球，在工作区工具栏中，单击 "输入和输出链接" 按钮 ⊡，如图 6-73 所示。

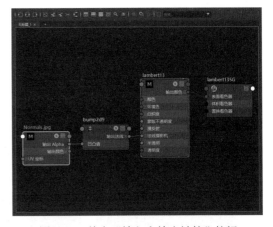

图 6-72　将颜色模式改为 Raw 后的结果

图 6-73　单击 "输入和输出链接" 按钮

💡 **提示**

通用尺寸为 512、1024、2048、4096、8192，尺寸越大，烘焙的细节越多，烘焙时间用时越长，采样质量和填充过滤器选项按需填写，当工作界面右下方的读数为 100% 时，烘焙成功。

37 在工作区中单击 "Normal.jpg" 节点，在 "材质查看器" 中展开 File Attributes 卷展栏，在 Color Space 下拉列表中选择 "Raw" 选项，如图 6-74 所示。

38 参考以上操作步骤烘焙出模型其余部位的贴图，如图 6-75 所示。

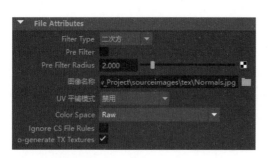

图 6-74　将 Color Space 设置为 Raw　　　　图 6-75　烘焙出其余部位的贴图

39 在状态行中单击"UV 编辑器"按钮，打开"UV 编辑器"窗口，右击，在弹出的菜单中选择"UV 壳"命令，框选所有 UV 壳，在"UV 编辑器"窗口的菜单栏中选择"图像"|"UV 快照"命令，打开"UV 快照选项"窗口，修改保存路径，设置图像格式为"JPEG"，单击"应用"按钮，如图 6-76 所示。

图 6-76　导出 UV

40 打开 Photoshop，参照 UV 线，将所有低模 UV 贴图合并为一张图，如图 6-77 所示。用户可以看到烘焙后的贴图中，有的部位出现了破损（由于低模的面数太少，不足以完全覆盖高模，因此会出现高模细节烘焙不上的情况）。

41 根据复杂情况，可以重新调整低模或使用 Photoshop 对轻微破损进行修复，如图 6-78 所示。

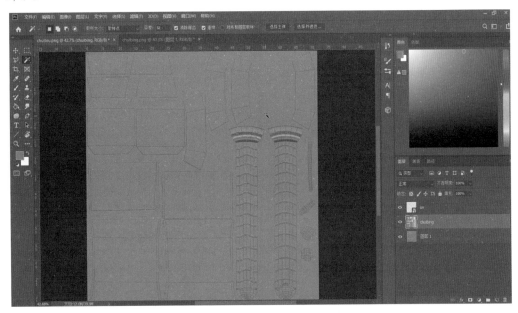

图 6-77　将 UV 合并为一张图

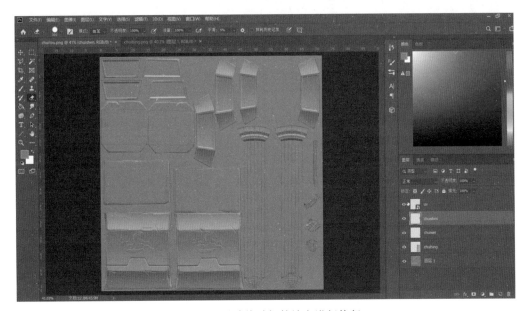

图 6-78　对法线破损的地方进行修复

42 在 Maya 中框选所有的低模，单击"结合"按钮，然后右击，从弹出的菜单中选择"指定收藏材质" | "Lambert"命令，如图 6-79 所示，赋予其新的 Lambert 材质。

43 打开"材质查看器"窗口，展开 File Attributes 卷展栏，在"Color Space"下拉列表中选择"Raw"选项，按数字 6 键，显示法线，如图 6-80 所示。

44 按 H 键显示高模，将其移至旁边，与拓扑出的低模进行对比，如图 6-81 所示。

图 6-79　选择"指定收藏材质"|
　　　　"Lambert"命令

图 6-80　显示法线

图 6-81　显示高模并与
　　　　低模进行对比

6.4　思考与练习

1. 简述 Maya 中什么是拓扑，什么是烘焙。
2. 简述在 Maya 中如何对低模进行烘焙。

第7章

材质与纹理

Maya 2020 提供了多种类型的材质和纹理供用户选择，使用材质和纹理可以制作出任何物体的质感。用户可以对模型进行拆分二维纹理坐标的操作，赋予模型想要的材质或者纹理。本章将通过实例，帮助读者理解材质与纹理的区别，掌握如何更好地表现物体自身所具备的特性。

7.1 材质概述

材质反映着模型的质感、属性，由纹理堆积而成，使物体更具有真实性。材质也被称为着色器，在 Maya 中，主要是由物体对灯光做出的不同反应来定义材质的。用户可以通过设定材质的属性，例如"颜色""镜面反射度""反射率""透明度""曲面细节"等，来模拟各种各样的材质效果。

图 7-1 所示为 Maya 2020 中为模型添加材质并渲染后的效果。

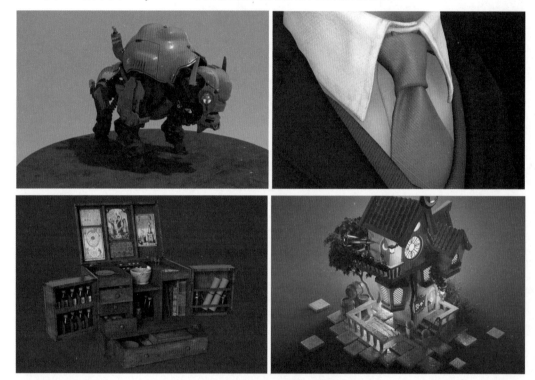

图 7-1　不同材质的模型效果

7.2 Hypershade 窗口

Hypershade 为材质编辑器，也称为超级着色器，在启动 Maya 2020 后，在菜单栏中执行"窗口"|"渲染编辑器"|"Hypershade"命令◎，可打开 Hypershade 窗口，默认分为五部分，包括"浏览器"面板、"创建"面板、"材质查看器"面板、"工作区"面板、"特性编辑器"面板，如图 7-2 所示。

图 7-2　Hypershade 窗口

7.2.1　"浏览器"面板

Hypershade 窗口中的面板可以以拖曳的方式单独显示出来,其中"浏览器"面板里的参数如图 7-3 所示。

图 7-3　"浏览器"面板

▶ 材质和纹理的样例生成:该按钮提示用户现在可以启用材质和纹理的样例生成功能。

▶ 关闭材质和纹理的样例生成:该按钮提示用户现在关闭材质和纹理的样例生成功能。

▶ 图标:以图标形式显示材质球,如图 7-4 所示。

▶ 列表:以列表形式显示材质球,如图 7-5 所示。

图 7-4　以图标形式显示材质球

图 7-5　以列表形式显示材质球

▶ 小样例：以小样例形式显示材质球，如图 7-6 所示。

▶ 中样例：以中样例形式显示材质球，如图 7-7 所示。

▶ 大样例：以大样例形式显示材质球，如图 7-8 所示。

▶ 特大样例：以特大样例形式显示材质球，如图 7-9 所示。

图 7-6　小样例　　　　图 7-7　中样例　　　图 7-8　大样例　　图 7-9　特大样例

▶ 按名称：按材质球字母的排序来排列材质球。

▶ 按类型：按材质球的类型来排列材质球。

▶ 按时间：按材质球创建时间的先后顺序来排列材质球。

▶ 按反转顺序：使用此选项可反转排序指定的名称、类型或时间。

7.2.2　"创建"面板

"创建"面板主要用来查找 Maya 材质节点命令，并在 Hypershade 窗口中进行材质的创建，其中的参数如图 7-10 所示。

图 7-10　"创建"面板

7.2.3　"材质查看器"面板

"材质查看器"面板里提供了多种形体，用来直观地显示用户调试的材质预览效果，而不是仅仅以一个材质球的方式来显示材质。材质的形态计算采用了"硬件"和 Arnold 这两种方式，图 7-11 所示分别是这两种计算方式下相同材质的显示结果。

　　"材质查看器"面板里的"材质样例选项"中提供了多种形体用于材质的显示，有"材质球""布料""茶壶""海洋""海洋飞溅""玻璃填充""玻璃飞溅""头发""球体""平面"这 10 种方式可选，如图 7-12 所示。

<table>
<tr><td>图 7-11　"材质查看器"面板</td><td>图 7-12　材质样例选项</td></tr>
</table>

7.2.4　"工作区"面板

　　"工作区"面板主要用来显示及编辑 Maya 的材质节点，如图 7-13 所示，在制作项目时，会产生众多的节点，这些节点功能强大，单击材质节点上的选项，可以在"特性编辑器"面板中显示出对应的一系列参数。

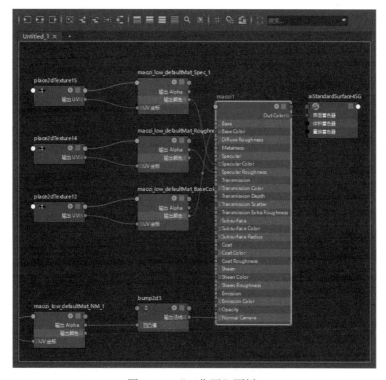

图 7-13　"工作区"面板

7.3　材质类型

Maya 为用户提供了多个常见的、不同类型的材质球图标，这些图标被整合到了"渲染"工具架中，方便用户使用，如图 7-14 所示。

图 7-14　"渲染"工具架

- ▶ 编辑材质属性：显示着色组属性编辑器。
- ▶ 标准曲面材质：将新的标准曲面材质指定给活动对象。
- ▶ 各向异性材质：将新的各向异性材质指定给活动对象。
- ▶ Blinn 材质：将新的 Blinn 材质指定给活动对象。
- ▶ Lambert 材质：将新的 Lambert 材质指定给活动对象。
- ▶ Phong 材质：将新的 Phong 材质指定给活动对象。
- ▶ Phong E 材质：将新的 Phong E 材质指定给活动对象。
- ▶ 分层材质：将新的分层材质指定给活动对象。
- ▶ 渐变材质：将新的渐变材质指定给活动对象。
- ▶ 着色贴图：将新的着色贴图指定给活动对象。
- ▶ 表面材质：将新的表面材质指定给活动对象。
- ▶ 使用背景：将新的使用背景材质指定给活动对象。

7.3.1　各向异性材质

使用各向异性材质可以制作出椭圆形的高光，非常适合 CD 碟片、绸缎、金属等物体的材质模拟，各向异性材质的参数主要分布于"公用材质属性""镜面反射着色""特殊效果""光线跟踪选项"等卷展栏中，如图 7-15 所示。

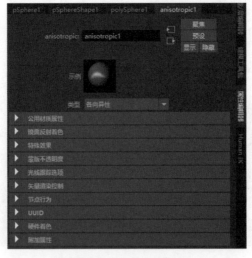

图 7-15　各向异性材质

1. "公用材质属性"卷展栏

"公用材质属性"卷展栏是 Maya 多种类型材质球所公用的一个材质属性命令集合，比如 Blinn 材质、Lambert 材质、Phong 材质等，均有这样一个相同的卷展栏。其参数如图 7-16 所示。

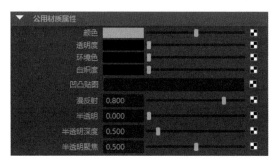

图 7-16　"公用材质属性"卷展栏

- ▶ 颜色：用于控制材质的基本颜色。
- ▶ 透明度：用于控制材质的透明程度。
- ▶ 环境色：用来模拟环境对该材质球所产生的色彩影响。
- ▶ 白炽度：用来控制材质发射灯光的颜色及亮度。
- ▶ 凹凸贴图：通过纹理贴图来控制材质表面的粗糙纹理及凹凸程度。
- ▶ 漫反射：使材质能够在所有方向反射灯光。
- ▶ 半透明：使材质可以透射和漫反射灯光。
- ▶ 半透明深度：模拟灯光穿透半透明对象的程度。
- ▶ 半透明聚集：控制半透明灯光的散射程度。

2. "镜面反射着色"卷展栏

"镜面反射着色"卷展栏主要用于控制材质反射灯光的方式及程度，其参数如图 7-17 所示。

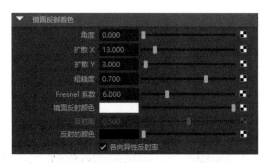

图 7-17　"镜面反射着色"卷展栏

- ▶ 角度：确定高光角度的方向，范围为 0.0(默认值) 至 360.0。用于确定非均匀镜面反射高光的 X 和 Y 方向。图 7-18 所示分别为"角度"值为 0 和 180 的渲染结果对比。

角度值为 0   角度值为 180

图 7-18　不同"角度"值的渲染结果对比

▶ 扩散 X/ 扩散 Y：确定高光在 X 和 Y 方向上的扩散程度。图 7-19 所示分别为扩
散 X/ 扩散 Y 的值是 13/3 和 15/19 的渲染结果对比。

扩散 X/ 扩散 Y 的值是 13/3   扩散 X/ 扩散 Y 的值是 15/19

图 7-19　不同扩散 X/ 扩散 Y 值的渲染结果对比

▶ 粗糙度：确定曲面的总体粗糙度。范围为 0.01 至 1.0，默认值为 0.7。较小的值
对应较平滑的曲面，并且镜面反射高光较集中。较大的值对应较粗糙的曲面，
并且镜面反射高光较分散。

▶ Fresnel 系数：计算将反射光波连接到传入光波的 fresnel 因子。

▶ 镜面反射颜色：用于控制反射高光的颜色。

▶ 反射率：用于控制材质表面反射周围物体的程度。

▶ 反射的颜色：用于控制材质反射光的颜色。

▶ 各向异性反射率：如果启用，Maya 将自动计算"反射率"作为"粗糙度"的一
部分。

3. "特殊效果"卷展栏

"特殊效果"卷展栏用来模拟发光的特殊材质，其参数如图 7-20 所示。

图 7-20　"特殊效果"卷展栏

▶ 隐藏源：选中该复选框，可以隐藏该物体渲染，仅进行辉光渲染计算。

▶ 辉光强度：控制物体材质的发光程度。

4. "光线跟踪选项"卷展栏

"光线跟踪选项"卷展栏主要用来控制材质的折射相关属性，其参数如图 7-21 所示。

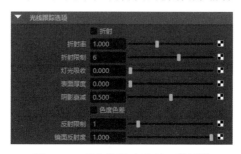

图 7-21　"光线跟踪选项"卷展栏

▶ 折射：选中该复选框时，穿过透明或半透明对象跟踪的光线将折射，或根据材质的折射率弯曲。

▶ 折射率：指光线穿过透明对象时的弯曲量，要想模拟出真实的效果，该值的设置可以参考现实中不同物体的折射率。

▶ 折射限制：指曲面允许光线折射的最大次数，折射的次数应该由具体的场景情况决定。

▶ 灯光吸收：控制材质吸收灯光的程度。

▶ 表面厚度：控制材质所要模拟的厚度。

▶ 阴影衰减：通过控制阴影来影响灯光的聚焦效果。

▶ 色度色差：指在光线跟踪期间，灯光透过透明曲面时以不同角度折射的不同波长。

▶ 反射限制：指曲面允许光线反射的最大次数。

▶ 镜面反射度：控制镜面高光在反射中的影响程度。

7.3.2　Blinn 材质

Blinn 材质用来模拟具有柔和镜面反射高光的金属曲面及玻璃制品，其参数设置与各向异性材质基本相同，不过在"镜面反射着色"卷展栏上，其参数设置略有不同，如图 7-22 所示。

图 7-22　Blinn 材质的"镜面反射着色"卷展栏

▶ 偏心率：用于控制曲面上发亮高光区的大小。

▶ 镜面反射衰减：用于控制曲面高光的强弱。

▶ 镜面反射颜色：用于控制反射高光的颜色。

▶ 反射率：用于控制材质表面反射周围物体的程度。

▶ 反射的颜色：用于控制材质反射光的颜色。

7.3.3　Lambert 材质

Lambert 材质没有控制与高光有关的属性，是 Maya 为场景中所有物体添加的默认材质。该材质的属性可以参考各向异性材质各个卷展栏内的参数。

7.3.4　Phong 材质

Phong 材质常常用来模拟表示具有清晰的镜面反射高光的像玻璃一样的或有光泽的曲面，比如汽车、电话、浴室金属配件等。其参数设置与各向异性材质基本相同，不过在"镜面反射着色"卷展栏上，其中的参数设置与各向异性材质略有不同，如图 7-23 所示。

图 7-23　Phong 材质的"镜面反射着色"卷展栏

- ▶ 余弦幂：用于控制曲面上反射高光的大小。
- ▶ 镜面反射颜色：用于控制反射高光的颜色。
- ▶ 反射率：用于控制材质表面反射周围物体的程度。
- ▶ 反射的颜色：用于控制材质反射光的颜色。

7.3.5　Phong E 材质

Phong E 材质是 Phong 材质的简化版本，"Phong E"曲面上的镜面反射高光较"Phong"曲面上的更为柔和，且"Phong E"曲面渲染的速度更快。其"镜面反射着色"卷展栏的参数与其他材质略有不同，如图 7-24 所示。

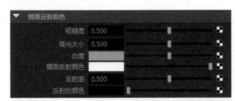

图 7-24　Phong E 材质的"镜面反射着色"卷展栏

- ▶ 粗糙度：用于控制镜面反射度的焦点。
- ▶ 高光大小：用于控制镜面反射高光的数量。
- ▶ 白度：用于控制镜面反射高光的颜色。
- ▶ 镜面反射颜色：用于控制反射高光的颜色。
- ▶ 反射率：用于控制材质表面反射周围物体的程度。
- ▶ 反射的颜色：用于控制材质反射光的颜色。

7.3.6 使用背景材质

使用背景材质可以将物体渲染成为跟当前场景背景一样的颜色。"使用背景属性"卷展栏如图 7-25 所示。

图 7-25 "使用背景属性"卷展栏

- ▶ 镜面反射颜色：用于定义材质的镜面反射颜色。如果更改此颜色或指定其纹理，场景中的反射将会显示这些更改。
- ▶ 反射率：用于控制材质表面反射周围物体的程度。
- ▶ 反射限制：用于控制材质反射的距离。
- ▶ 阴影遮罩：用于确定材质阴影遮罩的密度。如果更改此值，阴影遮罩将变暗或变亮。

7.3.7 标准曲面材质

"标准曲面材质"是 Maya 2020 的新增功能之一，其参数设置与 Arnold 渲染器的 aiStandardSurface(ai 标准曲面) 材质非常相似，与 Arnold 渲染器兼容性良好。该材质是一种基于物理的着色器，能够生成许多类型的材质。它包括漫反射层、适用于金属的具有复杂菲涅耳的镜面反射层、适用于玻璃的镜面反射透射、适用于蒙皮的次表面散射、适用于水和冰的薄散射、次镜面反射涂层和灯光发射。可以说，"标准曲面材质"和 aiStandardSurface(ai 标准曲面) 材质几乎可以用来制作日常我们所能见到的大部分材质。"标准曲面材质"的参数主要分布于"基础""镜面反射""透射""次表面""涂层"等多个卷展栏内，如图 7-26 所示。

图 7-26 标准曲面材质

1. "基础"卷展栏

展开"基础"卷展栏，其中的参数如图 7-27 所示。

图 7-27　"基础"卷展栏

▶ 权重：用于设置基础颜色的权重。

▶ 颜色：用于设置材质的基础颜色。

▶ 漫反射粗糙度：用于设置材质的漫反射粗糙度。

▶ 金属度：用于设置材质的金属度，当该值为 1 时，材质表现为明显的金属特性。

2. "镜面反射"卷展栏

展开"镜面反射"卷展栏，其中的参数如图 7-28 所示。

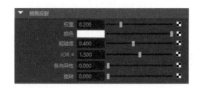

图 7-28　"镜面反射"卷展栏

▶ 权重：用于控制镜面反射的权重。

▶ 颜色：用于调整镜面反射的颜色，调试该值可以为材质的高光部分进行染色。

▶ 粗糙度：用于控制镜面反射的光泽度。值越小，反射越清晰。对于两种极限条件，值为 0 将带来完美清晰的镜像反射效果，值为 1.0 则会产生接近漫反射的反射效果。

▶ IOR：用于控制材质的折射率，这在制作玻璃、水、钻石等透明材质时非常有用。

▶ 各向异性：用于控制高光的各向异性属性，以得到具有椭圆形状的反射及高光效果。

▶ 旋转：用于控制材质 UV 空间中各向异性反射的方向。

3. "透射"卷展栏

展开"透射"卷展栏，其中的参数如图 7-29 所示。

图 7-29　"透射"卷展栏

- ▶ 权重：用于设置灯光穿过物体表面所产生的散射权重。
- ▶ 颜色：此项会根据折射光线的传播距离过滤折射。灯光在网格内传播得越长，受透射颜色的影响就会越大。因此，光线穿过较厚的部分时，绿色玻璃的颜色将更深。此效应呈指数递增，可以使用比尔定律进行计算。建议使用浅颜色值。
- ▶ 深度：用于控制透射颜色在体积中达到的深度。
- ▶ 散射：透射散射适用于各类稠密的液体或者有足够多的液体能使散射可见的情况，例如模拟较深的水体或蜂蜜。
- ▶ 散射各向异性：用来控制散射的方向偏差或各向异性。
- ▶ 色散系数：指定材质的色散系数，用于描述折射率随波长变化的程度。对于玻璃和钻石，此值通常介于 10 和 70 之间，值越小，色散越多。默认值为 0，表示禁用色散。
- ▶ 附加粗糙度：对使用各向同性微面 BTDF 所计算的折射增加一些额外的模糊度。范围从 0(无粗糙度) 到 1。

4. "次表面"卷展栏

展开"次表面"卷展栏，其中的参数如图 7-30 所示。

图 7-30　"次表面"卷展栏

- ▶ 权重：用来控制漫反射和次表面散射之间的混合权重。
- ▶ 颜色：用来确定次表面散射效果的颜色。
- ▶ 半径：用来设置光线在散射出曲面前在曲面下可能传播的平均距离。
- ▶ 比例：用来控制灯光在再度反射出曲面前在曲面下可能传播的距离。它将扩大散射半径并增加 SSS 半径颜色。

5. "涂层"卷展栏

展开"涂层"卷展栏，其中的参数如图 7-31 所示。

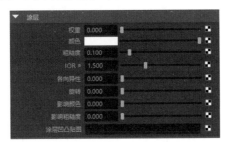

图 7-31　"涂层"卷展栏

- ▶ 权重：用于控制材质涂层的权重值。
- ▶ 颜色：用于控制涂层的颜色。
- ▶ 粗糙度：用于控制镜面反射的光泽度。
- ▶ IOR：用于控制材质的菲涅耳反射率。

6. "发射"卷展栏

展开"发射"卷展栏，其中的参数如图 7-32 所示。

图 7-32   "发射"卷展栏

- ▶ 权重：用于控制发射的灯光量。
- ▶ 颜色：用于控制发射的灯光颜色。

7. "薄膜"卷展栏

展开"薄膜"卷展栏，其中的参数如图 7-33 所示。

图 7-33   "薄膜"卷展栏

- ▶ 厚度：用于定义薄膜的实际厚度。
- ▶ IOR：用于控制材质周围介质的折射率。

8. "几何体"卷展栏

展开"几何体"卷展栏，其中的参数如图 7-34 所示。

图 7-34   "几何体"卷展栏

- ▶ 薄壁：选中该复选框，可以提供从背后照亮半透明对象的效果。
- ▶ 不透明度：控制不允许灯光穿过的程度。
- ▶ 凹凸贴图：通过添加贴图来设置材质的凹凸属性。
- ▶ 各向异性切线：为镜面反射各向异性着色指定一个自定义切线。

7.3.8   aiStandardSurface(ai 标准曲面) 材质

aiStandardSurface(ai 标准曲面) 材质是 Arnold 渲染器提供的标准曲面材质，功能强大。由于其参数与 Maya 2020 新增的标准曲面材质几乎一样，所以，这里不全部讲解，只讲解其中的 3 个卷展栏。另外，需要读者注意的是，aiStandardSurface(ai 标准曲面) 材质里的命令参数目前都是英文的，而标准曲面材质里面的命令参数都是中文的，读者可以自行翻译对照学习，如图 7-35 所示。

图 7-35　ai 标准曲面材质

1. "Base(基础)"卷展栏

展开"Base(基础)"卷展栏，其中的参数如图 7-36 所示。

图 7-36　"Base(基础)"卷展栏

▶ Weight(权重)：用于控制材质的明暗度，当数值越小时，颜色越暗，当数值越大时，颜色越亮。

▶ Color(颜色)：用于设置定制对象表面的颜色，可以是纯颜色，也可以赋予相应贴图。

▶ Diffuse Roughness(漫反射粗糙度)：用于设置材质的漫反射粗糙度，值越高，材质表面越粗糙。

▶ Metalness(金属度)：用于设置材质的金属度，当该值为 1 时，可以模拟金属材质，物体的外观由基础颜色和镜面反射的颜色来控制。

2. "Specular(镜面反射)"卷展栏

展开"Specular(镜面反射)"卷展栏，其中的参数如图 7-37 所示。

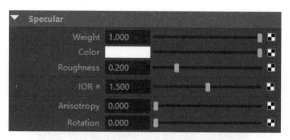

图 7-37　"Specular(镜面反射)"卷展栏

- ▶ Weight(权重)：用于控制镜面反射的权重。
- ▶ Color(颜色)：用来调节镜面反射的颜色。
- ▶ Roughness(粗糙度)：用来控制镜面反射的光泽度，值越小，反射越清晰。
- ▶ IOR：用于控制材质的折射率。
- ▶ Anisotropy(各向异性)：用于控制高光的各向异性属性，以得到具有椭圆形状的反射及高光效果。
- ▶ Rotation(旋转)：用于控制高光的角度。

3．"Transmission(透射)"卷展栏

展开"Transmission(透射)"卷展栏，其中的参数如图 7-38 所示。

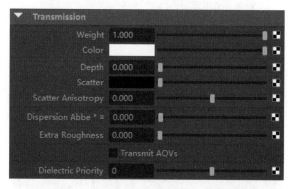

图 7-38　"Transmission(透射)"卷展栏

- ▶ Weight(权重)：用于设置灯光穿过物体表面所产生的散射权重。
- ▶ Color(颜色)：用于控制透射的颜色。
- ▶ Depth(深度)：用于控制透射颜色在体积内部中到达的深度。
- ▶ Scatter(散射)：透射散射适用于各类稠密的液体或者有足够多的液体能使散射可见的情况。
- ▶ Scatter Anisotropy(散射各向异性)：此值用来控制散射的方向偏差或各向异性。
- ▶ Dispersion Abbe(色散系数)：用于指定材质的色散系数，用于描述折射率随波长变化的程度。
- ▶ Extra Roughness(附加粗糙度)：用于增加一些额外的模糊度，范围从 0(无粗糙度) 到 1。
- ▶ Transmit AOVs(透射 AOVs)：选中该复选框，即表示启用透射将穿过 AOV。

7.3.9　实例：制作玻璃材质

【实例 7-1】本实例中的玻璃花瓶材质体现出较强的通透玻璃质感，最终渲染效果如图 7-39 所示。

01 打开"场景 .mb"文件，场景中包含了一个花瓶模型，如图 7-40 所示。

图 7-39　玻璃花瓶最终渲染效果

图 7-40　打开场景文件

02 选择场景中的花瓶模型，在"渲染"工具架中单击"标准曲面材质"按钮，如图 7-41 所示，为其指定标准曲面材质。

03 在"属性编辑器"面板中展开"镜面反射"卷展栏，设置"权重"数值为 1，设置"粗糙度"数值为 0.05，如图 7-42 所示，增加材质的镜面反射效果。

图 7-41　单击"标准曲面材质"按钮

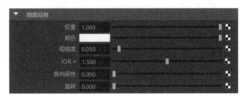

图 7-42　设置花瓶的"镜面反射"卷展栏参数

04 展开"透射"卷展栏，设置"权重"数值为 1，如图 7-43 所示，增加材质的透明度。

05 调整完成后，在菜单栏中选择 Arnold|Render 命令渲染场景，本实例的玻璃材质渲染结果如图 7-39 所示。

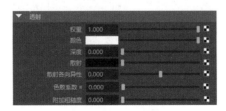

图 7-43　设置花瓶的"透射"卷展栏参数

7.3.10　实例：制作金属黄铜材质

【实例 7-2】本实例主要讲解如何使用标准曲面材质来表现金属黄铜的材质效果，最终渲染效果如图 7-44 所示。

01 打开"场景 .mb"文件，场景中包含了一个鹰的模型，如图 7-45 所示。

图 7-44　金属黄铜最终渲染效果　　　　　　　图 7-45　打开场景文件

02 选择场景中的鹰模型，为其指定"标准曲面材质"，在"属性编辑器"面板中，展开"基础"卷展栏，单击"颜色"选项右侧的▭按钮，在弹出的面板中设置色环颜色为黄色，如图 7-46 所示。

03 在"金属度"文本框中输入 1，如图 7-47 所示，可将当前材质转换为金属材质。

图 7-46　调整材质的"颜色"属性　　　　图 7-47　调整金属黄铜"金属度"属性

04 展开"镜面反射"卷展栏，在"权重"文本框中输入 1，提高材质的高光亮度，在"粗糙度"文本框中输入 0.35，如图 7-48 所示，使得黄铜材质的反射模糊一些。

05 设置完成后，在菜单栏中选择 Arnold|Render 命令渲染场景，本实例的黄铜材质渲染效果如图 7-44 所示。

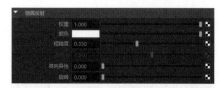

图 7-48　设置金属黄铜的"镜面反射"卷展栏参数

7.3.11　实例：制作甜甜圈材质

【实例 7-3】本实例主要讲解如何使用标准曲面材质来表现甜甜圈材质效果，最终渲染效果如图 7-49 所示。

01 打开"场景 .mb"文件，如图 7-50 所示。

图 7-49 甜甜圈最终渲染效果

图 7-50 打开场景文件

02 选择甜甜圈模型，为其指定"标准曲面材质"，在"属性编辑器"面板中，单击"颜色"选项右侧的▦按钮，打开"创建渲染节点"窗口，选择"文件"选项，然后在"文件属性"卷展栏中，单击"图像名称"文本框右侧的▦按钮，在弹出的对话框中选择 Doughnut_BaseColor.png 贴图文件，结果如图 7-51 所示。

03 展开"镜面反射"卷展栏，在"权重"文本框中输入 0.5，在"粗糙度"文本框中输入 0.3，如图 7-52 所示，制作出甜甜圈材质的光泽属性。

图 7-51 添加甜甜圈贴图

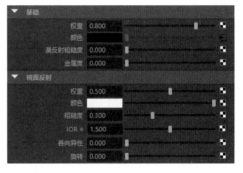

图 7-52 设置甜甜圈的"镜面反射"卷展栏参数

04 展开"几何体"卷展栏，单击"凹凸贴图"文本框右侧的按钮▦，再单击"构建输出"按钮▦，如图 7-53 所示，添加一个"文件"渲染节点。

05 在"file1"选项卡中展开"文件属性"卷展栏，单击"图像名称"文本框右侧的▦按钮，在弹出的对话框中选择 Doughnut_Bump.png 贴图文件，结果如图 7-54 所示。

图 7-53 添加"文件"渲染节点

图 7-54 添加甜甜圈的凹凸贴图

06 打开 Hypershade(材质编辑器)窗口，在"工作区"面板中单击 bump2d13 节点，在"属性编辑器"面板中展开"2D 凹凸属性"卷展栏，在"凹凸深度"文本框中输入 0.3，如图 7-55 所示，降低水果材质的凹凸质感效果。

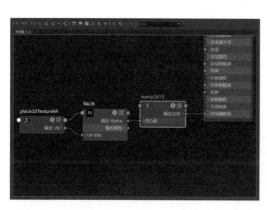

图 7-55　设置"凹凸深度"数值

07 设置完成后，在菜单栏中选择 Arnold|Render 命令渲染场景，本实例的甜甜圈材质渲染效果如图 7-49 所示。

7.3.12　实例：制作金属水壶材质

【实例7-4】本实例通过制作金属水壶材质，来为大家讲解如何在 Maya 软件中为一个模型的不同部分分别设置材质，最终渲染效果如图 7-56 所示。

01 打开"场景 .mb"文件，本场景中包含了一个水壶模型，如图 7-57 所示。

图 7-56　金属水壶最终渲染效果

图 7-57　打开场景文件

02 本实例中的水壶材质主要分为两部分，一部分是水壶的壶身为不锈钢材质，另一部分是壶把手和壶盖上的提手为木纹材质。首先，我们来制作不锈钢材质，选择场景中的水壶模型，为其指定标准曲面材质。

03 展开"基础"卷展栏，在"金属度"文本框中输入 1，然后展开"镜面反射"卷展栏中，在"权重"文本框中输入 1，在"粗糙度"文本框中输入 0.1，如图 7-58 所示，完成不锈钢材质的制作。

04 接下来，选择水壶模型上提手和壶盖的面，如图 7-59 所示，为其指定一个标准曲面材质。

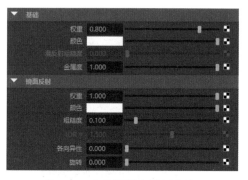

图 7-58 在卷展栏中设置参数

图 7-59 选择提手和壶盖面并指定标准曲面材质

05 在"属性编辑器"面板中，单击"颜色"选项右侧的■按钮，打开"创建渲染节点"窗口，选择"文件"选项，然后在"文件属性"卷展栏中单击"图像名称"文本框右侧的■按钮，在弹出的对话框中选择 Wood.jpg 贴图，此时的"文件属性"卷展栏如图 7-60 所示。

图 7-60 添加金属水壶贴图

06 展开"镜面反射"卷展栏，在"权重"文本框中输入 1，在"粗糙度"文本框中输入 0.4，如图 7-61 所示，制作出木纹材质的镜面反射特性。

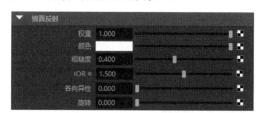

图 7-61 设置金属水壶的"镜面反射"卷展栏参数

07 设置完成后，在菜单栏中选择 Arnold|Render 命令渲染场景，本实例的金属水壶材质渲染效果如图 7-56 所示。

7.4 Maya 材质基本操作

在场景中创建的模型，默认状态下材质为 Lambert1，这就是为什么我们在 Maya 软件中创建出来的模型均是同一个色彩的原因。我们在新的场景中随意创建多边形几何体，在其"属性编辑器"面板中找到最后的一个选项卡，就可以看到这个材质的类型及参数选项，如图 7-62 所示。

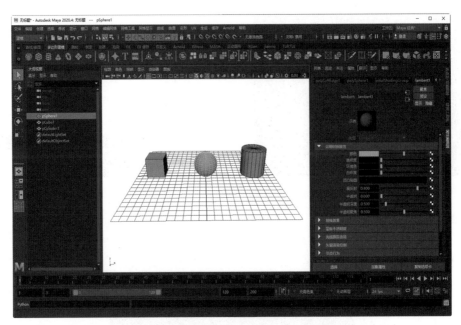

图 7-62　在"属性编辑器"面板查看模型材质的类型及参数

　　一般来说，我们在制作项目时，是不会去更改这个默认材质球的，因为一旦更改了这个材质球的默认颜色，以后我们再次在 Maya 中创建出来的几何体将全部是这个新改的颜色，场景看起来会非常别扭。通常的做法是在场景中逐一选择单个模型对象，再一一指定全新的材质球来进行材质调整。

7.4.1　Maya 材质指定方式

　　模型制作好后，接下来就是为物体赋予材质，用户可通过以下方法进行操作。

　　在场景中新建一个多边形球体，右击，从弹出的菜单中选择"指定新材质""指定收藏材质"或"指定现有材质"命令，如图 7-63 所示，为模型替换或赋予材质。

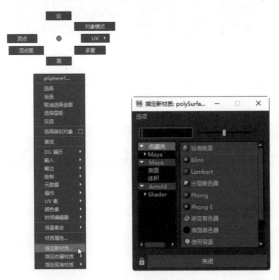

图 7-63　通过执行"指定新材质"命令为模型指定材质

用户还可以通过"渲染"工具架来为模型指定新材质，如图 7-64 所示；或者通过 Maya 右侧的"属性编辑器"来为模型指定新的材质，如图 7-65 所示。

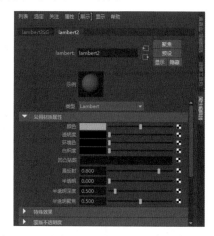

图 7-64　通过"渲染"工具架为模型指定材质　　　图 7-65　通过"属性编辑器"为模型指定材质

7.4.2　Maya 材质关联

在状态行中单击"显示 Hypershade 窗口"按钮，打开"Hypershade(材质编辑器)"窗口，该窗口中显示了当前场景中所有的材质。在制作项目时，会出现场景中的多个模型具有同一材质的情况，为避免大量的重复调试工作，用户只需将相同材质物体的材质关联起来，在后续中只需调试一个材质球即可，具体操作如下。

在场景中新建 3 个多边形球体模型，然后选择其中的一个多边形球体，右击，从弹出的菜单中选择"指定收藏材质"|"Lambert"命令，为其指定一个新的 Lambert 材质球，结果如图 7-66 所示。

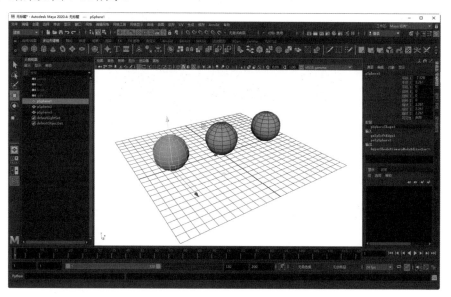

图 7-66　创建三个球体并为其中的一个球体指定材质

打开 Hypershade 窗口，在"浏览器"面板中可看到新增的 Lambert2 材质球，如图 7-67 所示。

图 7-67　"浏览器"面板中新增了 Lambert2 材质球

选择场景中其他两个多边形球体，将鼠标移至"浏览器"面板中的 Lambert2 材质球上，然后右击，在弹出的菜单中选择"为当前选择指定材质"命令，如图 7-68 所示，即可将当前所选择的物体材质关联到 Lambert2 材质球上，也就是说现在场景中这 3 个球体所使用的是同一个材质球。

图 7-68　选择"为当前选择指定材质"命令

7.5　纹理

纹理通过贴图反映这个模型的具体表现，例如布料、皮肤、岩石等纹理，如图 7-69 所示。可通过叠加多张不同的纹理达到更为复杂的立体花纹效果，例如凹凸、辉光效果来增加视觉效果。

图 7-69　不同纹理的效果

7.5.1　纹理类型

在 Maya 2020 中，纹理主要包括"2D 纹理""3D 纹理""环境纹理""其他纹理"
4 种类型，如图 7-70 所示。用户可以通过使用材质节点和文件节点这两个节点，快速
地给模型赋予一个基础纹理。

图 7-70　纹理类型

7.5.2 创建纹理节点

在场景中创建一个多边形球体，并赋予其 Blinn 材质，如图 7-71 所示。

打开 Hypershade 窗口，在"工作区"面板可以看到"blinn1"的节点，如图 7-72 所示。

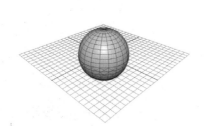

图 7-71　创建一个多边形球体并赋予其 Blinn 材质　　　图 7-72　"blinn1"节点

选择多边形球体，按 Ctrl+A 快捷键打开"属性编辑器"面板，展开"公用材质属性"卷展栏，然后单击"颜色"选项右侧的■按钮，打开"创建渲染节点"窗口，在 Maya 列表框中选择"3D 纹理"|"大理石"选项，赋予多边形球体大理石纹理，结果如图 7-73 所示。

这时"工作区"面板会出现一个 marble1 的节点，如图 7-74 所示。

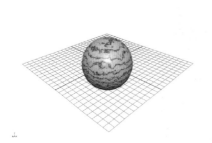

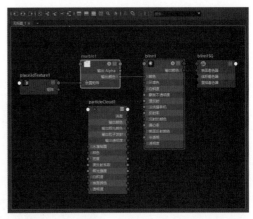

图 7-73　赋予多边形球体大理石纹理　　　图 7-74　"工作区"面板中出现"marble1"节点

7.5.3 断开纹理与材质球的连接

在"特性编辑器"面板中，展开 Common Material Properties 卷展栏，右击 Color 选项，在弹出的菜单中选择"断开连接"命令，如图 7-75 所示，断开纹理与材质球的连接。

或者在"工作区"面板中，按 Ctrl+Alt+Shift 快捷键，光标会变成一个小刀形状，单击并拖动鼠标，也可断开纹理与材质球的连接，如图 7-76 所示。

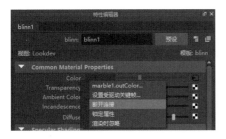

图 7-75　选择"断开连接"命令

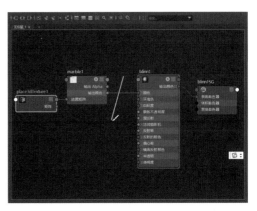

图 7-76　使用快捷键断开连接

7.6　创建二维纹理坐标

二维纹理坐标指的是 UV，决定了贴图放置在物体表面的位置，U 代表水平，V 代表垂直，用于控制三维模型的顶点与纹理贴图上的像素之间的对应关系，三维模型根据 UV 平面所截取到的图案在模型上显示出我们赋予它的 2D 纹理或者材质。

在大部分情况下用户需要重新排列 UV，需要通过 UV 编辑器对模型的 UV 进行编辑，在制作项目的过程中，在多边形和细分曲面上创建和修改 UV 以生成贴图和纹理是必不可少的。接下来为用户讲解以下几种 UV 贴图方式，以及如何创建和修改 UV 纹理坐标，将图像映射到多边形模型上。

7.6.1　平面映射

在"多边形建模"工具架中单击"UV 编辑器"按钮，打开"UV 编辑器"窗口，在该窗口的菜单栏中选择"创建"|"平面"命令，可在"UV 编辑工作区"面板中得到模型的平面贴图，如图 7-77 所示，视图中会出现一个带有操纵手柄的平面，供用户进行调节，该命令适用于面片或是平整的模型。在"UV 编辑器"窗口的菜单栏中选择"UV"|"平面"右侧的复选框，可打开"平面映射选项"窗口，具体的参数如图 7-78 所示。

图 7-77　得到模型的平面贴图

图 7-78　"平面映射选项"窗口

- 适配投影到：默认情况下，投影操纵器将根据"最佳平面"或"边界框"这两个设置之一自动定位。
  - 最佳平面：通过投影连接指定组件的最佳平面，基于指定的面或顶点为多边形网格创建 UV。
  - 边界框：将 UV 映射到对象的所有面或大多数面时，该选项最有用，它将捕捉投影操纵器以适配对象的边界框。
- 投影源：选择 X 轴 /Y 轴 /Z 轴，以便投影操纵器指向对象的大多数面。如果大多数模型的面不是直接指向沿 X、Y 或 Z 轴的某个位置，则选择"摄影机"选项。该选项将根据当前的活动视图为投影操纵器定位。
  - 保持图像宽度 / 高度比率：启用该选项时，可以保留图像的宽度与高度之比，使图像不会扭曲。
  - 在变形器之前插入投影：在多边形对象中应用变形时，需要启用"在变形器之前插入投影"选项。如果该选项已禁用，且已为变形设置动画，则纹理放置将受顶点位置更改的影响。
- 创建新 UV 集：启用该选项，可以创建新 UV 集并放置由投影在该集中创建的 UV。

7.6.2 圆柱形映射

"圆柱形映射"适合外形接近圆柱形的模型，视图中会出现一个弧形映射面，如图 7-79 所示。

图 7-79 圆柱形映射

- 在变形器之前插入投影：选中该复选框后，可以在应用变形器之前将纹理放置并应用到多边形模型上。
- 创建新 UV 集：选中该复选框后，可以创建新 UV 集并放置由投影在该集中创建的 UV。

7.6.3 球形映射

"球形映射"适合外形接近球形的模型，视图中会出现一个球形映射面，如图 7-80 所示。

图 7-80 球形映射

7.6.4 自动映射

自动映射适合外形规整的模型，视图中会出现 6 个映射面，可在自动映射选项中设置面数，如图 7-81 所示。自动映射不适合过于复杂的模型，它会将模型切割得过于琐碎，导致接缝过多，在后续贴图制作中会过于麻烦。

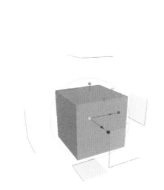

图 7-81 自动映射

1. "映射设置"卷展栏

▶ 平面：为自动映射设置平面数。根据 3、4、5、6、8 或 12 个平面的形状，用户可以选择一个投影映射。使用的平面越多，发生的扭曲就越少，且在 UV 编辑器中创建的 UV 壳越多，图 7-82 所示为"平面"值分别是 4、6 和 12 时的映射效果，图 7-83 分别为对应的 UV 壳生成效果。

图 7-82 不同数值的平面映射效果

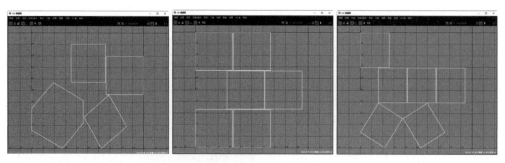

图 7-83　不同数值的平面映射下的 UV 壳

▶ 以下项的优化：为自动映射设置优化类型。

- 较少的扭曲：均衡投影所有平面。该方法可以为任何平面提供最佳投影，但结束时可能会创建更多的壳。如果用户有对称模型并且需要投影的壳是对称的，此方法尤其有用。

- 较少的片数：投影每个平面，直到遇到不理想的投影角度。这可能会导致壳增大而壳的数量减少。

- 在变形器之前插入投影：选中该复选框后，可以在应用变形器之前将纹理放置并应用到多边形模型上。

2.“投影”卷展栏

▶ 加载投影：选中该复选框后，允许用户指定一个自定义多边形对象作为用于自动映射的投影对象。

▶ 投影对象：标识当前在场景中加载的投影对象。通过在该文本框中输入投影对象的名称指定投影对象。另外，当选中场景中所需的对象并单击“加载选定项”按钮时，投影对象的名称将显示在该文本框中。

▶ 投影全部两个方向：当该复选框未选中时，加载投影会将 UV 投影到多边形对象上，该对象的法线指向与加载投影对象的投影平面大致相同的方向。

▶ 加载选定项：加载当前在场景中选定的多边形面作为指定的投影对象。

3.“排布”卷展栏

▶ 壳布局：设定排布的 UV 壳在 UV 纹理空间中的位置。不同的“壳布局”方式可以导致 Maya 在 UV 编辑器中生成不同的贴图拆分形态。

4.“壳间距”卷展栏

▶ 间距预设：用来设置壳的边界距离。

▶ 百分比间距：按照贴图大小的百分比数值来控制边界框之间的距离大小。

5.“UV 集”卷展栏

▶ 创建新 UV 集：选中该复选框，可创建新的 UV 集并在该集中放置新创建的UV。

▶ UV 集名称：用来输入 UV 集的名称。

7.6.5　拆分二维纹理坐标

为模型绘制贴图之前，需要进行拆分 UV 操作，用户需要删除模型历史记录，并且冻结变换，将模型的变换参数归零，如果没有执行"冻结变换"命令，在后期的展开 UV 中会出现拉伸情况，所以这一步的操作是非常有必要的。

在"多边形建模"工具架中单击"UV 编辑器"按钮，打开"UV 编辑器"窗口，然后在"UV 编辑器"窗口中单击"棋盘格着色器"按钮，打开棋盘格，可见场景中的模型表面会出现分布均匀的棋盘格图案，如图 7-84 所示，说明当前 UV 贴图与模型对应关系正确，如果某处棋盘格图案出现拉伸严重的情况，参照当前 UV 创建贴图并赋予模型，模型表面贴图必定会产生相应的拉伸效果。不过小部分的拉伸是在所难免的，所以可在模型定型后再进行创建 UV 操作。

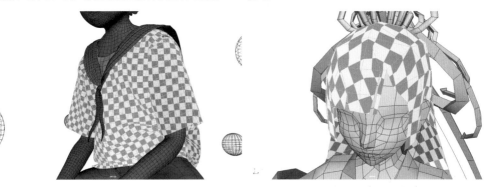

图 7-84　打开棋盘格后的效果

选中模型，单击"对 UV 进行着色"按钮，会发现 UV 壳变成了红色，说明 UV 发生了重叠，如图 7-85 所示。

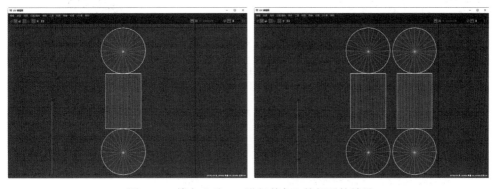

图 7-85　单击"对 UV 进行着色"按钮后的结果

7.6.6　实例：设置贴图二维纹理坐标

下面将使用两种方法为图书模型设置贴图 UV 坐标，第一种方法是使用"平面映射"工具，第二种方法是使用"UV 编辑器"。

1. 使用"平面映射"工具

使用"平面映射"工具为图书模型设置贴图 UV 坐标的操作步骤如下。

01 启动 Maya 软件，在场景中创建一个图书模型，如图 7-86 所示。

图 7-86　创建一个图书模型

02 在"属性编辑器"面板中展开"多边形立方体历史"卷展栏，在"宽度"文本框中输入 3，在"高度"文本框中输入 0.3，在"深度"文本框中输入 4，如图 7-87 所示。

03 选择图书模型，在"渲染"工具架中单击"标准曲面材质"按钮，为其指定"标准曲面材质"，在"属性编辑器"面板中展开"基础"卷展栏，单击"颜色"选项右侧的■按钮，打开"创建渲染节点"窗口，选择"文件"选项，然后在"文件属性"卷展栏中单击"图像名称"文本框右侧的■按钮，在弹出的对话框中选择贴图文件，按数字 6 键，显示纹理，结果如图 7-88 所示。

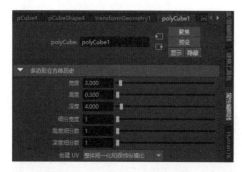

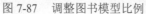

图 7-87　调整图书模型比例

图 7-88　为图书模型指定标准曲面材质后的结果

04 选择图 7-88 所示的面，单击"多边形建模"工具架中的"平面映射"按钮，平面映射选项的参数设置如图 7-89 所示。

图 7-89　为选择的平面添加平面映射

05 在视图中单击"平面映射"右上角的十字标记按钮，如图 7-90 所示，将平面映射的控制柄切换至旋转控制柄。

06 单击视图中出现的蓝色圆圈，如图 7-91 所示，则可以显示出旋转坐标轴。

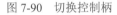

图 7-90　切换控制柄　　　　　　　　图 7-91　单击蓝色圆圈显示旋转坐标轴

07 将平面映射的旋转方向调至水平后，再次单击红色十字标记，将平面映射的控制柄切换回位移控制柄，仔细调整平面映射的大小至如图 7-92 所示，得到正确的图书封皮贴图坐标效果。

08 重复以上操作，完成图书封底及书脊的贴图效果至如图 7-93 所示。

图 7-92　调整平面映射　　　　　　图 7-93　图书封底及书脊的贴图效果

09 选择书页部分的面，在"渲染"工具架中单击"标准曲面材质"按钮 ，为当前选择指定"标准曲面材质"，效果如图 7-94 所示。

10 图书模型渲染效果如图 7-95 所示。

图 7-94　指定"标准曲面材质"　　　　图 7-95　图书模型渲染效果

2. 使用 UV 编辑器

使用"UV 编辑器"为图书模型设置贴图 UV 坐标的操作步骤如下。

01 选择场景中书的模型，赋予其"标准曲面材质"，并为其添加一张"book-a.jpg"贴图文件，然后按数字 6 键显示纹理。

02 选择图书模型，在"多边形建模"工具架中单击"UV 编辑器"按钮，打开"UV编辑器"窗口，如图 7-96 所示。

图 7-96　打开 UV 编辑器窗口

03 在"UV 编辑工作区"面板中右击，在弹出的菜单中选择"边"命令，如图 7-97 所示。

04 选择模型每个面之间的连接线，然后按 Shift 键并右击，在弹出的菜单中选择"剪切"命令，将连接处断开，如图 7-98 所示。

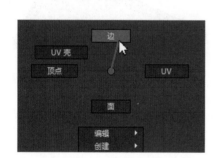

图 7-97　选择"边"命令

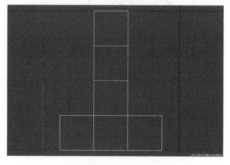

图 7-98　断开模型每个面之间的连接线

05 在场景中右击，在弹出的菜单中选择"UV"|"UV 壳"命令，选择封皮的 UV，如图 7-99所示。

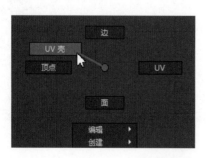

图 7-99　选择封皮的 UV

06 在"UV 编辑工作区"面板中右击，在弹出的菜单中选择"UV"命令，调整封皮的贴图坐标至如图 7-100 所示。

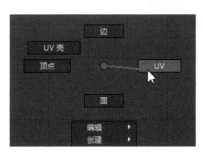

图 7-100　调整封皮的 UV 坐标

07 调整完成后，观察场景中图书封皮的贴图效果，如图 7-101 所示。

08 单击创建的图书模型的书脊，可见这块 UV 的方向不正确，如图 7-102 所示。

图 7-101　观察图书封皮的贴图效果　　　　图 7-102　书脊 UV 的方向不正确

09 选择书脊的 UV 壳，打开"UV 编辑器"窗口，在右侧的"UV 工具包"面板中展开"工具"卷展栏，单击"使用旋转值逆向旋转"按钮，如图 7-103 所示。

10 在"UV 编辑工作区"面板中右击，在弹出的菜单中选择"UV"命令，设置书脊的贴图坐标，如图 7-104 所示。

图 7-103　单击"使用旋转值逆向旋转"按钮　　图 7-104　执行"UV"命令调整书脊的 UV 方向

11 选择书页部分的面，在"渲染"工具架中单击"标准曲面材质"按钮，为当前选择指定"标准曲面材质"。

12 设置完成后，图书模型最终贴图显示效果如图 7-105 所示。

图 7-105　图书模型最终贴图显示效果

7.7　思考与练习

1. 简述 Maya 中材质与纹理的区别。

2. 简述在 Maya 中如何为模型赋予材质。

3. 简述在建模步骤完成后，拆分 UV 的作用是什么。

第**8**章

灯光技术

本章将从灯光照明技术、Maya 基本灯光、Arnold 灯光和辉光特效来向读者介绍如何运用光线来影响画面主体的纹理细节表现和增加三维场景氛围，帮助用户了解灯光系统在三维制作中的作用。

8.1 基本灯光

在 Maya 2020 中有 6 种基本类型的灯光，分别是"环境光""平行光""点光源""聚光灯""区域光""体积光"。其中"平行光""点光源""聚光灯""区域光"这 4 种灯光支持 Maya 默认渲染器，也支持 Arnold 渲染器，而"环境光"和"体积光"只支持 Maya 默认的渲染器。每种灯光的用法不同，运用好这 6 种灯光不仅可以模拟现实中的大多数光效，还可以渲染氛围。

在"渲染"工具架或者在"创建"|"灯光"扩展菜单栏中可以找到这些灯光图标，如图 8-1 所示。

图 8-1　6 种基本灯光

8.1.1　环境光

"环境光"可照亮场景中的所有物体，如图 8-2 所示。

在"属性编辑器"面板中展开"环境光属性"卷展栏，可以查看环境光的参数设置，如图 8-3 所示。

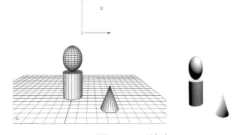

图 8-2　环境光

图 8-3　"环境光属性"卷展栏

▶ 类型：用于切换当前所选灯光的类型。

▶ 颜色：用于设置灯光的颜色。

▶ 强度：用于设置灯光的光照强度。

▶ 环境光明暗处理：用于设置平行光与泛向 (环境) 光的比例。

8.1.2　平行光

"平行光"可以模拟太阳光，接近平行光线的效果，如图 8-4 所示。

1. "平行光属性" 卷展栏

在"属性编辑器"面板中展开"平行光属性"卷展栏，可以查看平行光的参数设置，如图 8-5 所示。

▶ 类型：用于更改灯光的类型。

▶ 颜色：用于设置灯光的颜色。

▶ 强度：用于设置灯光的光照强度。

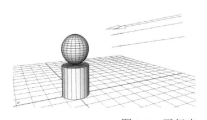

图 8-4　平行光

图 8-5　"平行光属性"卷展栏

2. "深度贴图阴影属性" 卷展栏

展开"阴影"卷展栏中的"深度贴图阴影属性"卷展栏，其中的参数如图 8-6 所示。

图 8-6　"深度贴图阴影属性"卷展栏

▶ 使用深度贴图阴影：该选项处于启用状态时，灯光会产生深度贴图阴影。

▶ 分辨率：用于设置灯光的阴影深度贴图的分辨率。过低的数值会产生明显的锯齿化/像素化效果，过高的值则会增加不必要的渲染时间。

▶ 使用中间距离：如果未选中该复选框，Maya 会为深度贴图中的每个像素计算灯光与最近阴影投射曲面之间的距离。

▶ 使用自动聚焦：如果选中该复选框，Maya 会自动缩放深度贴图，使其仅填充灯光照明区域中包含阴影投射对象的区域。

▶ 宽度聚焦：用于在灯光照明的区域内缩放深度贴图的角度。

▶ 过滤器大小：用于控制阴影边的柔和度。

▶ 偏移：用于设置深度贴图移向或远离灯光的偏移量。

▶ 雾阴影强度：用于控制出现在灯光雾中的阴影的黑暗度。有效范围为 1~10。默认值为 1。

▶ 雾阴影采样：用于控制出现在灯光雾中的阴影的粒度。

▶ 基于磁盘的深度贴图：通过该选项，可以将灯光的深度贴图保存到磁盘，并在后续渲染过程中重用它们。

▶ 阴影贴图文件名：用于设置 Maya 保存到磁盘的深度贴图文件的名称。

▶ 添加场景名称：将场景名称添加到 Maya 保存到磁盘的深度贴图文件的名称中。

▶ 添加灯光名称：将灯光名称添加到 Maya 保存到磁盘的深度贴图文件的名称中。

▶ 添加帧扩展名：选中该复选框，Maya 会为每个帧保存一个深度贴图，然后将帧扩展名添加到深度贴图文件的名称中。

▶ 使用宏：仅当"基于磁盘的深度贴图"设定为"重用现有深度贴图"时才可用。它是指宏脚本的路径和名称，Maya 会运行该宏脚本，以在从磁盘中读取深度贴图时更新该深度贴图。

3. "光线跟踪阴影属性"卷展栏

展开"光线跟踪阴影属性"卷展栏，其中的参数如图 8-7 所示。

图 8-7　"光线跟踪阴影属性"卷展栏

▶ 使用光线跟踪阴影：选中该复选框后，Maya 将使用光线跟踪阴影计算。

▶ 灯光角度：用于控制阴影边的柔和度。

▶ 阴影光线数：用于控制阴影边的粒度。

▶ 光线深度限制：用于控制光线被反射或折射的最大次数。该数值越小，反射或折射的次数越少。

8.1.3　点光源

"点光源"是较为常用的灯光，是一种由一个小范围的光源位置向周围发光的一个全向灯光，用来模拟灯泡、星星、花火等效果，如图 8-8 所示。

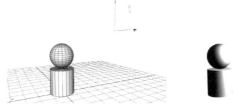

图 8-8　点光源

1. "点光源属性"卷展栏

展开"点光源属性"卷展栏，其中的参数如图 8-9 所示。
- 类型：用于切换当前所选灯光的类型。
- 颜色：用于设置灯光的颜色。
- 强度：用于设置灯光的光照强度。

2. "灯光效果"卷展栏

展开"灯光效果"卷展栏，其中的参数如图 8-10 所示

图 8-9　"点光源属性"卷展栏　　　　　图 8-10　"灯光效果"卷展栏

- 灯光雾：用于设置雾效果。
- 雾类型：有"正常""线性""指数"3 种类型可选。
- 雾半径：用于设置雾的半径。
- 雾密度：用于设置雾的密度。
- 灯光辉光：用于设置辉光特效。

8.1.4　聚光灯

"聚光灯"近似锥形的光源效果，可以模拟舞台灯、手电筒、汽车前照灯等照明效果，如图 8-11 所示。

展开"聚光灯属性"卷展栏，其中的参数如图 8-12 所示。

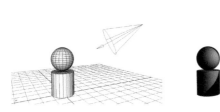

图 8-11　聚光灯　　　　　　　图 8-12　"聚光灯属性"卷展栏

- ▶ 类型：用于切换当前所选灯光的类型。
- ▶ 颜色：用于设置灯光的颜色。
- ▶ 强度：用于设置灯光的光照强度。
- ▶ 衰退速率：用于控制灯光的强度随着距离而下降的速度。
- ▶ 圆锥体角度：用于控制聚光灯照射区域的范围大小，默认值为 40。
- ▶ 半影角度：用于控制聚光灯光束边缘的虚化程度，默认值为 0。
- ▶ 衰减：用于控制灯光强度从聚光灯光束中心到边缘的衰减速率。

8.1.5　区域光

　　"区域光"近似一个矩形的光源效果，可以模拟阳光透过玻璃窗的照明效果，如图 8-13 所示。

　　展开"区域光属性"卷展栏，其中的参数如图 8-14 所示。

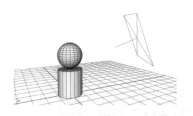

图 8-13　区域光　　　　　　　　　图 8-14　"区域光属性"卷展栏

- ▶ 类型：用于切换当前所选灯光的类型。
- ▶ 颜色：用于设置灯光的颜色。
- ▶ 强度：用于设置灯光的光照强度。
- ▶ 衰退速率：用于控制灯光的强度随着距离下降的速度。

8.1.6　体积光

　　"体积光"用于淡化阴影，体积光中灯光的衰减可以由 Maya 中的颜色渐变属性来表示，体积光不支持硬件阴影。蜡烛、灯泡照亮的区域就是由体积光生成的，如图 8-15 所示。

1. "体积光属性"卷展栏

展开"体积光属性"卷展栏，其中的参数如图 8-16 所示。

- ▶ 类型：用于切换当前所选灯光的类型。
- ▶ 颜色：用于设置灯光的颜色。
- ▶ 强度：用于设置灯光的光照强度。
- ▶ 灯光形状：体积光的灯光形状有"长方体""球体""圆柱体""圆锥体"4 种，如图 8-17 所示。

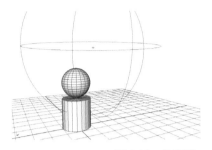

图 8-15　体积光

图 8-16　"体积光属性"卷展栏

2. "颜色范围"卷展栏

展开"颜色范围"卷展栏，其中的参数如图 8-18 所示。

- ▶ 选定位置：指活动颜色条目在渐变中的位置。
- ▶ 选定颜色：指活动颜色条目的颜色。
- ▶ 插值：用于控制颜色在渐变中的混合方式。
- ▶ 体积光方向：用于控制体积内的灯光的方向。
- ▶ 弧：用于指定旋转度数，使用该选项来创建部分球体、圆锥体、圆柱体灯光形状。
- ▶ 圆锥体结束半径：该选项仅适用于圆锥体灯光形状。
- ▶ 发射环境光：选中该复选框后，灯光将以多向方式影响曲面。

3. "半影"卷展栏

展开"半影"卷展栏，其中的参数如图 8-19 所示。

图 8-17　灯光形状　　　图 8-18　"颜色范围"卷展栏

图 8-19　"半影"卷展栏

- ▶ 选定位置：该值会影响图形中的活动条目，同时在图形的 X 轴上显示。
- ▶ 选定值：该值会影响图形中的活动条目，同时在图形的 Y 轴上显示。
- ▶ 插值：用于控制计算值的方式。

8.2　灯光照明技术

　　光线对于整个场景氛围的烘托和影响是巨大的，并且在场景中创建的灯光照射在物体上产生明暗关系，使物体变得更加立体且富有层次。用户可以观察现实中的光线或场景布光技巧，布光的方式需要不断地实践和分析其原理，要有足够的耐心在 Maya 软件中理解并运用灯光照明技术，明确的布光思路能使场景达到理想的效果。

8.2.1　三点照明

　　三点照明法是 3D 制作中的一种基本灯光布置方法，适用于很多类型的场景中，在场景主体周围 3 个位置设置光源，分别为主光源、辅助光源和背景光源，如图 8-20 所示。

　　主光源也是关键性的灯光照明，其作用主要是模拟类似太阳光的照射，从而伴随着阴影的产生。辅助光源与主光源是互补关系，用于柔化主光源投射的阴影，抵消部分阴影，降低灯光噪点。也可以通过创建灯光或物理天光来提高场景的整体亮度，或是在不创建辅助光源的情况下利用主光源的反射效果，也可达到相同的效果。背景光源突出对象的主体，放置于主体的背面增强主体的轮廓感。

图 8-20　三点照明

8.2.2　灯光阵列

　　灯光阵列在早期普遍运用在动画场景中，由一系列普通灯光组合来模拟天光，如图 8-21 所示。由于当时计算机硬件性能还不够完善，利用全局光照进行渲染对当时的计算机硬件来说还比较困难，因此有了灯光阵列照明技术。

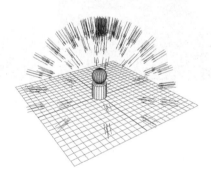

图 8-21　灯光阵列

8.2.3　全局照明

　　全局照明可以模拟场景中所有照明和交互反射的效果，也就是说不仅会考虑直接光照的效果，还会计算光线被不同的物体表面反射而产生的间接光照，近似于真实世界的灯光照射，如图 8-22 所示。在场景中仅需创建少量的灯光，并利用全局照明技术即可得到非常充足的亮度，使三维场景具有更为逼真的光照效果，是增加渲染现实感的有效方法。

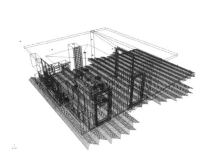

图 8-22　全局照明

8.3　Arnold 灯光

Maya 的 Arnold 渲染器为 Autodesk 的默认渲染器，在 Arnold 工具架或者在 Arnold|Lights 子菜单中可以找到这些灯光按钮，如图 8-23 所示。

若用户想要更快捷地设置在场景中所创建的灯光，可在状态行中单击"灯光编辑器"按钮 ，打开"灯光编辑器"窗口，其中列出了场景中的所有灯光及常用属性。

图 8-23　Arnold 灯光

8.3.1　Area Light(区域光)

Area Light(区域光) 可以理解为面片光源，如图 8-24 所示。

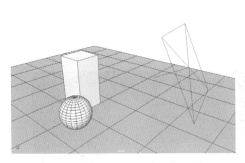

图 8-24　Area Light(区域光)

8.3.2　Skydome Light(天空光)

在 Maya 软件中，创建 Skydome Light(天空光) 可以快速模拟阴天环境下的室外光照，并且可以与 HDR 贴图一起使用，该灯光会模拟 HDR 贴图的物理反射，在渲染时反射贴图环境，模拟模型所在的场景，如图 8-25 所示。

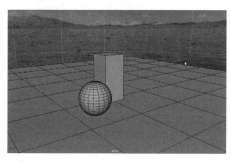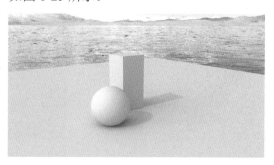

图 8-25　Skydome Light(天空光)

8.3.3　Mesh Light(网格灯光)

网格灯光可以将场景中任意一个模型设置为光源，选择该灯光前，需要先在场景中选择一个模型对象，如图 8-26 所示，可用于制作霓虹灯效果。

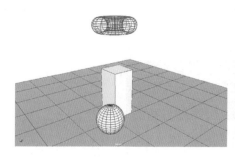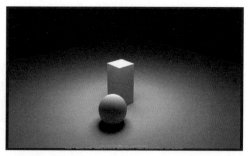

图 8-26　Mesh Light(网格灯光)

8.3.4　Photometric Light(光度学灯光)

光度学灯光，需要通过赋予 HDR 灰度图从而改变灯光的形状，默认模式下，光度学灯光并不会产生任何光照，该灯光适用于展厅和展柜等室内设计照明，如图 8-27 所示。

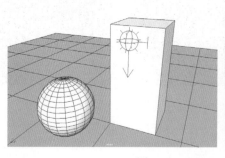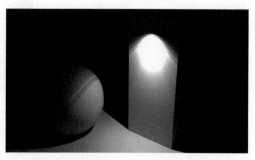

图 8-27　Photometric Light(光度学灯光)

8.3.5　Physical Sky(物理天空)

通过调节 Physical Sky(物理天空) 参数可以模拟现实生活中不同时间的光照，如图 8-28 所示。

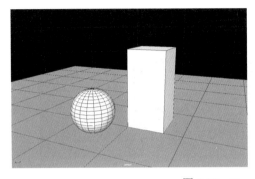

图 8-28　Physical Sky(物理天空)

8.4　辉光特效

为物体添加辉光效果，其周围就会带有朦胧的发光特效，常用于模拟场景中物体周围的自发光、城市夜景或摄影机镜头所产生的光斑等。

要在 Maya 软件中实现辉光特效，可以执行以下操作步骤。

▶ 在"渲染"工具架上单击"点光源"按钮▣，在场景中创建一个点光源。

▶ 在"属性编辑器"面板中展开"灯光效果"卷展栏，单击"灯光辉光"选项右侧的▣按钮，如图 8-29 所示，可为当前点光源添加辉光效果。

▶ 添加完成后，场景中的点光源图标上则会出现辉光效果图标，如图 8-30 所示。

图 8-29　"灯光效果"卷展栏

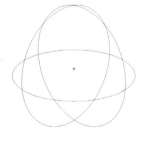

图 8-30　出现辉光效果图标

在"属性编辑器"面板中，辉光特效主要包括"光学效果属性""噪波""节点行为""UUID""附加属性"5 个卷展栏，如图 8-31 所示，其中，"光学效果属性"卷展栏内还包含"辉光属性""光晕属性""镜头光斑属性"这 3 个卷展栏。接下来，重点对"光学效果属性"卷展栏内的常用参数进行讲解。

1. "光学效果属性"卷展栏

展开"光学效果属性"卷展栏，其中的参数如图 8-32 所示。

图 8-31 辉光特效的 5 个卷展栏　　　　图 8-32 "光学效果属性"卷展栏

▶ 活动：启用或禁用光学效果。

▶ 镜头光斑：选中该复选框，可模拟照明摄影机镜头的曲面的强光源。

▶ 辉光类型：用来设置辉光效果，Maya 2020 为用户提供了 5 种辉光类型，分别为"线性""指数""球""镜头光斑""边缘光晕"。

▶ 光晕类型：与"辉光类型"相似，Maya 2020 提供了 5 种光晕类型供用户选择，分别为"线性""指数""球""镜头光斑""边缘光晕"。

▶ 径向频率：用于控制辉光径向噪波的平滑度。

▶ 星形点：表示辉光星形过滤器效果的点数。

▶ 旋转：用于控制围绕灯光中心旋转的辉光噪波和星形效果。

▶ 忽略灯光：如果已启用，则会自动设定着色器辉光的阈值。

2. "辉光属性"卷展栏

展开"辉光属性"卷展栏，其中的参数如图 8-33 所示。

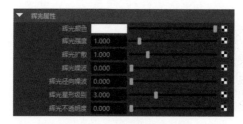

图 8-33 "辉光属性"卷展栏

▶ 辉光颜色：用于控制辉光的颜色。

▶ 辉光强度：用于控制辉光的亮度。

▶ 辉光扩散：用于控制辉光效果的大小。

▶ 辉光噪波：用于控制应用于辉光的 2D 噪波的强度。

▶ 辉光径向噪波：将辉光的扩散随机化。

▶ 辉光星形级别：模拟摄影机星形过滤器效果。

▶ 辉光不透明度：用于控制辉光暗显对象的程度。

3.“光晕属性”卷展栏

展开"光晕属性"卷展栏，其中的参数如图 8-34 所示。

▶ 光晕颜色：用于控制光晕的颜色。

▶ 光晕强度：用于控制光晕的强度。

▶ 光晕扩散：用于控制光晕效果的大小。

4.“镜头光斑属性”卷展栏

展开"镜头光斑属性"卷展栏，其中的参数如图 8-35 所示。

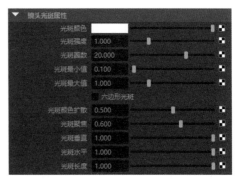

图 8-34　"光晕属性"卷展栏　　　　图 8-35　"镜头光斑属性"卷展栏

▶ 光斑颜色：用于控制镜头光斑圈的颜色。

▶ 光斑强度：用于控制光斑效果的亮度。

▶ 光斑圈数：表示镜头光斑效果中的圈数。

▶ 光斑最小值 / 光斑最大值：在这两个值之间随机化圆形大小。

▶ 六边形光斑：选中该复选框，可生成六边形光斑元素。

▶ 光斑颜色扩散：用于控制基于"光斑颜色"随机化的各个圆形的色调。

▶ 光斑聚焦：用于控制圆边的锐度。

▶ 光斑垂直 / 光斑水平：用于控制光斑的生成角度。

▶ 光斑长度：相对于灯光位置控制光斑效果长度。

8.5　实例：制作辉光效果

本例中使用 Maya 2020 的灯光工具制作辉光效果，并且运用 Arnold 渲染器进行渲染，制作一个玻璃光球。

【实例 8-1】本例制作一个玻璃光球，最终的渲染效果如图 8-36 所示。

01 在场景中创建两个一大一小的多边形球体，如图 8-37 所示。

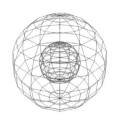

图 8-36　玻璃光球最终渲染效果　　　　　图 8-37　创建两个一大一小的多边形球体

02 在场景中创建一个多边形平面模型，调整其造型，作为背景板，如图 8-38 所示。

03 在菜单栏中执行 Arnold|Lights|Area Light 命令，创建一个区域光，如图 8-39 所示。

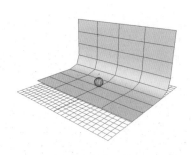

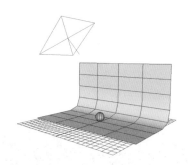

图 8-38　创建背景板　　　　　　　　　图 8-39　创建区域光

04 在面板菜单中选择"照明"|"使用所有灯光"命令，或按数字 7 键。然后选择区域光，在"属性编辑器"面板中，展开 Arnold Area Light Attributes 卷展栏，在 Exposure 文本框中输入 11，如图 8-40 所示。

图 8-40　设置区域光的曝光值

05 设置完成后，选择 Arnold|Render 命令，打开 Arnold RenderView 窗口，观察场景中灯光强度的变化，如图 8-41 所示。

06 在状态行中单击 Hypershade 按钮，打开 Hypershade 窗口，在"工作区"面板中创建 aiStandardSurface 材质，然后选择背景板，将鼠标光标放在 aiStandardSurface 节点上并右击，在弹出的菜单中选择"将材质指定给视口选择"命令，如图 8-42 所示，将其赋予背景板。

图 8-41 观察灯光强度的变化

图 8-42 选择"将材质指定给视口选择"命令

07 在"属性编辑器"面板中展开 Specular 卷展栏，在 Weight 文本框中输入 0.3，如图 8-43 所示。

08 在菜单栏中选择 Arnold|Render 命令，打开 Arnold RenderView 窗口，查看渲染效果，如图 8-44 所示。

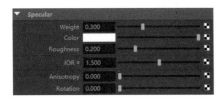

图 8-43 展开 Specular 卷展栏并设置参数

图 8-44 查看渲染效果

09 选择外部的多边形球体，在状态行中单击 Hypershade 按钮◎，打开 Hypershade 窗口，将光标移至"浏览器"面板中的 aiStandardSurface 材质球上，然后右击，在弹出的菜单中选择"为当前选择指定材质"命令，赋予其 aiStandardSurface 材质，然后在"属性编辑器"面板中，单击"预设"按钮，在弹出的下拉列表中选择 Glass|"替换"命令，赋予其玻璃材质。并且展开 Specular 卷展栏，在 IOR 文本框中输入 1.25，如图 8-45 所示。

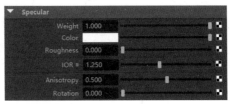

图 8-45 赋予外部球体玻璃材质

10 选择内部的多边形球体，赋予其 aiStandardSurface 材质，在"属性编辑器"面板中单击"预设"按钮，在弹出的下拉列表中选择 Gold|"替换"命令，赋予其金属材质，展开 Base 卷展栏，设置 Color 属性为灰色，如图 8-46 所示。

图 8-46　赋予内部球体金属材质

11 按 Ctrl+D 快捷键复制一个内部球体的副本，然后按 H 键将其隐藏留以备用。

12 选择内部多边形球体，选择菜单栏中的 Arnold|Lights|Mesh Light 命令，如图 8-47 所示，创建网格灯光。

13 选择网格灯光，在"属性编辑器"面板中展开 Light Attributes 卷展栏，选中 Light Visible 复选框。设置 Exposure 数值为 5.0，选中 Use Color Temperature 复选框，设置 Temperature 数值为 4500，如图 8-48 所示。

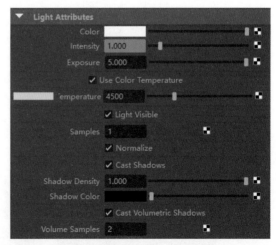

图 8-47　创建网格灯光　　　　　　　图 8-48　设置网格灯光的"灯光属性"

14 展开 Visibility 卷展栏，在 Specular 文本框中输入 0，如图 8-49 所示。

15 单击状态行中的"渲染设置"按钮 ，打开"渲染设置"窗口，展开 Environment 卷展栏，单击 Atmosphere 右侧的 按钮，在弹出的菜单中选择 Create aiAtmosphereVolume 命令，创建一个大气体积节点，如图 8-50 所示。

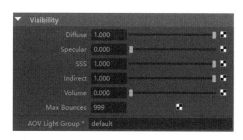

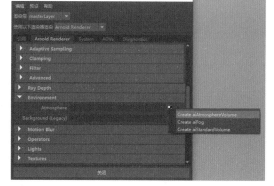

图 8-49　设置网格灯光的 Specular 数值　　　　图 8-50　创建大气体积节点

16 在"属性编辑器"面板中展开 Volume Attributes 卷展栏，设置 Density 文本框中的数值为 0.02，如图 8-51 所示。

17 选择内部球体的物体光源，在"属性编辑器"面板中展开 Light Filters 卷展栏，单击 Add 按钮，打开 Add Light Filter 窗口，选择 Light Decay 节点，然后单击 Add 按钮，如图 8-52 所示。

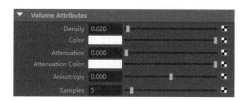

图 8-51　设置网格灯光的 Density 数值　　　　图 8-52　选择 Light Decay 节点

18 双击 Light Filters 卷展栏中的 aiLightDecay1 选项，如图 8-53 所示。

19 自动展开 Attenuation 卷展栏，选择 Use Far Attenuation 复选框，在 Far End 文本框中输入 4.0，如图 8-54 所示。

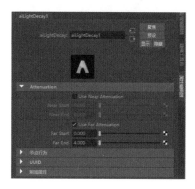

图 8-53　双击 aiLightDecay1 选项　　　　图 8-54　添加灯光衰退节点

20 显示出之前复制出的内部球体副本，在菜单栏中选择 Arnold|Lights|Mesh Light 命令，展开 Light Attributes 卷展栏，在 Exposure 文本框中输入 5.0，选择 Use Color Temperature 复选框，在 Temperature 文本框中输入 4500，如图 8-55 所示。

21 展开 Visibility 卷展栏，在 Volume 和 Specular 文本框中分别输入 0，如图 8-56 所示。

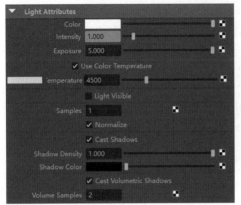

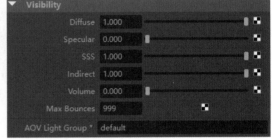

图 8-55　设置 Light Attributes 卷展栏内的参数　　图 8-56　设置 Volume 和 Specular 数值

22 设置完成后，在菜单栏中选择 Arnold|Render 命令，打开 Arnold RenderView 窗口，观察渲染效果，在"属性编辑器"面板中展开 Arnold Area Light Attributes 卷展栏，在 Exposure 文本框中输入 9.8，如图 8-57 所示。

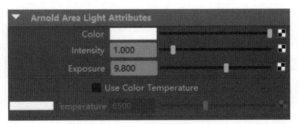

图 8-57　调整 Exposure 数值

23 设置完成后，最终渲染效果如图 8-36 所示。

8.6　思考和练习

1. 简述 Maya 中有哪几种类型的基本灯光。
2. 简述 Maya 中有哪几种类型的 Arnold 灯光。
3. 练习并熟练掌握辉光效果的制作方法。

第**9**章

摄影机技术

摄影机在场景中用于观察被选取范围内的场景内容，决定了后期模型场景在渲染时整个画面的构图。本章将重点介绍 Maya 2020 中的摄影机技术，帮助读者了解摄影机的类型与参数设置，掌握三维场景中摄影机的使用方法。

9.1 摄影机

Maya 软件中的摄影机和现实中的摄影机是一样的，能够模拟现实相机的视角，并且提供了相应的命令来控制摄影机的景深、焦距、属性等。在学习 Maya 摄影机前，可以先了解一下真实摄影机的布局、主要运动形式和相关名词术语。

Maya 场景中的物体需要摄影机将其表现出来，摄影机在进行操作之前一直处于待机状态，只起到观察、定位的作用。在打开动画设定按钮后，设置关键帧、镜头路径、镜头切换和约束可以进行动画的制作。

9.1.1 镜头

镜头是由多个透镜所组成的光学装置，也是摄影机组成部分的重要部件。镜头的品质会直接对拍摄结果的质量产生影响。同时，镜头也是划分摄影机档次的重要标准，如图 9-1 所示。

9.1.2 光圈

光圈是用来控制光线透过镜头进入机身内感光面的光量的装置，如图 9-2 所示，其功能相当于眼球里的虹膜。如果光圈开得比较大，就会有大量的光线进入影像感应器，如果光圈开得很小，进光量则会减少很多。

图 9-1　摄影机镜头　　　　　　　　　　　　　图 9-2　光圈

9.1.3 快门

快门是照相机控制感光片有效曝光时间的一种装置，与光圈不同，快门用来控制进光的时间长短，分为高速快门和慢门。通常，高速快门非常适合用来拍摄运动中的景象，可以拍摄到高速移动的目标，抓拍运动物体的瞬间；而慢门增加了曝光时间，非常适合表现物体的动感，在光线较弱的环境下加大进光量。快门速度单位是"秒"(s)，常见的快门速度有：1、1/2、1/4、1/8、1/15、1/30、1/60、1/125、1/250、1/500、1/1000、1/2000等。如果要拍摄夜晚车水马龙般的景色，则需要拉长快门的时间，如图9-3所示。

9.1.4　景深

景深是指摄影机镜头能够取得物体清晰影像的范围，调整焦点的位置，景深也会发生变化，如图 9-4 所示。在 Maya 的渲染中使用"景深"特效，能达到虚化背景的效果，从而突出场景中的主体以及画面的层次感。

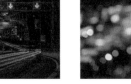

图 9-3　快门　　　　　　　　　　　　　　　　　图 9-4　景深

9.1.5　胶片感光度

胶片感光度也就是人们常说的 ISO，ISO 的数值越大，曝光值也就越高。在光照亮度不足的情况下，可以选用超快速胶片进行拍摄，不过当感光度过高时，画面中的噪点也会很明显，使得整体画质变得粗糙。若是在光照十分充足的条件下，则可以使用超慢速胶片进行拍摄。常用的感光度数值有 ISO50、ISO100、ISO200、ISO400、ISO800、ISO1600 等。

9.2　摄影机类型

默认情况下 Maya 软件会在"大纲视图"中自动建立 4 台摄影机，分别是"透视图""顶视图""前视图""侧视图"，用户也可以在菜单栏中选择"创建"|"摄影机"命令，如图 9-5 所示，在场景中建立摄影机。

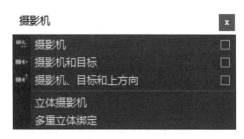

图 9-5　摄影机类型

9.2.1　摄影机

"摄影机"在制作过程中较为常用，按 T 键可以在场景中生成一个目标点，有了目标点可以稳定目标跟踪拍摄，再按 W 键可回到默认状态，如图 9-6 所示。

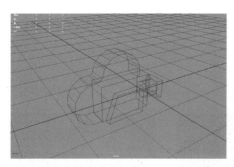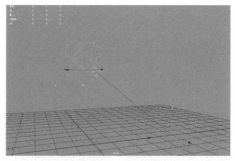

图 9-6　摄影机

9.2.2　摄影机和目标

"摄影机和目标"创建出的摄影机会自动生成一个目标点，并且在大纲视图中是以 group 的形式出现，如图 9-7 所示。

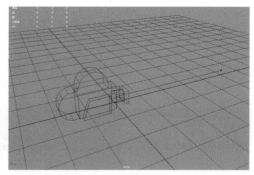

图 9-7　摄影机和目标

9.2.3　摄影机、目标和上方向

"摄影机、目标和上方向"具有两个目标点，可以进行更多的操作来制作复杂的动画，并且在大纲视图中以 group 形式出现，如图 9-8 所示。

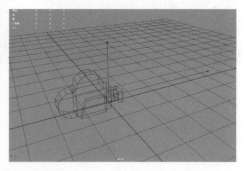

图 9-8　摄影机、目标和上方向

9.3 创建摄影机

用户可以通过状态行、菜单栏和浮动菜单 (也称为热盒) 来创建摄影机，创建摄影机时需要考虑画面的构图，确保物体在摄影机的视野范围内。

在大纲视图中选择创建的摄影机，按鼠标中键将摄影机移到视图中，可进入摄影机视角。当移动带有目标点的摄影机时，画面会以目标点为中心进行移动。单击大纲视图中的任意一种摄影机，即可退出摄影机视角。或者按住空格键，单击"Maya"按钮，在弹出的命令中选择任意一个视图，都可退出当前摄影机视角。

在面板菜单中选择"面板"|"透视"命令，从弹出的子菜单中可选择任意一架摄影机视角，如图 9-9 所示。

若不想改变当前摄影机视角，在面板工具栏中单击"锁定摄影机"按钮，可固定摄影机视角。

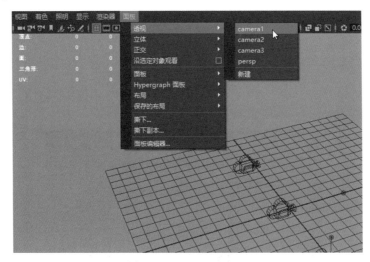

图 9-9　进入摄影机视角

9.3.1 通过工具架创建摄影机

在"渲染"工具架上单击"摄影机"按钮，如图 9-10 所示，在场景的中心就会创建一架摄影机。

图 9-10　"渲染"工具架

9.3.2 通过菜单栏创建摄影机

在菜单栏中选择"创建"|"摄影机"|"摄影机"命令，如图 9-11 所示，可在场景中心创建一架摄影机。

9.3.3 通过热盒创建摄影机

按住空格键，单击"Maya"按钮，在弹出的菜单中选择"新建摄影机"命令，如图 9-12 所示，就会在场景中心创建一架摄影机。

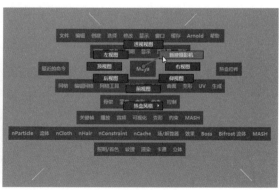

图 9-11 通过菜单栏创建摄影机　　　　图 9-12 通过热盒创建摄影机

9.3.4 通过视图创建摄影机

在面板菜单中选择"视图"|"从视图创建摄影机"命令，或者按 Ctrl+Shift+C 快捷键，如图 9-13 所示，就会以当前所在的视图视角创建一架摄影机。

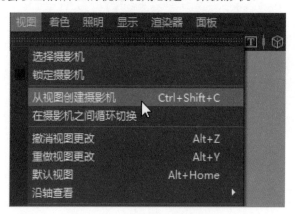

图 9-13 通过视图创建摄影机

9.4　摄影机属性

在 Maya 软件中完成摄影机的创建后，其默认属性一般无法满足用户在制作项目时的需求，在菜单栏中选择"创建"|"摄影机"|"摄影机"右侧的复选框，打开"创建摄影机选项"窗口，或者按 Ctrl+A 快捷键，打开"属性编辑器"面板，如图 9-14 所示，然后对摄影机的属性进行设置。

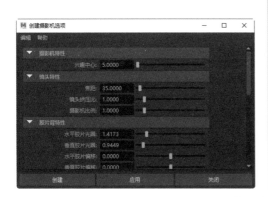

图 9-14　摄影机属性

1."摄影机属性"卷展栏

展开"摄影机属性"卷展栏,具体参数如图 9-15 所示。

▶ 控制:用于切换当前摄影机的类型,可选择"摄影机""摄影机和目标""摄影
机、目标和上方向"三种类型,如图 9-16 所示。

图 9-15　"摄影机属性"卷展栏　　　　图 9-16　选择摄影机类型

▶ 视角:指的是摄影机广角范围,与焦距是相互联系的。

▶ 焦距:特写镜头可设置为 60~70,中景可设置为 40,远景可设置为 20~30,与
视角是相互联系的。

▶ 摄影机比例:根据场景设置摄影机的大小。

▶ 自动渲染剪裁平面:启用状态下,会自动设置近剪裁平面和远剪裁平面。

▶ 近剪裁平面:从摄影机到此剪裁平面距离之内的物体将不会被渲染。

▶ 远剪裁平面:超过其剪裁平面范围外的物体将不会被渲染。

2."视锥显示控件"卷展栏

展开"视锥显示控件"卷展栏,具体参数如图 9-17 所示,选择三个选项左侧的复
选框,将其全部激活,场景中便会显示视锥。

▶ 显示近剪裁平面:启用此选项,可显示近剪裁平面,如图 9-18 所示。

图 9-17　"视锥显示控件"卷展栏

图 9-18　显示近裁剪平面

▶ 显示远剪裁平面：启用此选项，可显示远剪裁平面，如图 9-19 所示。

▶ 显示视锥：启用此选项，可显示视锥，如图 9-20 所示。

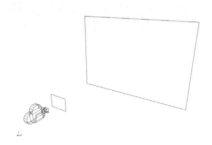

图 9-19　显示远裁剪平面

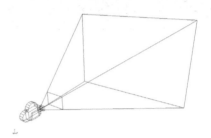

图 9-20　显示视锥

3."胶片背"卷展栏

展开"胶片背"卷展栏，具体参数如图 9-21 所示，在进行项目制作之前要先了解拍摄的画面参数，了解后在"胶片背"卷展栏中调整参数，后期要将胶片门与分辨率门相匹配。

▶ 胶片门：指摄影机视图的区域，用户可以从中选择某个摄影机类型，选择其中一种类型，如图 9-22 所示，Maya 会自动设置"摄影机光圈""胶片纵横比""镜头挤压比"。

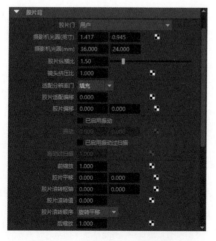

图 9-21　"胶片背"卷展栏

图 9-22　"胶片门"下拉列表

▶ 摄影机光圈 (英寸)：用来控制摄影机 "胶片门" 的高度和宽度。

▶ 胶片纵横比：用于控制摄影机光圈的宽度和高度比。

▶ 镜头挤压比：用于控制摄影机镜头水平压缩图像的程度。

▶ 适配分辨率门：用于控制分辨率门相对于胶片门的大小。

▶ 胶片偏移：设置此参数可生成 2D 轨迹。测量单位为英尺，默认值为 0。

▶ 已启用振动：选中该复选框，允许将 "振动" 属性设置为摄影机计算的因子。默认情况下，该复选框处于未选中状态，曲线或表达式可以连接到 "振动" 属性来达到真实的振动效果。

▶ 振动过扫描：指定胶片光圈的倍数。用于渲染较大的区域，并在摄影机不振动时需要用到。此属性会影响输出渲染。

▶ 前缩放：该值用于模拟 2D 摄影机缩放。在该文本框中输入一个值，该值将在胶片滚转之前应用。

▶ 胶片平移：该值用于模拟 2D 摄影机平移效果。

▶ 胶片滚转枢轴：此值用于摄影机的后期投影矩阵计算。

▶ 胶片滚转值：以度为单位指定胶片背的旋转量。旋转围绕指定的枢轴点发生。该值用于计算胶片滚转矩阵，是后期投影矩阵的一个组件。

▶ 胶片滚转顺序：指定如何相对于枢轴的值应用滚动，有 "旋转平移" 和 "平移旋转" 两种方式，如图 9-23 所示。

图 9-23　胶片滚转顺序

▶ 后缩放：此值代表模拟的 2D 摄影机缩放。在该文本框中输入一个值，该值将在胶片滚转之后应用。

4. "景深" 卷展栏

展开 "景深" 卷展栏，具体参数如图 9-24 所示，景深是摄影师常用的一种拍摄手法，也是摄影中重要的概念之一。启用 "景深"，画面会出现景深效果，渲染时通过景深可虚化背景。

图 9-24　"景深" 卷展栏

▶ 景深：可以控制摄影机的焦点，若焦点聚焦于场景中的某些对象，其他对象在渲染计算时就会呈现模糊效果。

▶ 聚焦距离：显示为聚焦的对象与摄影机之间的距离，在场景中使用线性工作单位测量。减小"聚焦距离"将降低景深，有效范围为 0 到无穷大，默认值为 5。

▶ F 制光圈：用于控制景深的渲染效果。

▶ 聚焦区域比例：用于成倍地控制"聚焦距离"的值。

5."输出设置"卷展栏

展开"输出设置"卷展栏，具体参数如图 9-25 所示。

▶ 可渲染：如果启用，摄影机将在渲染期间创建图像文件、遮罩文件或深度文件。

▶ 图像：如果启用，摄影机将在渲染过程中创建图像。

▶ 遮罩：如果启用，摄影机将在渲染过程中创建遮罩。

图 9-25 "输出设置"卷展栏

▶ 深度：如果启用，摄影机将在渲染期间创建深度文件。深度文件是一种数据文件类型，用于表示对象到摄影机的距离。

▶ 深度类型：确定如何计算每个像素的深度。

▶ 基于透明度的深度：根据透明度确定哪些对象离摄影机最近。

▶ 预合成模板：使用此属性，可以在"合成"中使用预合成。

6."环境"卷展栏

"环境"可以理解为场景中的背景，展开"环境"卷展栏，具体参数如图 9-26 所示。

图 9-26 "环境"卷展栏

▶ 背景色：用于控制渲染场景的背景色。

▶ 图像平面：为渲染场景的背景添加指定的图像文件。

7."显示选项"卷展栏

"显示选项"可以理解为在渲染时设置一个安全显示区域，在进行渲染时只有安全显示区域内的物体才会被渲染出来，展开"显示选项"卷展栏，具体参数如图 9-27 所示。

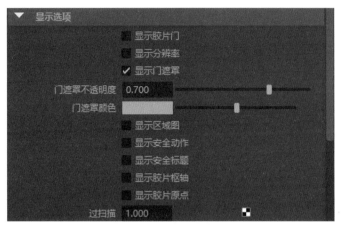

图 9-27　"显示选项"卷展栏

　　切换到透视视图，然后在面板菜单中选择"面板"|"撕下"命令，打开"透视视图"窗口，其上方显示了分辨率。在面板菜单中选择"视图"|"摄影机设置"命令，从弹出的子菜单中选择"安全动作"和"安全标题"两个命令，然后在面板工具栏中单击"分辨率门"按钮，如图 9-28 所示，激活其右侧的"遮罩"按钮。

　　"分辨率门"的尺寸表示渲染分辨率(要渲染的区域)。在状态行中单击"显示渲染设置"按钮，打开"渲染设置"窗口，展开"图像大小"卷展栏，在"预设"下拉列表中更改分辨率或者在"宽度"和"高度"文本框中输入数值，来指定可渲染区域，前提是要确保模型在安全区之内，如图 9-29 所示。

图 9-28　单击"分辨率门"按钮

图 9-29　"渲染设置"窗口

9.5　综合实例：在场景中运用摄影机

本实例主要讲解如何在场景中创建摄影机，以及如何在"渲染设置"窗口中调节或设置选项，来控制渲染图像的最终效果。

【实例 9-1】通过设置摄影机的属性，并使用 Arnold 渲染器来渲染景深效果，最终渲染效果如图 9-30 所示。

01 打开本书配套资源"场景 .mb"文件，可以看到在场景中已经设置好了材质及灯光，如图 9-31 所示。

02 在菜单栏中选择"创建"|"摄影机"|"摄影机"命令，如图 9-32 所示，在场景中创建一架摄影机。

03 在面板菜单中选择"面板"|"透视"|"camera1"命令，如图 9-33 所示，切换到新建的摄影机视角中。

图 9-30　实例最终渲染效果

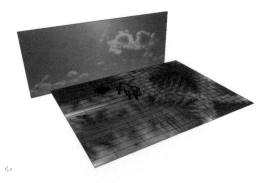

图 9-31　打开场景文件

图 9-32　创建摄影机

图 9-33　切换摄影机视角

04 进入摄影机视角后，在场景中将视角调整到合适的位置，在面板工具栏中单击"分辨率门"按钮 ■，创建安全显示区域，如图 9-34 所示。

05 在"属性编辑器"面板中展开"摄影机属性"卷展栏，在"视角"文本框中输入 65，如图 9-35 所示。

图 9-34 创建安全显示区域

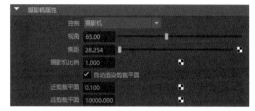
图 9-35 设置"视角"数值

06 设置完成后,用户可以看到场景中的可渲染范围发生了变化,如图 9-36 所示。

07 接下来需要固定摄影机的机位,在"大纲视图"面板中选择摄影机后,在"属性编辑器"面板中展开"变换属性"卷展栏,分别选择"平移"和"旋转"这两个属性,右击,从弹出的菜单中选择"设置关键帧"命令,结果如图 9-37 所示。这样,以后不管我们在"摄影机视图"中如何改变摄影机观察的视角,只需要拖动一下"时间滑块"按钮,"摄影机视图"就会快速恢复至我们刚刚设置好的拍摄角度。

图 9-36 观察可渲染范围

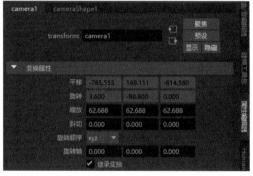
图 9-37 执行"设置关键帧"命令后的"平移"和"旋转"属性

08 设置完成后,在菜单栏中选择 Arnold|Render 命令,打开 Arnold RenderView 窗口,如图 9-38 所示,渲染摄影机视图。

09 在菜单栏中选择"创建"|"测量工具"|"距离工具"命令,然后切换到顶视图,测量出摄影机和场景中模型的距离为 600.2,如图 9-39 所示。

图 9-38 渲染摄影机视图

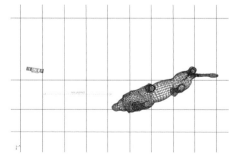
图 9-39 执行"距离工具"命令

10 选择场景中的摄影机，在"属性编辑器"面板中展开 Arnold 卷展栏，选择 Enable DOF 复选框，在 Focus Distance 文本框中输入 600.2，在 Aperture Size 文本框中输入 1，如图 9-40 所示。

11 设置完成后，在菜单栏中选择 Arnold|Render 命令，打开 Arnold RenderView 窗口，如图 9-41 所示，观察狮子后方的灌木丛的变化，可见狮子后方的灌木丛变得模糊。

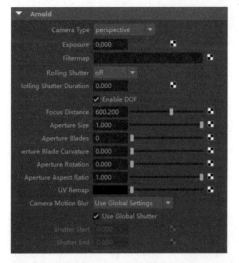

图 9-40　调整 Arnold 卷展栏中的参数

图 9-41　观察狮子后方的灌木丛的变化

9.6　思考和练习

1. 简述 Maya 中摄影机的类型有哪几种。

2. 简述在 Maya 中如何创建摄影机并将其固定在视图中。

第10章

渲染与输出

本章将重点介绍 Maya 2020 中的 "Maya 软件" 渲染器和 Arnold Renderer 渲染器，其中包含设置灯光、摄影机和材质的工作流程。

10.1 渲染概述

Render 就是人们常说的"渲染"，翻译为"着色"。渲染是三维项目制作中最后的非常重要的阶段，并不是简单的着色过程，其涉及相当复杂的计算过程，且耗时较长。从 Maya 的整个项目流程环节来说，通常渲染这一步骤作为整个工作流程当中的最后一步。渲染是计算机通过计算三维场景中的模型、材质、灯光和摄影机属性等，最终输出为图像或视频的过程，可以理解为"出图"，如图 10-1 所示为三维渲染作品。

图 10-1　渲染效果图

在"渲染"工具架中，Maya 软件为用户提供了灯光、摄影机、材质和渲染相关工具，如图 10-2 所示。

图 10-2　"渲染"工具架

渲染分为 CPU 渲染和 GPU 渲染，如图 10-3 所示，CPU 渲染是最为常用的，擅长处理大量一般信息并进行串行处理，缺点是速度较慢；GPU 渲染速度快，擅长处理大量具体的信息并进行并行处理。对于不同的场景，渲染的算法还分为"扫描线算法""光线跟踪算法""热辐射算法"三种。

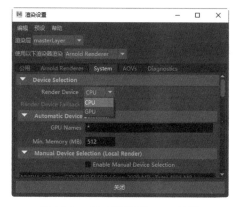

图 10-3　CPU 渲染和 GPU 渲染

10.1.1　选择渲染器

Maya 2020 提供了多种渲染器供用户使用，在状态行中单击"渲染设置"按钮
，可打开 Maya 2020 的"渲染设置"窗口，如图 10-4 所示。默认状态下，Maya
2020 所使用的渲染器为 Arnold Renderer。

通过"使用以下渲染器渲染"下拉列表可快速切换渲染器，如图 10-5 所示。

图 10-4　"渲染设置"窗口

图 10-5　切换渲染器

10.1.2　"渲染视图"窗口

在 Maya 软件状态行中单击"渲染视图"按钮，可打开"渲染视图"窗口，如
图 10-6 所示，此窗口是在制作过程中经常会用到的渲染工作区。

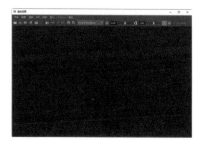

图 10-6　"渲染视图"窗口

"渲染视图"窗口的命令按钮主要集中在工具栏中，如图 10-7 所示。

图 10-7　"渲染视图"窗口的工具栏

▶ 重新渲染：重做上一次渲染。

▶ 渲染区域：仅渲染鼠标在"渲染视图"窗口中绘制的区域，效果如图 10-8 所示。

▶ 快照：用于快照当前视图，效果如图 10-9 所示。

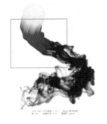

图 10-8　渲染区域　　　　　　　　图 10-9　快照

▶ 渲染序列：渲染当前动画序列中的所有帧。

▶ IPR 渲染：重做上一次 IPR 渲染。

▶ 刷新：刷新 IPR 图像。

▶ 渲染设置：打开"渲染设置"窗口。

▶ RGB 通道：显示 RGB 通道，效果如图 10-10 所示。

▶ Alpha 通道：显示 Alpha 通道，效果如图 10-11 所示。

图 10-10　RGB 通道　　　　　　　图 10-11　Alpha 通道

▶ 1:1：显示实际尺寸大小。

▶ 保存：保存当前图像。

▶ 移除：移除当前图像。

▶ 曝光：调整图像的亮度。

▶ Gamma：调整图像的 Gamma 值。

10.1.3　"渲染当前帧"窗口

在状态行中单击"渲染当前帧"按钮█，也打开"渲染视图"窗口，如图 10-12 所示，可以渲染出当前帧的画面效果。

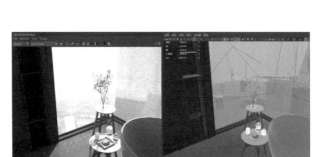

图 10-12　单击"渲染当前帧"按钮 ▦ 打开的窗口

10.1.4　IPR 渲染

IPR 是交互式软件渲染，也就是实时渲染。当调节场景中的材质或对象时能够实时地反馈给用户更改后的图像效果。用户可以在"渲染视图"工具栏中单击"暂停IPR 调整"和"关闭 IPR 文件并停止调整"按钮，暂停或停止 IPR 渲染。

例如，要调整场景中的灯光强度，可在状态行中单击 IPR 按钮 ▦，打开"渲染视图"窗口，如图 10-13 所示，先渲染出一张图。

图 10-13　打开"渲染视图"窗口

开始修改渲染属性之前，先在渲染视图中框选出一块区域，然后调整灯光的曝光数值，在"渲染视图"工具栏中单击"渲染区域"按钮 ▦，此时红色方框区域内的图像进行了更新，如图 10-14 所示。

图 10-14　观察框选区域内的变化

10.2 "Maya 软件"渲染器

"Maya 软件"渲染器支持所有不同实体类型，包括粒子、各种几何体和绘制效果 (作为渲染后处理) 及流体效果。在状态行中单击"渲染设置"按钮▣，打开"渲染设置"窗口，在"使用以下渲染器渲染"下拉列表中选择"Maya 软件"命令，如图 10-15 所示，可以看到"渲染设置"窗口中出现"公用"和"Maya 软件"这两个选项卡。

10.2.1 "公用"选项卡

用户可以在"公用"选项卡中对文件的输出属性进行设置，包括"颜色管理""文件输出""帧范围""可渲染摄影机""图像大小""场景集合""渲染选项"几个卷展栏，如图 10-16 所示。下面介绍其中常用的几个卷展栏。

图 10-15 "Maya 软件"渲染器　　　　　　图 10-16 "公用"选项卡

1. "文件输出"卷展栏

"文件输出"卷展栏内的参数如图 10-17 所示。

▶ 文件名前缀：设置渲染序列帧的名称，如果未设置，将使用该场景的名称来命名。

▶ 图像格式：保存渲染图像文件的格式。

▶ 压缩：单击该按钮，可以为 AVI (Windows) 或 QuickTime 影片 (macOS) 文件选择压缩方法。

▶ 帧 / 动画扩展名：设置渲染图像文件名的格式。

- ▶ 帧填充：设置帧编号扩展名的位数。
- ▶ 自定义命名字符串：使用该选项可以自己选择渲染标记来自定义 OpenEXR 文件中的通道名称。
- ▶ 使用自定义扩展名：选中该复选框，可以对渲染图像文件名使用自定义文件格式扩展名。
- ▶ 版本标签：可以将版本标签添加到渲染输出文件名中。

2. "帧范围"卷展栏

"帧范围"卷展栏内的参数如图 10-18 所示。

图 10-17　"文件输出"卷展栏　　　　　　　图 10-18　"帧范围"卷展栏

- ▶ 开始帧 / 结束帧：指定要渲染的第一个帧 (开始帧) 和最后一个帧 (结束帧)。
- ▶ 帧数：设置要渲染的帧之间的增量。
- ▶ 跳过现有帧：选中该复选框后，渲染器将检测并跳过已渲染的帧。此功能可以节省渲染时间。
- ▶ 重建帧编号：选中该复选框后，可以更改动画的渲染图像文件的编号。
- ▶ 开始编号：使第一个渲染图像文件名具有帧编号扩展名。
- ▶ 帧数：使渲染图像文件名在帧编号扩展名之间以添加数字后缀的方式进行增量。

3. "可渲染摄影机"卷展栏

"可渲染摄影机"卷展栏内的参数如图 10-19 所示。

图 10-19　"可渲染摄影机"卷展栏

- ▶ 可渲染摄影机：用于设置使用哪个摄影机进行场景渲染。
- ▶ Alpha 通道 (遮罩)：用于控制渲染图像是否包含遮罩通道。
- ▶ 深度通道 (Z 深度)：用于控制渲染图像是否包含深度通道。

4. "图像大小"卷展栏

"图像大小"卷展栏内的参数如图 10-20 所示。

▶ 预设：从该下拉列表中可选择胶片或视频行业标准分辨率，如图 10-21 所示。

图 10-20 "图像大小"卷展栏　　　图 10-21 "预设"下拉列表

▶ 保持宽度 / 高度比率：在设置宽度和高度方面成比例地缩放图像大小的情况下使用。

▶ 保持比率：指定要使用的渲染分辨率的类型，如"像素纵横比"或"设备纵横比"。

▶ 宽度 / 高度：设置渲染图像的宽度 / 高度。

▶ 大小单位：设定指定图像大小时要采用的单位。可从像素、英寸、cm、mm、点和派卡中选择。

▶ 分辨率：使用"分辨率单位"设置中指定的单位指定图像的分辨率。TIFF、IFF 和 JPEG 格式可以存储该信息，以便在第三方应用程序 (如 Adobe Photoshop) 中打开图像时保持这些信息。

▶ 分辨率单位：设定指定图像分辨率时要采用的单位。可从像素 / 英寸或像素 / 厘米中选择。

▶ 设备纵横比：可以查看渲染图像的显示设备的纵横比。设备纵横比表示图像纵横比乘以像素纵横比。

▶ 像素纵横比：可以查看渲染图像的显示设备的各个像素的纵横比。

10.2.2 "Maya 软件"选项卡

用户可以在"Maya 软件"选项卡中对文件渲染质量进行设置，"Maya 软件"选项卡中包括"抗锯齿质量""场选项""光线跟踪质量""运动模糊""渲染选项""内存与性能选项"等几个卷展栏，如图 10-22 所示。下面介绍其中常用的几个卷展栏。

1. "抗锯齿质量"卷展栏

"抗锯齿质量"卷展栏内的参数如图 10-23 所示。

质量：从该下拉列表中可选择一个预设的抗锯齿质量，如图 10-24 所示。

图 10-22　"Maya 软件"选项卡　图 10-23　"抗锯齿质量"卷展栏　图 10-24　"质量"下拉列表

- ▶ 边缘抗锯齿：用于控制对象的边缘在渲染过程中如何进行抗锯齿处理。从该下拉列表中选择一种质量选项。质量越低，对象的边缘越显出锯齿状，但渲染速度较快；质量越高，对象的边缘越显得平滑，但渲染速度较慢。
- ▶ 着色：用于控制所有曲面的着色采样数。
- ▶ 最大着色：用于设置所有曲面的最大着色采样数。
- ▶ 3D 模糊可见性：当一个移动对象通过另一个对象时，Maya 精确计算移动对象可见性所需的可见性采样数。
- ▶ 最大 3D 模糊可见性：在启用"运动模糊"的情况下，为获得可见性而对一个像素进行采样的最大次数。
- ▶ 粒子：用于设置粒子的着色采样数。
- ▶ 使用多像素过滤器：选中该复选框后，Maya 会对渲染图像中的每个像素使用其相邻像素进行插值来处理、过滤或柔化整个渲染图像。
- ▶ 像素过滤器宽度 X/像素过滤器宽度 Y：当"使用多像素过滤器"处于启用状态时，控制对渲染图像中每个像素进行插值的过滤器宽度。如果大于 1，就使用来自相邻像素的信息。值越大，图像越模糊。

2. "场选项"卷展栏

"场选项"卷展栏内的参数如图 10-25 所示。

- ▶ 渲染：用于控制 Maya 是否将图像渲染为帧或场，用于输出到视频。
- ▶ 场顺序：用于控制 Maya 按何种顺序进行场景渲染。
- ▶ 第零条扫描线：用于控制 Maya 渲染的第一个场的第一行是在图像顶部还是在底部。
- ▶ 场扩展名：用于设置场扩展名以哪种方式来命名。

3. "光线跟踪质量"卷展栏

"光线跟踪质量"卷展栏内的参数如图 10-26 所示。

图 10-25　"场选项"卷展栏　　　　图 10-26　"光线跟踪质量"卷展栏

- 光线跟踪：选中该复选框后，Maya 在渲染期间将对场景进行光线跟踪。光线跟踪可以产生精确反射、折射和阴影。
- 反射：用于设置灯光光线可以反射的最大次数。
- 折射：用于设置灯光光线可以折射的最大次数。
- 阴影：用于设置灯光光线可以反射或折射且仍然导致对象投射阴影的最大次数。值为 0 表示禁用阴影。
- 偏移：如果场景包含 3D 运动模糊对象和光线跟踪阴影，可能会在运动模糊对象上发现暗区域或错误的阴影。若要解决此问题，可以考虑将"偏移"值设置在 0.05 和 0.1 之间。

4．"运动模糊"卷展栏

"运动模糊"卷展栏内的参数如图 10-27 所示。

图 10-27　"运动模糊"卷展栏

- 运动模糊：选中该复选框后，Maya 渲染将计算运动模糊效果。
- 运动模糊类型：用于设置 Maya 对对象进行运动模糊处理的方法。
- 模糊帧数：用于设置对移动对象进行模糊处理的量。值越大，应用于对象的运动模糊越显著。
- 模糊长度：用于设置缩放移动对象模糊处理的量。有效范围是 0 到无限。默认值为 1。
- 快门打开 / 快门关闭：用于设置快门打开和关闭的值。

- 模糊锐度：用于控制运动模糊对象的锐度。
- 平滑值：用于设置 Maya 计算运动对要产生模糊效果的平滑程度。值越大，运动模糊抗锯齿效果会越强。有效范围是 0 到无限。默认值为 2。
- 保持运动向量：选中该复选框后，Maya 将保存所有在渲染图像中可见对象的运动向量信息，但是不会模糊图像。
- 使用 2D 模糊内存限制：选中该复选框后，可以指定用于 2D 模糊操作的内存的最大数量。Maya 使用所有可用内存以完成 2D 模糊操作。
- 2D 模糊内存限制：可以指定操作使用的内存的最大数量。

5. "渲染选项"卷展栏

"渲染选项"卷展栏内的参数如图 10-28 所示。

图 10-28　"渲染选项"卷展栏

- 环境雾：用于创建环境雾节点。
- 后期应用雾：选中该复选框后，以后期处理的方式为渲染出来的图像添加雾效果。
- 后期雾模糊：允许环境雾效果看起来好像正在从几何体的边上溢出，增加该值将获得更多的模糊效果。
- 忽略胶片门：选中该复选框后，Maya 将渲染在"分辨率门"中可见的场景区域。
- 阴影链接：缩短场景所需的渲染时间，采用的方法是链接灯光与曲面，以便只有指定的曲面包含在给定灯光的阴影或照明的计算中。
- 启用深度贴图：选中该复选框后，Maya 会对所有启用了"使用深度贴图阴影"的灯光进行深度贴图阴影计算。如果未选中该复选框，Maya 不渲染深度贴图阴影。
- Gamma 校正：根据 Gamma 公式颜色校正渲染图像。
- 片段最终着色颜色：选中该复选框后，渲染图像中的所有颜色值将保持在 0 和 1 之间。这样可以确保图像的任何部分都不会曝光过度。
- 抖动最终颜色：选中该复选框后，图像的颜色将抖动以减少条纹。
- 预乘：选中该复选框后，Maya 将进行预乘计算。

10.3　Arnold Renderer 渲染器

　　Maya 从 2017 版本开始自带 Arnold 渲染器，Arnold 渲染器是基于物理算法的无偏差电影级别渲染器，正在被越来越多的好莱坞电影公司以及工作室作为首选渲染器使用。与传统用于 CG 动画的渲染器不同，Arnold 是照片真实的完全基于物理的无偏差光线跟踪渲染器，可极大程度地节省人们的工作时间，使用 Arnold 渲染器后的效果如图 10-29 所示。

　　在 Maya 软件中单击"渲染视图"按钮 ，打开"渲染设置"窗口，然后在"使用以下渲染器渲染"下拉列表中选择 Arnold Renderer 命令，即可切换到 Arnold Renderer 渲染器，如图 10-30 所示。

图 10-29　使用 Arnold 渲染器后的效果

图 10-30　切换到 Arnold Renderer 渲染器

1. "Sampling(采样)"卷展栏

展开"Sampling(采样)"卷展栏，如图 10-31 所示。

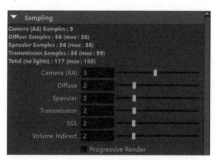

图 10-31　"Sampling(采样)"卷展栏

▶ Camera(AA)(摄影机 AA)：摄影机会通过渲染屏幕窗口的每个所需像素向场景中投射多束光线。该值用于控制像素超级采样率或从摄影机跟踪的每像素光线数。采样数越多，抗锯齿质量就越高，但渲染时间也越长。图 10-32 所示为该值分别是 2 和 8 的渲染结果对比，从对比图可以看出，该值设置得较高可以有效减少渲染画面中出现的噪点。

图 10-32　Camera(AA) 不同数值的渲染结果对比

- Diffuse(漫反射)：用于控制漫反射采样精度。
- Specular(镜面)：用于控制场景中的镜面反射采样精度，过低的值会严重影响物体镜面反射部分的计算结果，图 10-33 所示为该值分别是 0 和 3 的渲染结果对比。

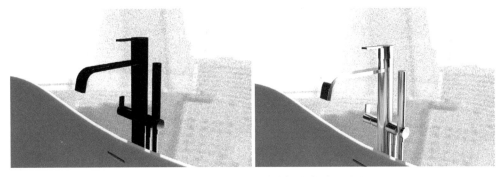

图 10-33　Specular 不同数值的渲染结果对比

- Transmission(透射)：用于控制场景中物体的透射采样计算。
- SSS：用于控制场景中的 SSS 材质采样计算，过低的数值会导致材质的透光性计算非常粗糙，并产生较多的噪点。

2. "Ray Depth(光线深度)" 卷展栏

展开 "Ray Depth(光线深度)" 卷展栏，如图 10-34 所示。

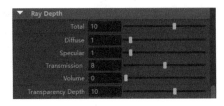

图 10-34　Ray Depth 卷展栏

- Total(总计)：用于控制光线深度的总体计算效果。
- Diffuse(漫反射)：该数值用于控制场景中物体漫反射的间接照明效果，如将该值设置为 2，则场景不会进行间接照明计算，图 10-35 所示为该值分别是 0 和 1 的渲染结果对比。

图 10-35　Diffuse 不同数值的渲染结果对比

▶ Specular(镜面)：用于控制物体表面镜面反射的细节计算。

▶ Transmission(透射)：用于控制材质投射计算的精度。

▶ Volume(体积)：用于控制材质的计算次数。

10.4　创建物体材质与灯光

本节将通过一个室内场景，为用户详细讲解 Maya 2020 中材质与灯光的运用。

10.4.1　实例：制作玻璃材质

【实例 10-1】本实例中的落地窗表现出较为通透的玻璃质感，渲染结果如图 10-36 所示。

01 在场景中选择落地窗模型，在"渲染"工具架中单击"标准曲面材质"按钮，如图 10-37 所示，为落地窗模型赋予标准曲面材质。

图 10-36　玻璃材质　　　　　　　图 10-37　单击"标准曲面材质"按钮

02 在"属性编辑器"面板中展开"镜面反射"卷展栏，在"权重"文本框中输入 1，然后在"粗糙度"文本框中输入 0.05，如图 10-38 所示，提高玻璃材质的镜面反射效果。

03 展开"透射"卷展栏，在"权重"文本框中输入 1，如图 10-39 所示，为材质设置透明效果。

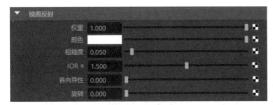

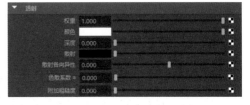

图 10-38　设置"镜面反射"卷展栏中的参数　　　　图 10-39　设置"透射"卷展栏中的参数

04　在菜单栏中选择 Arnold|Render 命令，打开 Arnold RenderView 窗口，得到如图 10-40 所示的落地窗材质渲染效果。

图 10-40　落地窗材质渲染效果

10.4.2　实例：制作液体材质

【实例 10-2】本实例中的香水瓶内的液体要体现出粉色的液体质感，如图 10-41 所示。

01　在场景中选择香水瓶中的液体模型，为其赋予"标准曲面材质"，如图 10-42 所示。

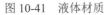

图 10-41　液体材质　　　　　　　图 10-42　为液体赋予"标准曲面材质"

02　在"属性编辑器"面板中展开"镜面反射"卷展栏，在"权重"文本框中输入 1，在"粗糙度"文本框中输入 0.05，如图 10-43 所示。

03 展开"透射"卷展栏，在"权重"文本框中输入 1，设置"颜色"属性为浅粉色，如图 10-44 所示，调整液体材质的通透程度及色彩，参数设置如图 10-45 所示。

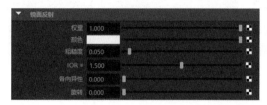 

图 10-43　设置"镜面反射"卷展栏中的参数　　图 10-44　设置"透射"卷展栏中的参数

04 在状态行中单击"渲染当前帧"按钮，打开"渲染视图"窗口，得到如图 10-46 所示的液体材质渲染效果。

图 10-45　调整液体材质的通透程度及色彩　　图 10-46　液体材质渲染效果

10.4.3　实例：制作塑料材质

【实例 10-3】本实例中的塑料管材质渲染结果如图 10-47 所示。

01 在场景中选择塑料管模型，并为其赋予"标准曲面材质"，如图 10-48 所示。

 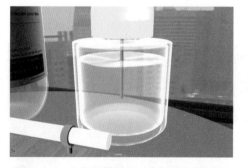

图 10-47　塑料材质　　　　　　图 10-48　为塑料管赋予"标准曲面材质"

02 在"属性编辑器"面板中展开"基础"卷展栏，设置"颜色"属性为白色，如图 10-49 所示。

03 展开"镜面反射"卷展栏，在"权重"文本框中输入 1，在"粗糙度"文本框中输入 0.5，如图 10-50 所示。

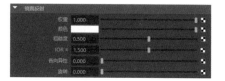

图 10-49　设置"颜色"属性为白色　　　图 10-50　设置"镜面反射"卷展栏中的参数

04 展开"透射"卷展栏，在"权重"文本框中输入 0，如图 10-51 所示。

05 在状态行中单击"渲染当前帧"按钮，打开"渲染视图"窗口，得到如图 10-52 所示的塑料材质渲染效果。

图 10-51　设置"权重"参数　　　图 10-52　塑料材质渲染效果

10.4.4　实例：制作弱透明材质

【实例 10-4】本实例中洗发水瓶子的透明度不是很高，表现出较为弱透明的质感，渲染结果如图 10-53 所示。

01 在场景中选择瓶子模型，为其赋予"标准曲面材质"，如图 10-54 所示。

图 10-53　弱透明材质　　　图 10-54　为瓶子赋予"标准曲面材质"

02 在"属性编辑器"面板中展开"镜面反射"卷展栏，在"粗糙度"文本框中输入 0.5，然后展开"透射"卷展栏，在"权重"文本框中输入 1，为材质设置透明效果，如图 10-55 所示。

03 进入"面"模式，选中瓶子上的面并赋予其"标准曲面材质"，如图 10-56 所示。

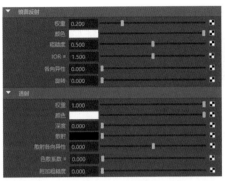

图 10-55　设置"镜面反射"和"透射"参数　　图 10-56　为瓶子上的面赋予"标准曲面材质"

04 在"属性编辑器"面板中展开"基础"卷展栏，单击"颜色"选项右侧的■按钮，打开"创建渲染节点"窗口，选择"文件"选项，然后在"文件属性"卷展栏中单击"图像名称"文本框右侧的■按钮，在弹出的对话框中选择 Label_Basecolor.tga 贴图文件，此时的"文件属性"卷展栏如图 10-57 所示。

05 在状态行中单击"渲染当前帧"按钮■，打开"渲染视图"窗口，得到如图 10-58 所示的弱透明材质渲染效果。

图 10-57　为瓶身上的标签指定颜色贴图文件　　图 10-58　弱透明材质渲染效果

10.4.5　实例：制作铝制材质

【实例 10-5】本实例中的香薰罐要体现出铝制质感，如图 10-59 所示。

01 在场景中选择香薰罐模型，为其赋予"标准曲面材质"，如图 10-60 所示。

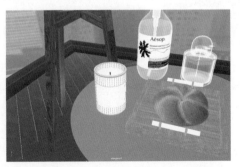

图 10-59　铝制材质　　图 10-60　为香薰罐赋予"标准曲面材质"

02 在"属性编辑器"面板中展开"基础"卷展栏，在"金属度"文本框中输入 1，如图 10-61 所示，开启材质的金属特性效果。

03 展开"镜面反射"卷展栏，在"权重"文本框中输入 1，在"粗糙度"文本框中输入 0.6，如图 10-62 所示，降低金属铝材质的镜面反射效果，得到反光较弱的磨砂亚光效果。

图 10-61　设置"金属度"参数　　　　图 10-62　设置"镜面反射"卷展栏中的参数

04 选择香薰罐上的标签模型，赋予其标准曲面材质，如图 10-63 所示。

05 在"属性编辑器"面板中展开"基础"卷展栏，单击"颜色"选项右侧的■按钮，打开"创建渲染节点"窗口，选择"文件"选项，然后在"文件属性"卷展栏中单击"图像名称"文本框右侧的■按钮，在弹出的对话框中选择 Label_Basecolor2.tga 贴图文件，此时的"文件属性"卷展栏如图 10-64 所示。

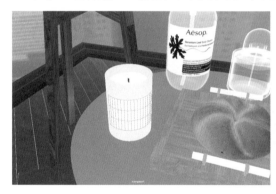

图 10-63　为香薰罐上的标签赋予"标准曲面材质"　　图 10-64　为香薰罐标签指定颜色贴图文件

06 在状态行中单击"渲染当前帧"按钮■，打开"渲染视图"窗口，得到如图 10-65 所示的铝制材质渲染效果。

图 10-65　铝制材质渲染效果

10.4.6　实例：制作不锈钢材质

【实例 10-6】本实例中的不锈钢材质渲染结果如图 10-66 所示。

01 在场景中选择水龙头模型，为其赋予"标准曲面材质"，如图 10-67 所示。

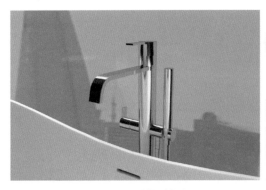
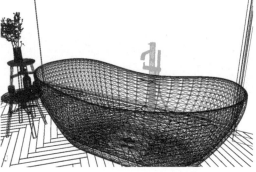

图 10-66　不锈钢材质　　　　　图 10-67　为水龙头赋予"标准曲面材质"

02 在"属性编辑器"面板中展开"基础"卷展栏，在"金属度"文本框中输入 1，如图 10-68 所示。

03 展开"镜面反射"卷展栏，在"权重"文本框中输入 1，在"粗糙度"文本框中输入 0.1，如图 10-69 所示。

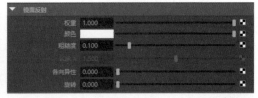

图 10-68　设置"金属度"参数　　　　图 10-69　设置"镜面反射"卷展栏中的参数

04 在菜单栏中选择 Arnold|Render 命令，打开 Arnold RenderView 窗口，得到如图 10-70 所示的不锈钢材质渲染效果。

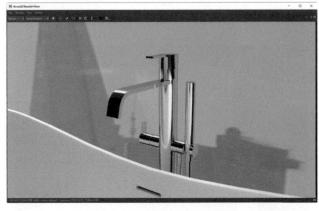

图 10-70　不锈钢材质渲染效果

10.4.7　实例：制作面包材质

【实例 10-7】本实例中的面包材质渲染结果如图 10-71 所示。

01 在场景中选择面包模型，为其赋予"标准曲面材质"，如图 10-72 所示。

图 10-71　面包材质　　　　　　　　图 10-72　为面包赋予"标准曲面材质"

02 在"属性编辑器"面板中展开"基础"卷展栏，单击"颜色"选项右侧的█按钮，打开"创建渲染节点"窗口，选择"文件"选项，然后在"文件属性"卷展栏中单击"图像名称"文本框右侧的█按钮，在弹出的对话框中选择 Bakery_BaseColor.tga 贴图文件，如图 10-73 所示。

图 10-73　为面包指定颜色贴图文件

03 展开"几何体"卷展栏，单击"凹凸贴图"文本框右侧的按钮█，再单击"构建输出"按钮█，然后展开"文件属性"卷展栏，单击"图像名称"文本框右侧的█按钮，在弹出的对话框中选择 Bakery_Normal.tga 贴图文件，如图 10-74 所示。

图 10-74　为面包指定凹凸贴图文件

04 展开"2D 凹凸属性"卷展栏，在"凹凸深度"文本框中输入 0.35，如图 10-75 所示，控制面包贴图纹理的凹凸程度。

05 在菜单栏中选择 Arnold|Render 命令，打开 Arnold RenderView 窗口，得到如图 10-76 所示的面包材质渲染效果。

图 10-75　设置 "2D 凹凸属性" 卷展栏中的参数　　　　图 10-76　面包材质渲染效果

10.4.8　实例：制作毛巾材质

【实例 10-8】本实例中的毛巾材质渲染结果如图 10-77 所示。

01 在场景中选择毛巾模型，为其赋予 "标准曲面材质"，如图 10-78 所示。

图 10-77　毛巾材质　　　　　　　　　图 10-78　为毛巾赋予 "标准曲面材质"

02 在 "属性编辑器" 面板中展开 "基础" 卷展栏，单击 "颜色" 选项右侧的 ■ 按钮，打开 "创建渲染节点" 窗口，选择 "文件" 选项，然后在 "文件属性" 卷展栏中单击 "图像名称" 文本框右侧的 ■ 按钮，在弹出的对话框中选择 Towel_BaseColor.tga 贴图文件，如图 10-79 所示。

03 展开 "镜面反射" 卷展栏，在 "权重" 文本框中输入 0，取消毛巾的粗糙度，如图 10-80 所示。

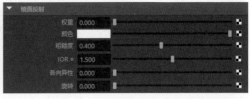

图 10-79　为毛巾指定颜色贴图文件　　　　　图 10-80　设置 "权重" 参数

04 展开 "几何体" 卷展栏，单击 "凹凸贴图" 文本框右侧的按钮 ■，再单击 "构建输出" 按钮 ■，然后展开 "文件属性" 卷展栏，单击 "图像名称" 文本框右侧的 ■ 按钮，在弹出的对话框中选择 Towel_bump.tga 贴图文件，如图 10-81 所示。

05 展开"2D 凹凸属性"卷展栏，在"凹凸深度"文本框中输入 0.4，如图 10-82 所示，控制毛巾材质的贴图纹理的凹凸程度。

图 10-81　为毛巾指定凹凸贴图文件　　　图 10-82　设置"2D 凹凸属性"卷展栏中的参数

06 在菜单栏中选择 Arnold|Render 命令，打开 Arnold RenderView 窗口，得到如图 10-83 所示的毛巾材质渲染效果。

图 10-83　毛巾材质渲染效果

10.4.9　实例：制作镜子材质

【实例 10-9】本实例中的镜子材质渲染结果如图 10-84 所示。

01 在场景中选择镜子模型，在状态行中单击 Hypershade 按钮 ，打开 Hypershade 窗口，在"创建"面板中选择 Arnold|aiStandardSurface 命令，创建一个 aiStandardSurface1 材质并将其指定给镜子模型，结果如图 10-85 所示。

图 10-84　镜子材质　　　　　　图 10-85　赋予镜子 aiStandardSurface1 材质

02 在"属性编辑器"面板中选择"预设"|Glass|"替换"命令，如图 10-86 所示，为其添加玻璃材质。

03 选择镜子背后的面，按照同样的操作步骤，创建一个 aiStandardSurface2 材质并将其指定给选择的面，结果如图 10-87 所示。

图 10-86　添加玻璃材质

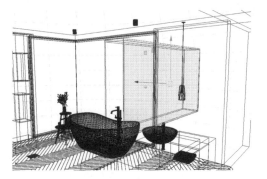

图 10-87　为镜子背面赋予 aiStandardSurface2 材质

04 在"属性编辑器"面板中选择"预设"|Chrome|"替换"命令，如图 10-88 所示，为其添加镀铬着色器。

05 在菜单栏中选择 Arnold|Render 命令，打开 Arnold RenderView 窗口，得到如图 10-89 所示的镜子材质渲染效果。

图 10-88　添加镀铬着色器

图 10-89　镜子材质渲染效果

10.4.10　实例：制作地板材质

【实例 10-10】本例中的地板为深棕色的木质纹理，反光效果较弱，最终渲染效果如图 10-90 所示。

01 在场景中选择地板模型，在"渲染"工具架中单击"标准曲面材质"按钮■，为其赋予"标准曲面材质"，如图 10-91 所示。

图 10-90　地板材质　　　　　　　图 10-91　为地板赋予"标准曲面材质"

02 在"属性编辑器"面板中展开"基础"卷展栏，单击"颜色"选项右侧的■按钮，打开"创建渲染节点"窗口，选择"文件"选项，然后在"文件属性"卷展栏中单击"图像名称"文本框右侧的■按钮，在弹出的对话框中选择 Wood.tga 贴图文件，如图 10-92 所示。

图 10-92　为地板指定贴图文件

03 展开"镜面反射"卷展栏，在"权重"文本框中输入 1，在"粗糙度"文本框中输入 0.4，如图 10-93 所示，设置地板材质的反射属性。

04 在菜单栏中选择 Arnold|Render 命令，打开 Arnold RenderView 窗口，得到如图 10-94 所示的地板材质渲染效果。

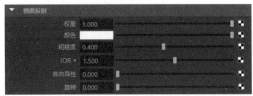

图 10-93　设置"镜面反射"卷展栏中的参数　　　图 10-94　地板材质渲染效果

10.4.11　实例：制作日光照明效果

【实例 10-11】本实例将主要讲解如何在场景中创建日光照明效果，并介绍如何合理地调节物理天空灯光的参数。

01 下面为场景添加灯光来模拟阳光从窗外照射进来的照明效果。在菜单栏中选择 Arnold|Lights|Physical Sky 命令，如图 10-95 所示，在场景中创建一个物理天空灯光，如图 10-96 所示。

图 10-95　选择 Physical Sky 命令

图 10-96　创建物理天空灯光

02 在 aiPhysicalSky1 选项卡中  展开 Physical Sky Attributes 卷展栏，在 Intensity 文本框中输入 15，增加灯光的强度，在 Elevation 文本框中输入 50，更改太阳的高度，在 Azimuth 文本框中输入 140，更改太阳的照射方向，设置 Sun Tint 属性的颜色为白色，调整太阳的日光颜色，在 Sun Size 文本框中输入 1，如图 10-97 所示，控制日光的投影。

03 在 aiSkyDomeLightShape1 选项卡中 aiSkyDomeLightShape1 展开 SkyDomeLight Attributes 卷展栏，在 Samples 文本框中输入 5，如图 10-98 所示，提高物体天空灯光的采样值。

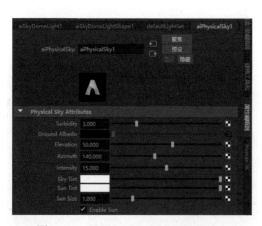

图 10-97　设置 Physical Sky Attributes
卷展栏中的参数

图 10-98　设置 SkyDomeLight Attributes
卷展栏中的参数

04 设置完成后，在菜单栏中选择 Arnold|Render 命令，打开 Arnold RenderView 窗口，如图 10-99 所示，可以从预览图上看到添加了物理天空灯光后的渲染效果。

图 10-99　添加了物理天空灯光后的渲染效果

10.4.12　实例：制作辅助灯光照明效果

【实例 10-12】本实例将主要讲解如何在场景中创建辅助灯光照明效果，并介绍如何合理地创建辅助光和调节参数。

01 在菜单栏中选择 Arnold|Lights|Area Light 命令，如图 10-100 所示，在场景中创建一个区域光。

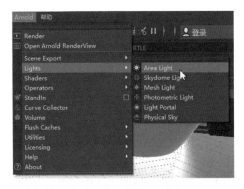

图 10-100　创建区域光

02 调整区域灯光的位置和大小，如图 10-101 所示，与场景中房间的窗户大小相近即可。

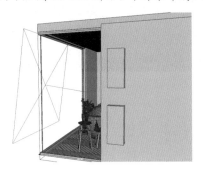

图 10-101　调整灯光的位置和大小

03 在"属性编辑器"面板中选择 aiAreaLightShape1 选项卡 aiAreaLightShape1，展开 Arnold Area Light Attributes 卷展栏，在 Intensity 文本框中输入 500，在 Exposure 文本框中输入 9，如图 10-102 所示，增加区域光的照明强度。

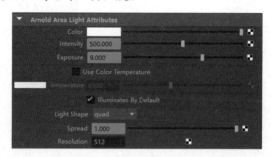

图 10-102　设置 Arnold Area Light Attributes 卷展栏中的参数

04 观察场景中的房间模型，可以看到该房间的一侧墙上有两扇窗户，选择区域光，按 Ctrl+D 快捷键复制出一个副本，然后移动区域光副本至另一边窗户，如图 10-103 所示。

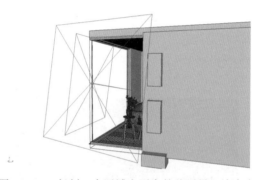

图 10-103　复制一个区域光副本并移至另一边窗户

05 展开 Arnold Area Light Attributes 卷展栏，在 Intensity 文本框中输入 500，在 Exposure 文本框中输入 10，如图 10-104 所示，增加区域光的照明强度。

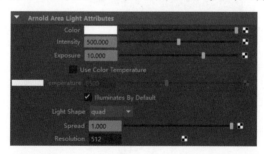

图 10-104　设置 Arnold Area Light Attributes 卷展栏中的参数

10.4.13　实例：渲染设置

【实例 10-13】本实例主要介绍如何设置渲染器参数，以及如何调整渲染器的相关参数值来达到想要呈现出的效果。

01 在状态行中单击"渲染设置"按钮，打开"渲染设置"窗口，选择"公用"选项卡，展开"图像大小"卷展栏，在"预设"下拉列表中选择 HD_1080 选项，如图 10-105 所示。

02 选择 Arnold Renderer 选项卡，展开 Sampling 卷展栏，在 Camera (AA) 文本框中输入 9，如图 10-106 所示，提高渲染图像的计算采样精度。

图 10-105　设置"预设"参数

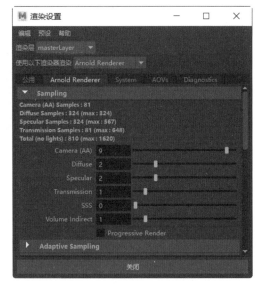

图 10-106　设置 Camera (AA) 的值

03 设置完成后，在菜单栏中选择 Arnold|Render 命令，打开 Arnold RenderView 窗口，然后在 Arnold RenderView 窗口右侧的 Display 选项卡的 Gamma 文本框中输入 1.2，在 Exposure 文本框中输入 0.5，在 View Transform 下拉列表中选择 sRGB gamma 选项，如图 10-107 所示。

图 10-107　设置 Gamma 和 Exposure 参数值

04 本实例场景最终渲染效果如图 10-108 所示。

图 10-108　场景最终渲染效果

10.5　思考与练习

1. 简述 Maya 中"Maya 软件"渲染器与 Arnold Renderer 渲染器之间的区别。

2. 通过本章的学习，用户练习制作玻璃、塑料、铝、不锈钢、面包材质的物体。

第11章

动画技术

Maya 2020 作为优秀的三维动画软件有着强大的动画制作系统，可以帮助用户制作出效果逼真的三维动画。本章将主要介绍在 Maya 2020 中制作三维动画的基础知识与具体方法，包括关键帧的使用方法，约束、曲线图编辑器、路径动画和如何快速绑定角色等。

11.1　动画概述

　　三维动画又称 3D 动画，如图 11-1 所示，与二维动画不同，它不会受时间、空间、地点、条件、对象等限制。三维动画是计算机模拟真实世界物体的运动，通过绑定模型可以使物体或者角色拥有类似关节的骨骼。三维动画与二维动画相似的是，其动画的视觉效果都需要按 1 秒 24 帧计算，二维动画需要画出 1 秒 12~24 张画，而三维动画则需要在 24 帧内控制骨骼完成动作。由于其精确性、真实性和无限的可操作性，被广泛应用于医学、教育、军事、娱乐等诸多领域。在计算机技术不断更迭下，制作三维角色和动画的效率也在不断提高，使用各类优秀的三维软件可以高效地制作三维动画。在影视广告制作方面，这项技术能够给人耳目一新的感觉，因此受到了众多客户的欢迎。

图 11-1　三维动画

11.2　关键帧基本知识

　　帧是影像动画中最小单位的单幅影像画面，即每幅图片就是一帧，相当于电影胶片上的每一格镜头。关键帧动画是 Maya 动画技术中最常用也是最基础的动画设置技术，用于指定对象在特定时间内的属性值。关键帧是角色动作的关键转折点，类似于二维动画中的原画。在三维软件中，通过创建一些关键帧来表示对象的属性何时在动画中发生更改，计算机会自动演算出两个关键帧之间的变化状态，称为过渡帧。两个关键帧的中间可以没有过渡帧，但过渡帧前后肯定有关键帧。用户可以重新排列、移除和复制关键帧和关键帧序列。

　　在"动画"工具架的中间部分可以找到有关关键帧的命令按钮，如图 11-2 所示。

图 11-2　关键帧的相关命令按钮

▶ 设置关键帧➕：为选择的对象设置关键帧。

▶ 设置动画关键帧：为已经设置好动画的通道设置关键帧。

▶ 设置平移关键帧：为选择的对象设置平移属性关键帧。

▶ 设置旋转关键帧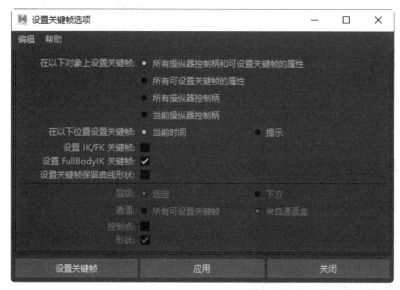：为选择的对象设置旋转属性关键帧。

▶ 设置缩放关键帧：为选择的对象设置缩放属性关键帧。

11.2.1　设置关键帧

在"动画"工具架中单击"设置关键帧"按钮，可打开"设置关键帧选项"窗口，如图 11-3 所示。

图 11-3　"设置关键帧选项"窗口

▶ 在以下对象上设置关键帧：指定将在哪些属性上设置关键帧，Maya 为用户提供了 4 种选项，默认选项为"所有操纵器控制柄和可设置关键帧的属性"。

▶ 在以下位置设置关键帧：指定在设置关键帧时将采用何种方式确定时间。

▶ 设置 IK/FK 关键帧：选中该复选框后，在为一个带有 IK 手柄的关节链设置关键帧时，能为 IK 手柄的所有属性和关节链的所有关节记录关键帧，它能够创建平滑的 IK/FK 动画。只有当"所有可设置关键帧的属性"单选按钮处于被选中状态时，这个选项才会有效。

▶ 设置 FullBodyIK 关键帧：选中该复选框后，可以为全身的 IK 记录关键帧。

▶ 层级：指定在有组层级或父子关系层级的物体中，将采用何种方式设置关键帧。

▶ 通道：指定将采用何种方式为选择物体的通道设置关键帧。

▶ 控制点：选中该复选框后，将在选择物体的控制点上设置关键帧。

▶ 形状：选中该复选框后，将在选择物体的形状节点和变换节点上设置关键帧。

设置关键帧的具体步骤如下。

01 启动 Maya 2020 软件，在场景中创建一个多边形球体模型，如图 11-4 所示。

02 将时间滑块设置至第 0 帧，在"通道盒/层编辑器"面板中将光标悬浮停靠在"平移 Z"属性上，然后右击，从弹出的菜单中选择"为选定项设置关键帧"命令，如图 11-5 所示，或按 S 键激活该命令。

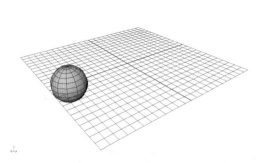

图 11-4　创建一个多边形球体　　　　　　　　　图 11-5　设置关键帧

03 此时"通道盒/层编辑器"面板中的"平移 Z"属性右侧的背景色为红色，如图 11-6 所示。

04 在时间滑块中单击第 20 帧，沿 Z 轴更改多边形立方体的位置至如图 11-7 所示。

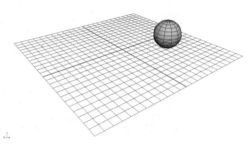

图 11-6　"平移 Z"属性右侧的背景色为红色　　　图 11-7　调整时间滑块和多边形球体位置

05 在"通道盒/层编辑器"面板中设置"平移 Z"数值为 -18.5，如图 11-8 所示，其背景色由浅红色变成了红色。

06 在时间滑块中拖曳当前时间指示器，可以看到一个简单的平移动画制作完成。

图 11-8　设置"平移 Z"数值

11.2.2　更改关键帧

在设置关键帧时，要根据动画的整体来调整关键帧的位置或者对象的运动轨迹，这就需要我们不但要掌握设置关键帧的方法，也要掌握修改关键帧的方法。在 Maya 2020 软件中，修改关键帧的具体操作步骤如下。

01 选择关键帧，然后按Shift键，在时间滑块中选择需要修改的关键帧，如图 11-9 所示。

02 拖曳关键帧，可对其位置进行更改，如图 11-10 所示。

图 11-9　选择关键帧　　　　　　　　图 11-10　拖曳关键帧

03 如果要更改关键帧的参数值，在"属性编辑器"面板中将光标悬浮停靠在"平移"属性上，右击，从弹出的菜单中选择 pSphere1_translateZ.output 命令，如图 11-11 所示，即可展开"动画曲线属性"卷展栏，如图 11-12 所示。

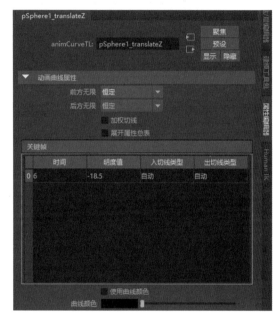

图 11-11　选择第一个命令　　　　　　図 11-12　展开"动画曲线属性"卷展栏

04 在"动画曲线属性"卷展栏内，可以方便地查看当前对象关键帧的"时间"和"明度值"这两个属性，如图 11-13 所示，更改"明度值"即可修改对应时间帧上的参数属性。

图 11-13　查看当前对象的"时间"及"明度值"参数

11.2.3　删除关键帧

Maya 2020 允许动画师在编辑关键帧时，对多余的关键帧执行删除操作，具体操作步骤如下。

01 在时间滑块上选择关键帧，如图 11-14 所示。

02 右击，从弹出的菜单中选择"删除"命令，如图 11-15 所示，完成对该关键帧的删除操作。

图 11-14　选择关键帧　　　　　　图 11-15　选择"删除"命令

11.2.4　自动设置关键帧

　　Maya 还为动画师提供了自动设置关键帧这个功能，单击软件界面右下角的"自动关键帧切换"按钮 之后，即可启用这一功能。这种设置关键帧的方式，为动画师解决了每次更改对象属性都要手动设置关键帧的麻烦，极大地提高了动画的制作效率。但是需要注意的是，使用这一功能之前，需要手动对将要被设置动画的模型属性设置一个关键帧，这样，自动关键帧命令才会作用于该对象上。

　　为物体设置自动关键帧的具体操作步骤如下。

01 启动 Maya 2020 软件，在场景中创建一个多边形球体模型，如图 11-16 所示。

02 按 S 键激活"设置关键帧"命令，在"通道盒 / 层编辑器"面板中会发现所有属性右侧的背景色为红色，如图 11-17 所示。

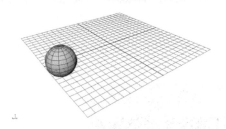

图 11-16　创建多边形球体　　　　　　图 11-17　所有属性右侧的背景色为红色

03 单击 Maya 界面右下方的"自动关键帧切换"按钮 ，如图 11-18 所示。

04 在时间滑块中选择新的时间，如图 11-19 所示。

图 11-18　单击"自动关键帧切换"按钮　　　　　　图 11-19　选择新的时间

05 更改多边形球体的位置，此时在时间滑块上自动生成了新的关键帧，如图 11-20 所示。

图 11-20　更改位置后自动生成关键帧

11.3　动画基本操作

在"动画"工具架的前半部分，Maya 为动画师提供了几个动画基本操作命令按钮，如图 11-21 所示。

用户可以根据项目要求，在菜单栏中选择"窗口"|"设置 / 首选项"|"首选项"命令，打开"首选项"窗口，选择"时间滑块"选项，在"时间滑块"选项组的"帧速率"下拉列表中选择"24fps"选项，如图 11-22 所示。

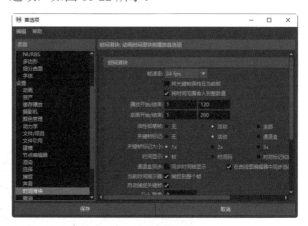

图 11-21　动画基本操作命令按钮　　　图 11-22　打开"首选项"窗口设置"帧速率"

11.3.1　播放预览

单击"播放预览"按钮，可以在 Maya 软件中生成动画预览小样，并自动启动当前计算机中的视频播放器播放该动画影片。

11.3.2　动画运动轨迹

单击"运动轨迹"按钮，可以方便地在 Maya 的视图区域内观察物体的运动状态，比如当动画师在制作角色动画时，使用该功能可以查看角色全身每个关节的动画轨迹形态，如图 11-23 所示。

11.3.3 动画重影

在传统的动画制作中，动画师可以通过快速翻开连续的动画图纸来观察对象的动画节奏与效果。令人欣慰的是，Maya 软件也为动画师提供了模拟这一功能的命令，那就是"重影"命令。单击"为选定对象生成重影"按钮，结果如图 11-24 所示。通过这些图像，动画师可以很方便地观察物体的运动效果是否符合自己的需要。

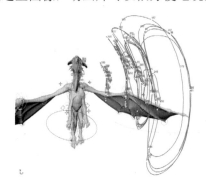 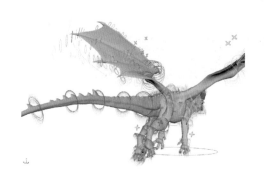

图 11-23　动画运动轨迹　　　　　　　　图 11-24　动画重影

11.3.4 烘焙动画

通过烘焙动画命令，动画师可以使用模拟生成的动画曲线来对当前场景中的对象进行动画编辑。将 Maya 的菜单集切换至"动画"，在菜单栏中选择"关键帧"|"烘焙模拟"命令右侧的复选框，即可打开"烘焙模拟选项"窗口，如图 11-25 所示。

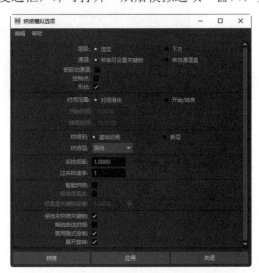

图 11-25　"烘焙模拟选项"窗口

▶ 层级：指定将如何从分组的或设置为子对象的对象的层级中烘焙关键帧集。
  ● 选定：指定要烘焙的关键帧集将仅包含当前选定对象的动画曲线。
  ● 下方：指定要烘焙的关键帧集将包括选定对象以及层次中其下方的所有对象的动画曲线。

▶ 通道：指定动画曲线将包括在关键帧集中的通道 (可设定关键帧属性)。
- 所有可设置关键帧：指定关键帧集将包括选定对象的所有可设定关键帧属性的动画曲线。
- 来自通道盒：指定关键帧集将仅包括当前在 "通道盒" 中选定的那些通道的动画曲线。

▶ 受驱动通道：指定关键帧集将只包括所有受驱动关键帧。受驱动关键帧使可设定关键帧属性 (通道) 的值能够由其他属性的值所驱动。

▶ 控制点：指定关键帧集是否将包括选定可变形对象的控制点的所有动画曲线。控制点包括 NURBS 控制顶点 (CV)、多边形顶点和晶格点。

▶ 形状：指定关键帧集是否将包括选定对象的形状节点以及其变换节点的动画曲线。

▶ 时间范围：指定关键帧集的动画曲线的时间范围。
- 时间滑块：指定由时间滑块的 "播放开始" 和 "播放结束" 时间定义的时间范围。
- 开始 / 结束：指定从 "开始时间" 到 "结束时间" 的时间范围。

▶ 开始时间：指定时间范围的开始 ("开始 / 结束" 处于启用状态的情况下可用)。

▶ 结束时间：指定时间范围的结束 ("开始 / 结束" 处于启用状态的情况下可用)。

▶ 烘焙到：指定希望如何烘焙来自层的动画。

▶ 采样频率：指定 Maya 对动画进行求值及生成关键帧的频率。增加该值时，Maya 为动画设置关键帧的频率将会减小。减小该值时，效果相反。

▶ 智能烘焙：选中该复选框，会通过仅在烘焙动画曲线具有关键帧的时间处放置关键帧，以限制在烘焙期间生成的关键帧的数量。

▶ 提高保真度：选中该复选框，根据设置的百分比值向结果 (烘焙) 曲线添加关键帧。

▶ 保真度关键帧容差：使用该值可以确定 Maya 何时可以将附加的关键帧添加到结果曲线。

▶ 保持未烘焙关键帧：启用时，烘焙模拟不会移除位于烘焙范围之外的关键帧；禁用时，只有在烘焙期间在指定时间范围内创建的关键帧才会在操作之后出现在动画曲线上。

▶ 稀疏曲线烘焙：该选项仅对直接连接的动画曲线起作用。选中该复选框，会生成烘焙结果，该烘焙结果仅创建足以表示动画曲线的形状的关键帧。

▶ 禁用隐式控制：选中该复选框，会在执行烘焙模拟之后，立即禁用诸如 IK 控制柄等控件效果。

11.3.5　实例：对动画进行基本操作

【实例 11-1】在场景中创建一个对象并对其动画进行基本操作。

01▶ 启动 Maya 2020 软件，将菜单集切换至 FX，选择 "效果" | "获取效果资产" 命令，打开 "内容浏览器" 窗口，如图 11-26 所示。

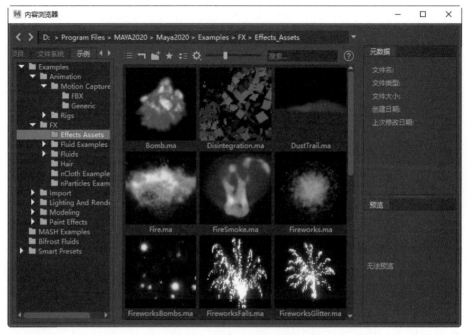

图 11-26　"内容浏览器"窗口

02 在"内容浏览器"窗口的"示例"选项卡下方的列表框中，展开 Examples|Animation|Motion Capture 选项，选择 FBX 选项，如图 11-27 所示，此时可以看到 Maya 2020 为用户提供的带有动作的角色骨骼素材。

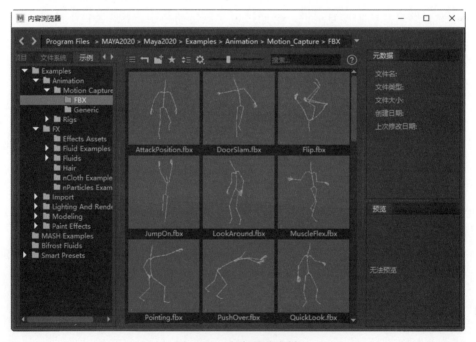

图 11-27　角色骨骼素材

03 将"内容浏览器"窗口中的 Flip.fbx 文件拖曳至场景中，此时得到了预先设置好动画角色的骨骼，如图 11-28 所示。

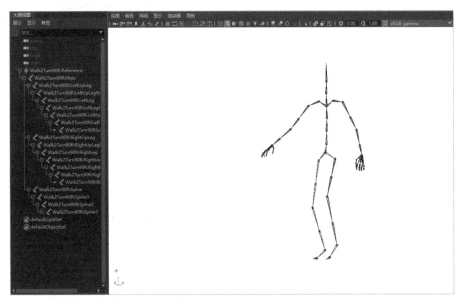

图 11-28　拖曳 Flip.fbx 文件至场景中

04 在"动画"工具架中单击"播放预览"按钮，结果如图 11-29 所示，Maya 2020 会将视图中的动画生成影片，并自动打开计算机中的视频播放器来播放该动画预览。

05 在"大纲视图"面板中选择希望显示出运动轨迹的骨骼对象，如图 11-30 所示。

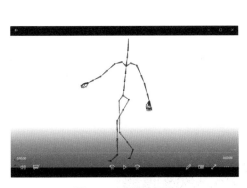

图 11-29　播放预览

图 11-30　选择骨骼对象

06 在"动画"工具架上单击"运动轨迹"图标，此时在视图中显示了被选择对象的运动轨迹，如图 11-31 所示。

07 观察"大纲视图"面板，用户会看到这些刚生成的运动轨迹对象的名称。如果用户不希望这些运动轨迹显示出来，只需在"大纲视图"面板中将这些运动轨迹对象选中，如图 11-32 所示，然后按 Delete 键将其删除。

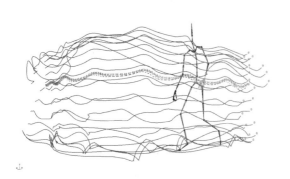

图 11-31　显示运动轨迹　　　　　图 11-32　删除运动轨迹对象

11.4　约束

　　使用约束可以将物体的位置、方向或比例约束到其他物体上，能够限制物体的运动并使其自动进行后续的动画过程。约束的类型可分为父约束、点约束、方向约束、缩放约束、目标约束和极向量约束，在"动画"工具架的后半部分可以找到有关约束的命令按钮，如图 11-33 所示。

图 11-33　约束相关命令按钮

11.4.1　父约束

　　父子关系是指在对"父"对象的位置、方向、大小进行改变时，同时也会对"子"对象进行相同操作，将菜单集切换至"动画"，在菜单栏中选择"约束"|"父子约束"命令右侧的复选框，可打开"父约束选项"窗口，如图 11-34 所示。

图 11-34　"父约束选项"窗口

▶ 保持偏移：保持受约束对象的原始状态 (约束之前的状态)、相对平移和旋转。选中该复选框，可以保持受约束对象之间的空间和旋转关系。

▶ 分解附近对象：如果受约束对象与目标对象之间存在旋转偏移，选中该复选框，可以找到接近受约束对象 [而不是目标对象 (默认)] 的旋转分解。

▶ 动画层：用于选择要添加父约束的动画。

▶ 将层设置为覆盖：选中该复选框，在"动画层"下拉列表中选择的层会在将约束添加到动画层时自动设定为"覆盖"模式。

▶ 约束轴：决定父约束是受特定轴（"X""Y""Z"）限制还是受"全部"轴限制。如果选中"全部"，"X""Y"和"Z"复选框将变暗。

▶ 权重：仅当存在多个目标对象时，权重才有用。

设置父约束的具体操作步骤如下。

01 启动 Maya 2020 软件，在场景中创建一个多边形球体和一个多边形立方体，如图 11-35 所示。

02 选择场景中的多边形立方体，然后按 Shift 键加选场景中的多边形球体，在菜单栏中选择"约束"|"父子约束"命令，如图 11-36 所示。

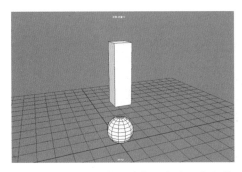

图 11-35 创建多边形球体和多边形立方体　　图 11-36 选择"父子约束"命令

03 在"大纲视图"面板中的多边形球体层次里会出现"父约束节点"，如图 11-37 所示。

04 选择多边形球体，可以看到"通道盒 / 层编辑器"面板中的"平移"和"旋转"属性右侧的背景色为蓝色，如图 11-38 所示。

图 11-37 出现父约束节点　　图 11-38 "平移"和"旋转"属性右侧的背景色为蓝色

05 设置完成后，选择场景中的多边形立方体，对其进行平移或旋转操作，如图 11-39 所示，可以看到多边形球体的位置和旋转方向均开始受到多边形立方体的影响。

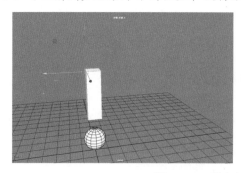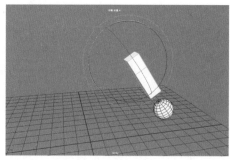

图 11-39　移动多边形立方体模型

11.4.2　点约束

使用点约束，可以设置一个对象的位置受到另外一个或者多个对象的位置影响。将菜单集切换至"动画"，在菜单栏中选择"约束"|"点"右侧的复选框，可打开"点约束选项"窗口，如图 11-40 所示。

图 11-40　"点约束选项"窗口

▶ 保持偏移：保留受约束对象的原始平移 (约束之前的状态) 和相对平移。选中该复选框，可以保持受约束对象之间的空间关系。

▶ 偏移：为受约束对象指定相对于目标点的偏移位置 (平移 X、Y 和 Z)。注意，目标点是目标对象旋转枢轴的位置，或是多个目标对象旋转枢轴的平均位置，默认值均为 0。

▶ 动画层：允许用户选择要向其中添加点约束的动画层。

▶ 将层设置为覆盖：选中该复选框，在"动画层"下拉列表中选择的层会在将约束添加到动画层时自动设定为"覆盖"模式。

▶ 约束轴：确定是否将点约束限制到特定轴 (X、Y、Z) 或"全部"轴。

▶ 权重：指定目标对象可以影响受约束对象的位置的程度。

设置点约束的具体操作步骤如下。

01 启动 Maya 2020，在场景中创建一个多边形球体和一个多边形立方体，如图 11-41 所示。

02 选择场景中的多边形立方体，然后按 Shift 键加选场景中的多边形球体，在菜单栏中选择"约束"|"点"右侧的复选框，打开"点约束选项"窗口，选中"保持偏移"复选框，如图 11-42 所示，单击"应用"按钮。

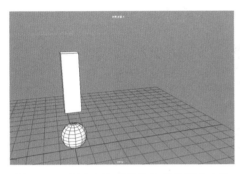

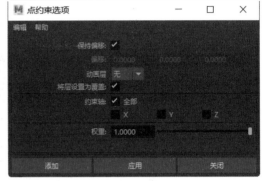

图 11-41　创建多边形球体和多边形立方体　　　　图 11-42　"点约束选项"窗口

03 若不选中"保持偏移"复选框，那么多边形球体模型会被吸附在多边形立方体模型上，如图 11-43 所示。

04 选择场景中的多边形立方体，对其进行平移操作，如图 11-44 所示，可以看到多边形球体的位置受到了多边形立方体的影响，但不受立方体模型旋转或缩放的影响。

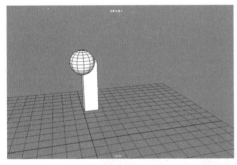

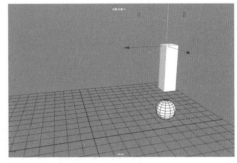

图 11-43　多边形球体被吸附至多边形立方体模型上　　　图 11-44　进行平移操作

11.4.3　方向约束

使用方向约束，可以将一个对象的方向设置为受场景中的其他一个或多个对象影响。将菜单集切换至"动画"，在菜单栏中选择"约束"|"方向"右侧的复选框，可打开"方向约束选项"窗口，如图 11-45 所示。

- ▶ 保持偏移：保持受约束对象的原始旋转(约束之前的状态)和相对旋转。使用该选项，可以保持受约束对象之间的旋转关系。
- ▶ 偏移：为受约束对象指定相对于目标点的偏移位置(平移 X、Y 和 Z)。
- ▶ 动画层：可用于选择要添加方向约束的动画层。

- ▶ 将层设置为覆盖：选择该复选框，在"动画层"下拉列表中选择的层会在将约束添加到动画层时自动设定为"覆盖"模式。
- ▶ 约束轴：决定方向约束是否受到特定轴（"X""Y""Z"）的限制或受到"全部"轴的限制。如果选中"全部"复选框，"X""Y"和"Z"复选框将变暗。
- ▶ 权重：指定目标对象可以影响受约束对象的位置的程度。

图 11-45　"方向约束选项"窗口

11.4.4　缩放约束

使用缩放约束，可以将一个缩放对象与另外一个或多个对象相匹配。将菜单集切换至"动画"，在菜单栏中选择"约束"|"比例"右侧的复选框，可打开"缩放约束选项"窗口，如图 11-46 所示。

"缩放约束选项"窗口内的参数与"点约束选项"窗口内的参数极为相似，读者可参考前面的内容，此处不再赘述。

图 11-46　"缩放约束选项"窗口

11.4.5　目标约束

使用目标约束可约束某个对象的方向，以使该对象对准其他对象。比如在角色设

置中，目标约束可以设置用于控制眼球转动的定位器。将菜单集切换至"动画"，在菜单栏中选择"约束"|"目标"右侧的复选框，可打开"目标约束选项"窗口，如图 11-47 所示。

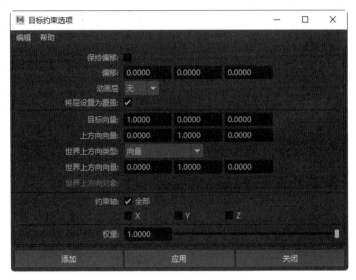

图 11-47 "目标约束选项"窗口

- ▶ 保持偏移：保持受约束对象的原始状态 (约束之前的状态)、相对平移和旋转。选中该复选框，可以保持受约束对象之间的空间和旋转关系。
- ▶ 偏移：为受约束对象指定相对于目标点的偏移位置 (平移 X、Y 和 Z)。
- ▶ 动画层：可用于选择要添加目标约束的动画层。
- ▶ 将层设置为覆盖：选择该复选框，在"动画层"下拉列表中选择的层会在将约束添加到动画层时自动设定为"覆盖"模式。
- ▶ 目标向量：指定目标向量相对于受约束对象局部空间的方向。目标向量将指向目标点，强制受约束对象相应地确定其本身的方向。默认值指定对象在 X 轴正半轴的局部旋转与目标向量对齐，以指向目标点 (1.0000, 0.0000, 0.0000)。
- ▶ 上方向向量：指定上方向向量相对于受约束对象局部空间的方向。
- ▶ 世界上方向向量：指定世界上方向向量相对于场景世界空间的方向。
- ▶ 世界上方向对象：指定上方向向量尝试对准指定对象的原点，而不是与世界上方向向量对齐。
- ▶ 约束轴：确定是否将目标约束限制于特定轴 (X、Y、Z) 或全部轴。如果选中"全部"复选框，"X""Y"和"Z"复选框将变暗。

设置目标约束的具体操作步骤如下。

01 在场景中创建一个多边形球体和一个 NURBS 圆形，如图 11-48 所示。

02 选择场景中的 NURBS 圆形，然后按 Shift 键加选场景中的多边形球体，在菜单栏中选择"约束"|"目标"右侧的复选框，打开"目标约束选项"窗口，如图 11-49 所示，单击"应用"按钮。

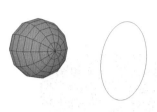

图 11-48 创建多边形球体和 NURBS 圆形　　　图 11-49 "目标约束选项"窗口

03 移动 NURBS 圆形的位置，如图 11-50 所示，多边形球体模型会沿着 NURBS 圆形移动的方向进行旋转。

图 11-50 移动 NURBS 圆形

11.4.6 极向量约束

极向量约束用于控制极向量的末端，主要用于角色 IK，使其跟随一个或几个对象的平均位置进行移动。将菜单集切换至"动画"，在菜单栏中选择"约束"|"极向量"右侧的复选框，可打开"极向量约束选项"窗口，如图 11-51 所示。

图 11-51 "极向量约束选项"窗口

"极向量约束选项"窗口中的"权重"文本框用于指定受约束对象的方向可受目标对象影响的程度。

设置极向量约束的具体操作步骤如下。

01 将 Maya 2020 软件菜单集切换至"绑定"，在菜单栏中选择"骨架"|"创建关节"命令，如图 11-52 所示，根据模型创建一个手臂骨骼，由于人的小臂可以旋转，因此我们在小臂中心位置多加一截。

02 对于小臂我们只需要其旋转不需要折叠，所以在这里 IK 的创建不同于其他部位，结果如图 11-53 所示。

图 11-52　选择"创建关节"命令

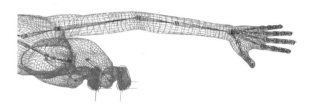

图 11-53　手臂骨骼

03 选择"骨架"|"创建 IK 控制柄"命令，如图 11-54 所示，为骨骼创建 IK。

04 将 IK 从肩膀处一直创建到前臂，如图 11-55 所示。

图 11-54　选择"创建 IK 控制柄"命令

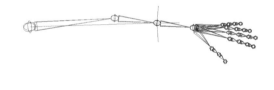

图 11-55　创建手臂 IK

05 选择"窗口"|"常规编辑器"|"Hypergraph: 连接"命令，打开"Hypergraph 输入输出 3"窗口，选择"effector12"节点，如图 11-56 所示。

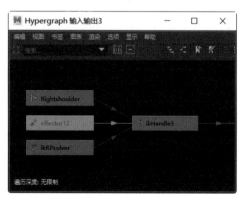

图 11-56　打开"Hypergraph 输入输出 3"窗口

06 选择前臂上的 IK，按 D 键然后按 V 键，将其吸附至手腕上，如图 11-57 所示。

07 在场景中创建一个 NURBS 圆形，将其调整至手肘处，如图 11-58 所示。

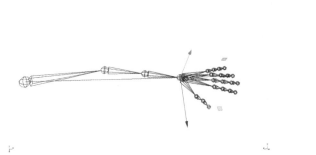

图 11-57　将 IK 吸附至手腕　　　　　　　图 11-58　创建 NURBS 圆形

08 选择 NURBS 圆形，在菜单栏中选择"修改"|"冻结变换"命令，然后按 D 键，再按 V 键将 NURBS 圆形中心点吸附至手肘关节处，如图 11-59 所示，再选择"编辑"|"按类型删除"|"历史"命令。

09 选择场景中的 NURBS 圆形，然后按 Shift 键加选场景中的 IK，选择"约束"|"极向量"命令，如图 11-60 所示，此时的 NURBS 圆环就作为 IK 关节控制器。

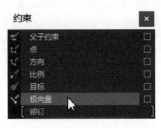

图 11-59　将 NURBS 圆形中心点吸附至手肘关节处　　　图 11-60　选择"约束"|"极向量"命令

10 移动 NURBS 圆形，如图 11-61 所示，这时 NURBS 圆形可以控制关节链的方向。

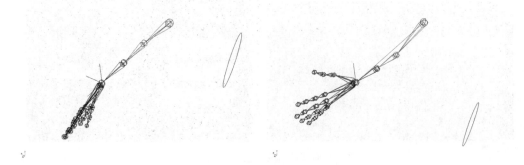

图 11-61　移动 NURBS 圆形

11▶ 骨骼和 IK 创建完成后，需要在"大纲视图"面板中修改其各自的名称，结果如图 11-62 所示，方便后续进行蒙皮。

图 11-62　修改名称

11.5　曲线图编辑器

在菜单栏中选择"窗口"|"动画编辑器"|"曲线图编辑器"命令，如图 11-63 所示，可打开"曲线图编辑器"窗口，如图 11-64 所示。选择场景中已经设置好动画的物体，在曲线图编辑器右侧的视图中显示的动画曲线就代表着场景中的动画，动画曲线指示了关键帧 (表示点) 在时间和空间中的移动方式，用户可以通过创建或操纵动画曲线等多种方式来调节动画。

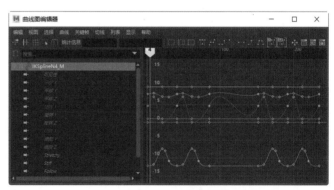

图 11-63　选择"曲线图编辑器"命令　　　　图 11-64　"曲线图编辑器"窗口

▶ 移动最近拾取的关键帧工具：使用该工具可以通过单击鼠标来操纵各个关键帧和切线。

▶ 插入关键帧工具：使用该工具可以添加关键帧。

▶ 晶格变形关键帧工具：使用该工具可以围绕关键帧组绘制一个晶格变形器，在"曲线图编辑器"中操纵曲线，可同时操纵许多关键帧。该工具可提供对动画曲线的高级控制。

▶ 区域工具：可以启用区域选择模式，在图表视图区域拖曳以选择一个区域，对区域内的关键帧进行缩放控制。

- 重定时工具▇：通过双击图表视图区域来创建重定时标记，然后可以拖曳这些标记，直接调整动画中关键帧移动的计时，使其发生得更快或更慢，以及拖曳它们以提前或推后发生。
- 框显全部▇：框显所有当前动画曲线的关键帧。
- 框显播放范围▇：框显当前"播放范围"内的所有关键帧。
- 使视图围绕当前时间居中▇：在"曲线图编辑器"图表视图中使当前时间居中。
- 自动切线▇：根据相邻关键帧的值将帧之间的曲线值钳制为最大点或最小点，自动切线是新关键帧的默认类型。
- 样条线切线▇：在选定的关键帧前后之间创建一条平滑的动画曲线。这样可以确保动画曲线平滑地进出关键帧。为流体移动设置动画时，样条线切线是一个很好的开始位置。用户可以使用最少的关键帧达到所需的外观。
- 钳制切线▇：系统将创建具有线性和样条曲线特征的动画曲线。
- 线性切线▇：指定线性切线之后，系统会将动画曲线创建为接合两个关键帧的直线。
- 平坦切线▇：将关键帧的入切线和出切线设定为水平（渐变为 0°）。例如球在空中达到最高值时，在开始下降之前，它将在空中做短暂的悬停，便可以通过使用平坦切线来创建这种效果。
- 阶跃切线▇：系统将创建出切线为平坦曲线的动画曲线。
- 高原切线▇：高原切线不仅可以在其关键帧（如样条线切线）轻松输入和输出动画曲线，而且还可以展平值相等的关键帧（如钳制切线）之间出现的曲线分段。
- 默认入切线▇：指定默认入切线的类型，为 Maya 2020 的新增功能。
- 默认出切线▇：指定默认出切线的类型，为 Maya 2020 的新增功能。
- 缓冲区曲线快照▇：用于快照所选择的动画曲线。
- 交换缓冲区曲线▇：将缓冲区曲线与已编辑的曲线交换。
- 断开切线▇：允许用户分别操纵入切线和出切线控制柄，以便可以编辑进入或退出关键帧的曲线分段，且不会影响其反向控制柄。
- 统一切线▇：使用户能够保留切线的角度和长度。此设置仅适用于断开的切线，统一后，断开的切线将重新连接起来，但会保留新角度。
- 自由切线长度▇：指定移动切线时，可更改其角度和权重。这允许调整切线的权重和角度。这仅适用于加权曲线。切线控制柄在不受约束时呈浅灰色。
- 锁定切线长度▇：指定移动切线时，仅可更改其角度。这会强制相关联的曲线分段保留切线的权重。这仅适用于加权曲线。切线控制柄会在被锁定后变为黑色。
- 自动加载曲线图编辑器▇：相当于启用或禁用"曲线图编辑器"窗口中的"列表"｜"自动加载选定对象"命令。启用"自动加载选定对象"命令后，每次选择显示当前选定对象时，在"大纲视图"中显示的对象将会更改。如果未启用"自动加载选定对象"命令，则将锁定"大纲视图"中的当前对象，以便即使在场景视图中做出新选择时，也可以继续编辑其动画曲线。
- 时间捕捉▇：单击该按钮后，在图表视图内移动关键帧时，将自动捕捉最接近的整数值。

- 值捕捉：单击该按钮后，在图表视图内移动关键帧时，关键帧的值会自动更改为最接近的整数值。

- 绝对视图：相当于启用或禁用"曲线图编辑器"窗口中的"视图"|"绝对视图"命令。按 1 键激活"绝对视图"命令后，图表视图显示相对于 0 的所有关键帧值。

- 堆叠视图：相当于启用或禁用"曲线图编辑器"窗口中的"视图"|"堆叠视图"命令。按 2 键激活"堆叠视图"命令后，图表视图将以堆叠形式显示单个曲线，而不是重叠显示所有曲线。

- 打开摄影表：打开"摄影表"并加载当前对象的动画关键帧。

- 打开 Trax 编辑器：打开"Trax 编辑器"并加载当前对象的动画片段。

- 打开时间编辑器：打开"时间编辑器"并加载当前对象的动画关键帧。

11.6　路径动画

使用路径动画可以制作物体沿曲线进行位移及旋转的动画，在制作路径动画之前，一定要先删除模型历史。

11.6.1　设置路径动画

将菜单集切换至"动画"，在菜单栏中选择"约束"|"运动路径"|"连接到运动路径"命令右侧的复选框，如图 11-65 所示，可打开"连接到运动路径选项"窗口，如图 11-66 所示。

图 11-65　选择"连接到运动路径"
　　　　　命令右侧的复选框

图 11-66　打开"连接到运动路径选项"窗口

- 时间范围：用于设置沿曲线定义运动路径的开始时间和结束时间。
  - 时间滑块：将在时间滑块中设置的值用于运动路径的起点和终点。
  - 起点：仅在曲线的起点处或在下面"开始时间"文本框中设置的其他值处创建一个位置标记。对象将放置在路径的起点处，但除非沿路径放置其他

位置标记，否则动画将无法运行。可以使用运动路径操纵器添加其他位置
标记。

- 开始 / 结束：在曲线的起点和终点处创建位置标记，并在下面的"开始时间"
  和"结束时间"文本框中设置时间值。

▶ 开始时间：用于指定运动路径动画的开始时间。仅当启用"时间范围"中的"起
点"或"开始 / 结束"时可用。

▶ 结束时间：用于指定运动路径动画的结束时间。仅当启用"时间范围"中的"开
始 / 结束"时可用。

▶ 参数化长度：用于指定对象沿曲线移动的方法。

▶ 跟随：选中该复选框，Maya 会在对象沿曲线移动时计算它的方向。

▶ 前方向轴：用于指定对象的哪个局部轴 (X、Y 或 Z) 与前方向向量对齐。这将
指定沿运动路径移动的前方向。

▶ 上方向轴：用于指定对象的哪个局部轴 (X、Y 或 Z) 与上方向向量对齐。这将
在对象沿运动路径移动时指定它的上方向。上方向向量与"世界上方向类型"
指定的世界上方向向量对齐。

▶ 世界上方向类型：用于指定上方向向量对齐的世界上
方向向量类型，有"场景上方向""对象上方向""对
象旋转上方向""向量""法线"这 5 个选项可选，
如图 11-67 所示。

图 11-67　世界上方向类型

- 场景上方向：指定上方向向量尝试与场景上方向
  轴 (而不是世界上方向向量) 对齐。

- 对象上方向：指定上方向向量尝试对准指定对象
  的原点，而不是与世界上方向向量对齐。世界上
  方向向量将被忽略。该对象称为世界上方向对象，可通过"世界上方向对象"
  选项指定。如果未指定世界上方向对象，上方向向量会尝试指向场景世界
  空间的原点。

- 对象旋转上方向：指定相对于某个对象的局部空间 (而不是相对于场景的
  世界空间) 定义世界上方向向量。在相对于场景的世界空间变换上方向向
  量后，其会尝试与世界上方向向量对齐。上方向向量尝试对准原点的对象
  被称为世界上方向对象。可以使用"世界上方向对象"选项指定世界上方
  向对象。

- 向量：指定上方向向量尝试与世界上方向向量尽可能地对齐，默认情况下，
  世界上方向向量是相对于场景的世界空间定义的。"使用世界上方向向量"
  指定世界上方向向量相对于场景世界空间的位置。

- 法线：指定"上方向轴"指定的轴将尝试匹配路径曲线的法线。

▶ 世界上方向向量：指定世界上方向向量相对于场景世界空间的方向。

▶ 世界上方向对象：在将"世界上方向类型"设定为"对象上方向"或"对象旋转上方向"的情况下，指定世界上方向向量尝试对齐的对象。

▶ 反转上方向：选中该复选框，则"上方向轴"会尝试与上方向向量的逆方向对齐。

▶ 反转前方向：选中该复选框，沿曲线反转对象面向的前方向。

▶ 倾斜：倾斜意味着对象将朝曲线曲率的中心倾斜，该曲线是对象移动所沿的曲线 (类似于摩托车转弯)。仅当启用"跟随"选项时，"倾斜"选项才可用，因为倾斜也会影响对象的旋转。

▶ 倾斜比例：如果增加"倾斜比例"，那么倾斜效果会更加明显。

▶ 倾斜限制：允许用户限制倾斜量。

设置路径动画的具体操作步骤如下。

01 在场景中创建 EP 曲线和一个多边形立方体，如图 11-68 所示。

02 选择场景中的多边形立方体，然后按 Shift 键加选场景中的 EP 曲线，在菜单栏中选择"约束"|"运动路径"|"连接到运动路径"命令，结果如图 11-69 所示。

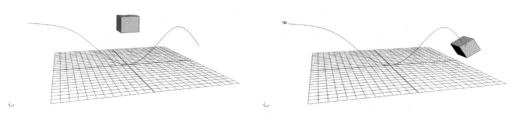

图 11-68 创建 EP 曲线和多边形立方体   图 11-69 选择"连接到运动路径"命令后的结果

03 播放动画，如图 11-70 所示，可见多边形立方体沿着 EP 曲线进行路径运动。

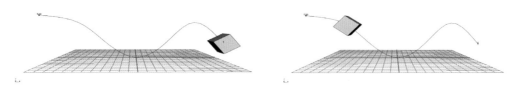

图 11-70 播放动画

11.6.2 设置路径变形动画

路径变形动画常常用来增加动画的细节。图 11-71 所示是未选择"流动路径对象"命令的效果，图 11-72 是选择"流动路径对象"命令后的效果。

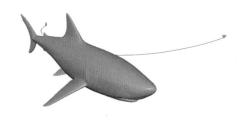 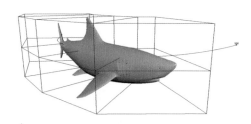

图 11-71　未选择"流动路径对象"命令的效果　　图 11-72　选择"流动路径对象"命令后的效果

在菜单栏中选择"约束"|"运动路径"|"流动路径对象"命令右侧的复选框，可以打开"流动路径对象选项"窗口，如图 11-73 所示。

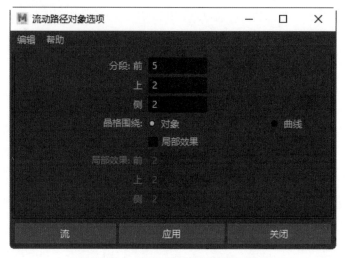

图 11-73　"流动路径对象选项"窗口

▶ 分段：通过控制"前""上""侧"3 个方向的晶格数来调整模型变形的细节。

▶ 晶格围绕：用来设置晶格是围绕对象生成还是围绕曲线生成，图 11-74 所示是将"晶格围绕"设置为"对象"和"曲线"时的对比效果。

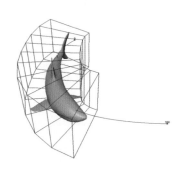 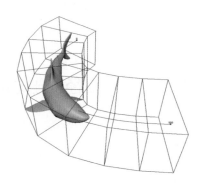

图 11-74　晶格围绕

▶ 局部效果：使用该选项可以更精准地控制对象的变形。

设置运动路径动画的具体操作步骤如下。

01 在场景中创建一条 EP 曲线和一个多边形圆柱体，如图 11-75 所示，调整多边形圆柱体的比例。

02 选择场景中的多边形圆柱体，然后按 Shift 键加选场景中的 EP 曲线，在菜单栏中选择"约束"|"运动路径"|"连接到运动路径"命令。

03 在"属性编辑器"面板的 motionPath1 选项卡中，展开"运动路径属性"卷展栏，在"前方向轴"下拉列表中选择 Y，在"上方向轴"下拉列表中选择 X，如图 11-76 所示。

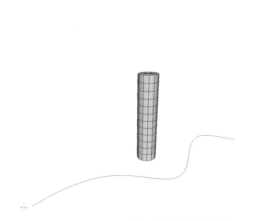
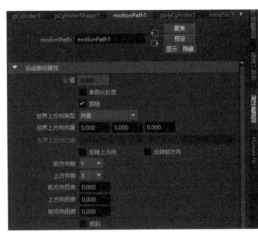

图 11-75　创建 EP 曲线和多边形圆柱体　　　图 11-76　展开"运动路径属性"卷展栏并设置参数

04 设置完成后播放动画，如图 11-77 所示，此时多边形圆柱体的方向发生了变化。

05 选择多边形圆柱体，选择"约束"|"运动路径"|"流动路径对象"命令右侧的复选框，打开"流动路径对象选项"窗口，具体参数设置如图 11-78 所示，单击"应用"按钮。

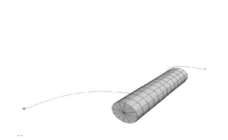

图 11-77　播放动画　　　　　　　图 11-78　"流动路径对象选项"窗口

06 在"通道盒 / 层编辑器"面板中设置"T 分段数"数值为 10，如图 11-79 所示。

07 播放动画，如图 11-80 所示，此时场景中的多边形圆柱体周围出现晶格，且整体多边形圆柱体变得柔软并贴合着 EP 曲线进行运动。

图 11-79　设置"T 分段数"数值　　　　　图 11-80　播放动画

11.7　快速绑定角色

　　Maya 为用户提供了快速绑定角色功能，使用这一功能，动画师可以快速为标准角色网格创建骨架并进行蒙皮操作，可节省传统设置骨骼及 IK 所消耗的大量时间，传统的手动绑定角色如图 11-81 所示。快速绑定角色的方法有两种：一是通过"一键式"命令自动创建骨架并蒙皮；二是通过"分步"的方式，一步一步将角色绑定完成。

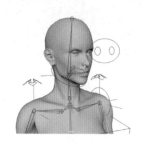
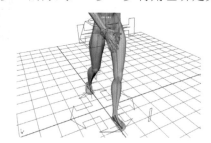

图 11-81　手动绑定角色

　　将菜单集切换至"绑定"，在菜单栏中选择"骨架"|"快速绑定"命令，如图 11-82 所示，可打开"快速绑定"窗口；或者在"绑定"工具架上单击"快速绑定"图标 ，如图 11-83 所示，也可以打开"快速绑定"窗口。

图 11-82　选择"快速绑定"命令　　　　图 11-83　"绑定"工具架

11.7.1　"一键式"角色绑定

在"快速绑定"窗口中，默认状态下，角色将以"一键式"的方式来进行快速绑定，如图 11-84 所示。单击"角色"下拉列表右侧的"创建新角色"按钮➕，然后选择场景中的角色，可快速为角色创建骨架并设置蒙皮。

11.7.2　"分步"角色绑定

在"快速绑定"窗口中，若选择角色绑定的方式为"分步"，用户可以通过如图 11-85 所示的参数选项设置角色绑定。

图 11-84　"一键式"角色绑定

图 11-85　"分步"角色绑定

1. "几何体"卷展栏

展开"几何体"卷展栏，其中的参数如图 11-86 所示。

- ▶ 添加选定的网格➕：使用选定的网格填充"几何体"列表。
- ▶ 选择所有网格🖿：选择场景中的所有网格，并将其添加到"几何体"列表。
- ▶ 清除所有网格🗑：清空"几何体"列表。

2. "导向"卷展栏

展开"导向"卷展栏，其中的参数如图 11-87 所示。

- ▶ 嵌入方法：此下拉列表用于指定使用哪种网格，以及如何以最佳方式进行绑定，有"理想网格""防水网格""非理想网格""多边形汤""无嵌入"这 5 种方式可选，如图 11-88 所示。

图 11-86　"几何体"卷展栏　　图 11-87　"导向"卷展栏　　图 11-88　嵌入方法的 5 种方式

▶ 分辨率：选择要用于绑定的分辨率。分辨率越高，处理时间越长。

▶ 导向设置：该区域可用于配置导向的生成，使骨架关节与网格上的适当位置对齐。

▶ 对称：根据角色的边界框或髋部选择对称类型。

▶ 中心：用于设置创建的导向数量，进而设置生成的骨架和装备将拥有的关节数。

▶ 髋部平移：用于生成骨架的髋部平移关节。

▶ 创建/更新：将导向添加到角色网格。

3. "用户调整导向"卷展栏

展开"用户调整导向"卷展栏，其中的参数如图 11-89 所示。

图 11-89　"用户调整导向"卷展栏

▶ 从左到右镜像：使用选定导向作为源，以便将左侧导向镜像到右侧导向。

▶ 从右到左镜像：使用选定导向作为源，以便将右侧导向镜像到左侧导向。

▶ 选择导向：选择所有导向。

▶ 显示所有导向：启用导向的显示。

▶ 隐藏所有导向：隐藏导向的显示。

▶ 启用 X 射线关节：在所有视口中启用 X 射线关节。

▶ 导向颜色：选择导向颜色。

4. "骨架和绑定生成"卷展栏

展开"骨架和绑定生成"卷展栏，其中的参数如图 11-90 所示。

▶ T 形站姿校正：建议启用此选项，以便为 Human IK 提供有关角色骨架和关节变化比例的重要信息。如果嵌入姿势并非 T 形站姿 (A 形站姿是常用的替代方法)，那么很可能会产生异常结果。

▶ 对齐关节 X 轴：通过此设置可以选择如何在骨架上设置关节方向，有"镜像行为""朝向下一个关节的 X 轴""世界 - 不对齐"这 3 个选项可选，如图 11-91 所示。

- ▶ 骨架和控制绑定：从该下拉列表中选择是要创建具有控制绑定的骨架，还是仅创建骨架。
- ▶ 创建 / 更新：为角色网格创建带有或不带控制绑定的骨架。

图 11-90　"骨架和绑定生成"卷展栏　　　　图 11-91　对齐关节 X 轴

5. "蒙皮"卷展栏

展开"蒙皮"卷展栏，其中的参数如图 11-92 所示。

- ▶ 绑定方法：从该下拉列表中选择蒙皮绑定方法，有"GVB(默认设置)"和"当前设置"两种方式，如图 11-93 所示。

图 11-92　"蒙皮"卷展栏　　　　图 11-93　两种绑定方法

- ▶ 创建 / 更新：对角色进行蒙皮，这将完成角色网格的绑定流程。

下面将通过一个实例来介绍"分步"绑定角色的具体方法。

11.7.3　实例：绑定人物角色模型

【实例 11-2】本实例将使用快速绑定技术为用户讲解如何快速绑定一个角色模型，最终效果如图 11-94 所示。

图 11-94　快速绑定模型后的最终效果

01 ▶ 打开"角色 .mb"文件，在场景中打开一个角色模型，如图 11-95 所示。

02 将菜单集切换至"绑定"，在菜单栏中选择"骨架"|"快速绑定"命令，打开"快速绑定"窗口，选择"分步"单选按钮，如图 11-96 所示。

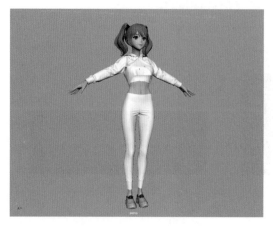

图 11-95　打开"角色.mb"文件

图 11-96　打开"快速绑定"窗口

03 在"快速绑定"窗口中单击"创建新角色"按钮➕，激活"快速绑定"窗口中的命令按钮，如图 11-97 所示。

图 11-97　激活"快速绑定"窗口中的命令按钮

04 选择场景中的角色模型，展开"几何体"卷展栏，单击"添加选定的网格"按钮➕，将场景中选择的角色模型添加至"几何体"卷展栏下方的文本框中，如图 11-98 所示。

05 展开"导向"卷展栏，设置"分辨率"数值为 512，然后展开"中心"卷展栏，设置"颈部"数值为 2，如图 11-99 所示。

06 展开"导向"卷展栏，单击"创建/更新"按钮，结果如图 11-100 所示，此时在透视视图中可以看到角色模型上添加了多个导向。

07 在前视图中仔细观察默认状态下生成的导向，可以发现有些关节处的导向位置略有偏差，如图 11-101 所示，例如手腕处及手肘处的导向需要在场景中手动调整其位置。

图 11-98　添加模型　　　　　　　　　图 11-99　设置参数

08 ▶ 选择一边的手腕、手肘、肩膀处的导向，将其分别调整至图 11-102 所示位置处。

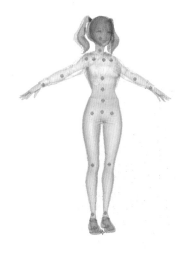

图 11-100　创建导向　　　　图 11-101　观察默认导向　　　图 11-102　调整导向的位置

09 ▶ 展开 "用户调整导向" 卷展栏，单击 "从右到左镜像" 按钮🔲，如图 11-103 所示，可将右侧调整好的导向位置复制到左侧。

10 ▶ 完成后观察模型左右两侧的导向，如图 11-104 所示。

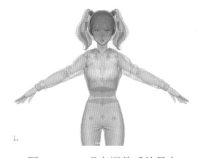

图 11-103　单击 "从右到左镜像" 按钮　　　图 11-104　观察调整后的导向

11 ▶ 展开 "骨架和绑定生成" 卷展栏，单击 "创建 / 更新" 按钮，结果如图 11-105 所示，可根据之前所调整的导向位置生成骨架。

12 展开"蒙皮"卷展栏，单击"创建 / 更新"按钮，如图 11-106 所示，为当前角色创建蒙皮。

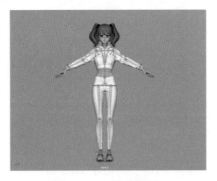

图 11-105　生成骨架

图 11-106　单击"创建 / 更新"按钮

13 设置完成后，角色的快速绑定操作就结束了，结果如图 11-107 所示，用户还可以通过 Maya 的 Human IK 面板中的图例快速选择角色的骨骼来调整角色的姿势。

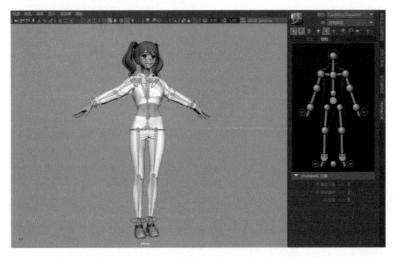

图 11-107　完成角色快速绑定后的结果

14 本例的最终效果如图 11-94 所示。

11.8　思考与练习

1. 简述在 Maya 中如何为物体设置关键帧。
2. 简述 Maya 中动画的基本操作的命令有哪些。
3. 简述 Maya 中 6 种约束方式之间的区别是什么。

第12章

粒子特效

　　在 Maya 2020 中，使用粒子特效能够有效地模拟在场景中出现的水、雾、雪和光等特殊效果。本章将主要介绍 Maya 粒子系统的基本工具和基本概念，以及使用粒子、发射器和体积场创建不同特效的方法。

12.1 粒子特效概述

使用粒子系统可以设置若干粒子的外观和变化，为粒子设定动画并进行渲染，来模拟出理想的动画效果。粒子特效在众多影视特效中占据首位，且在游戏中能经常看到如爆炸特效、烟雾特效或者群组动画特效等，这使得场景更加贴近真实感。

Maya 的粒子系统功能十分强大，主要分为旧版粒子系统和新版的 n 粒子系统两部分。这两个粒子系统在命令的设置及使用上有着明显的差异，是两个完全独立的粒子系统。旧版粒子系统的命令被单独整合放置于 nParticle 菜单的最下方，如图 12-1 所示。

图 12-1　nParticle 菜单

12.2 创建 n 粒子

n 粒子基于 Maya 的动力学模拟框架开发，通过这一功能，动画师在 Maya 中可以创建出逼真的火焰、烟雾、液体等特效动画，如图 12-2 所示。

图 12-2　n 粒子特效动画

12.2.1　发射 n 粒子

将工具架切换至 FX，在 FX 工具架左侧可以看到两个图标，一个是"创建发射器"按钮 ，一个是"添加发射器"按钮 ，如图 12-3 所示，可通过设置发射器来控制发射粒子在三维场景中的数量和运动，其余大部分工具与不同的动力学相关。

在菜单栏中选择 nParticle|"创建选项"命令，可打开"创建选项"子菜单，该子菜单中有各种不同类型的粒子供用户选择，如图 12-4 所示。

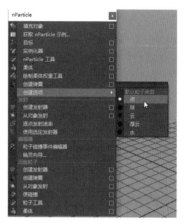

图 12-3　FX 工具架　　　　　　图 12-4　"创建选项"子菜单

1. 创建发射器

"创建发射器"按钮用于在场景中创建 n 粒子系统，具体操作如下。

▶ 单击"创建发射器"按钮 ，在场景中创建一个基本的 n 粒子系统装置，如图 12-5 所示，在"大纲视图"面板中会出现一个 n 粒子发射器、一个 n 粒子对象和一个动力学对象。

▶ 拖曳时间滑块中的当前时间指示器，此时可以看到 n 粒子发射器所发射的粒子由于受到场景中动力学的影响，向场景的下方移动，结果如图 12-6 所示。

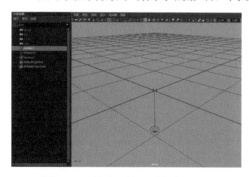 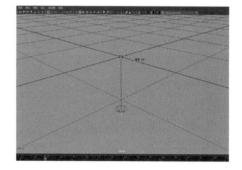

图 12-5　创建 n 粒子系统装置　　　　　　图 12-6　拖曳当前时间指示器

▶ n 粒子发射器为用户提供了多种不同的体积发射器选项，在"属性编辑器"面板中展开"基本发射器属性"卷展栏，在"发射器类型"下拉列表中选择"体积"选项，如图 12-7 所示。

图 12-7　切换发射器类型

▶ 展开"体积发射器属性"卷展栏，可看到"体积形状"下拉列表中包括"立方体""球体""圆柱体""圆锥体""圆环"5 个选项，如图 12-8(a) 所示，它们分别对应的发射器形状如图 12-8(b) 所示。

(a)

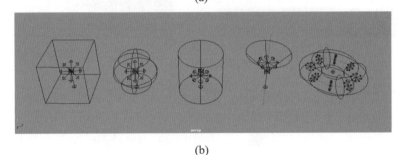

(b)

图 12-8　体积形状及对应的发射器形状

2. 添加发射器

"添加发射器"按钮用于在其他对象上创建 n 粒子发射器，具体操作步骤如下。

01 新建场景，在场景中创建一个多边形平面，如图 12-9 所示。

02 选择场景中的多边形平面，在 FX 工具架中单击"添加发射器"按钮，将 n 粒子的发射器设置在场景中的平面上，结果如图 12-10 所示。

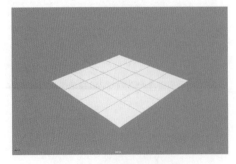

图 12-9　创建多边形平面

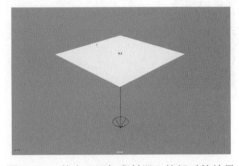

图 12-10　单击"添加发射器"按钮后的结果

03 在"大纲视图"面板中可以看到粒子发射器位于平面模型的子层级中，如图 12-11 所示。

04 在时间滑块中拖曳当前时间指示器，可以看到在默认状态下 n 粒子从平面对象的 4 个顶点位置处进行发射，如图 12-12 所示。

图 12-11　粒子发射器位于平面子层级

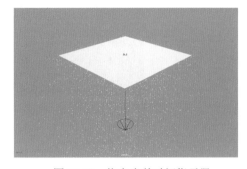

图 12-12　拖曳当前时间指示器

接下来在"属性编辑器"面板中更深入地学习 n 粒子系统中不同卷展栏内的常用参数。

12.2.2　"计数"卷展栏

"计数"卷展栏内的参数如图 12-13 所示。

图 12-13　"计数"卷展栏

▶ 计数：用于显示场景中当前 n 粒子的数量。

▶ 事件总数：用于显示粒子的事件数量。

12.2.3　"寿命"卷展栏

"寿命"卷展栏内的参数如图 12-14 所示。

图 12-14　"寿命"卷展栏

▶ 寿命模式：用于设置 n 粒子在场景中的存在时间，有"永生""恒定""随机范围""仅寿命 PP"4 种可选。

▶ 寿命：用于指定粒子的寿命值。

▶ 寿命随机：用于标识每个粒子的寿命的随机变化范围。

▶ 常规种子：表示生成随机数的种子。

12.2.4　"粒子大小"卷展栏

"粒子大小"卷展栏内的参数如图 12-15 所示。

图 12-15　"粒子大小"卷展栏

▶ 半径：用来设置粒子的半径大小。

▶ 半径比例输入：指定属性用于映射"半径比例"渐变的值。

▶ 输入最大值：用于设置渐变使用范围的最大值。

▶ 半径比例随机化：用于设置每粒子属性值的随机倍增。

12.2.5　"碰撞"卷展栏

"碰撞"卷展栏内的参数如图 12-16 所示。

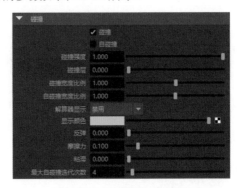

图 12-16　"碰撞"卷展栏

▶ 碰撞：选中该复选框后，当前的 n 粒子对象将与共用同一个 Maya Nucleus 解算器的被动对象、nCloth 对象和其他 n 粒子对象发生碰撞。

▶ 自碰撞：选中该复选框，n 粒子对象生成的粒子将互相碰撞。

▶ 碰撞强度：指定 n 粒子与其他 Nucleus 对象之间的碰撞强度。

▶ 碰撞层：将当前的 n 粒子对象指定给特定的碰撞层。

▶ 碰撞宽度比例：指定相对于 n 粒子半径值的碰撞厚度。

▶ 自碰撞宽度比例：指定相对于 n 粒子半径值的自碰撞厚度。

▶ 解算器显示：指定场景视图中将显示当前 n 粒子对象的 Nucleus 解算器信息。Maya 提供了"禁用""碰撞厚度""自碰撞厚度"这 3 个选项供用户选择。

▶ 显示颜色：指定碰撞体积的显示颜色。

▶ 反弹：指定 n 粒子在进行自碰撞或与共用同一个 Maya Nucleus 解算器的被动对象、nCloth 对象或其他 n 粒子对象发生碰撞时的偏转量或反弹量。

▶ 摩擦力：指定 n 粒子在进行自碰撞或与共用同一个 Maya Nucleus 解算器的被动对象、nCloth 对象和其他 n 粒子对象发生碰撞时的相对运动阻力程度。

▶ 粘滞：指定当 nCloth、n 粒子和被动对象发生碰撞时，n 粒子对象粘贴到其他 Nucleus 对象的倾向。

▶ 最大自碰撞迭代次数：指定当前 n 粒子对象的动力学自碰撞所模拟的计算次数。

12.2.6　"动力学特性"卷展栏

"动力学特性"卷展栏内的参数如图 12-17 所示。

图 12-17　"动力学特性"卷展栏

▶ 世界中的力：选中该复选框，可以使 n 粒子进行额外的世界空间的重力计算。

▶ 忽略解算器风：选中该复选框，将禁用当前 n 粒子对象的解算器"风"。

▶ 忽略解算器重力：选中该复选框，将禁用当前 n 粒子对象的解算器"重力"。

▶ 局部力：将一个类似于 Nucleus 重力的力按照指定的量和方向应用于 n 粒子对象。该力仅应用于局部，并不影响指定给同一解算器的其他 Nucleus 对象。

▶ 局部风：将一个类似于 Nucleus 风的力按照指定的量和方向应用于 n 粒子对象。风将仅应用于局部，并不影响指定给同一解算器的其他 Nucleus 对象。

▶ 动力学权重：用于调整场、碰撞、弹簧和目标对粒子产生的效果。值为 0 将使连接至粒子对象的场、碰撞、弹簧和目标没有效果。值为 1 将提供全效。输入小于 1 的值将设定比例效果。

▶ 保持：用于控制粒子对象的速率在帧与帧之间的保持程度。

▶ 阻力：指定施加于当前 n 粒子对象的阻力大小。

▶ 阻尼：指定当前 n 粒子的运动的阻尼量。

▶ 质量：指定当前 n 粒子对象的基本质量。

12.2.7　"液体模拟"卷展栏

"液体模拟"卷展栏内的参数如图 12-18 所示。

图 12-18　"液体模拟"卷展栏

- ▶ 启用液体模拟：选中该复选框，"液体模拟"属性将添加到 n 粒子对象。这样 n 粒子就可以重叠，从而形成液体的连续曲面。
- ▶ 不可压缩性：指定液体 n 粒子抗压缩的量。
- ▶ 静止密度：设定 n 粒子对象处于静止状态时液体中的 n 粒子的排列情况。
- ▶ 液体半径比例：指定基于 n 粒子"半径"的 n 粒子重叠量。较低的值将增加 n 粒子之间的重叠。对于多数液体而言，0.5 这个值可以取得良好结果。
- ▶ 粘度：代表液体流动的阻力，或材质的厚度和不流动程度。如果该值很大，液体将像柏油一样流动。如果该值很小，液体将像水一样流动。

12.2.8　"输出网格"卷展栏

"输出网格"卷展栏内的参数如图 12-19 所示。

图 12-19　"输出网格"卷展栏

- ▶ 阈值：用于调整 n 粒子创建的曲面的平滑度。
- ▶ 滴状半径比例：指定 n 粒子"半径"的比例缩放量，以便在 n 粒子上创建适当平滑的曲面。
- ▶ 运动条纹：根据 n 粒子运动的方向及其在一个时间段内移动的距离拉长单个 n 粒子。
- ▶ 网格三角形大小：决定创建 n 粒子输出网格所使用的三角形的尺寸。
- ▶ 最大三角形分辨率：指定创建输出网格所使用的栅格大小。
- ▶ 网格方法：指定生成 n 粒子输出网格等值面所使用的多边形网格的类型，有"三角形网格""四面体""锐角四面体""四边形网格"这 4 种可选。
- ▶ 网格平滑迭代次数：指定应用于 n 粒子输出网格的平滑度。平滑迭代次数可增加三角形各边的长度，使拓扑更均匀，并生成更为平滑的等值面。输出网格的平滑度随着"网格平滑迭代次数"值的增大而增加，但计算时间也将随之增加。

12.2.9　"着色"卷展栏

"着色"卷展栏内的参数如图 12-20 所示。

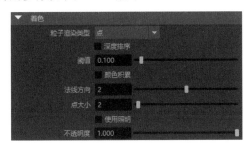

图 12-20　"着色"卷展栏

▶ 粒子渲染类型：用于设置 Maya 使用何种类型来渲染 n 粒子，在这里，Maya 提供了多达 10 种类型供用户选择，分别为"点""多点""多条纹""数值""球体""精灵""条纹""滴状曲面 (s/w)""云 (s/w)""管状体 (s/w)"。使用不同的粒子渲染类型，n 粒子在场景中的显示也不相同。

▶ 深度排序：用于设置布尔属性是否对粒子进行深度排序计算。

▶ 阈值：用于控制 n 粒子生成曲面的平滑度。

▶ 法线方向：用于更改 n 粒子的法线方向。

▶ 点大小：用于控制 n 粒子的显示大小。

▶ 不透明度：用于控制 n 粒子的不透明程度。

12.3　场 / 解算器

"场 / 解算器"是为调整动力学对象 (如流体、柔体、nParticle 和 nCloth) 的运动效果而设置出来的力。例如，可以将漩涡场连接到发射的 n 粒子以创建漩涡运动；使用空气场可以吹动场景中的 n 粒子以创建飘散运动。

12.3.1　空气

"空气"场主要用来模拟气流效果，加快或降低连接到空气场的对象的速度，以便在播放动画时使其速度与空气速度一致。在菜单栏中选择"场 / 解算器"|"空气"命令右侧的复选框，可打开"空气选项"窗口，如图 12-21 所示。

▶ "风"按钮：将"空气"场属性设定为与风的效果近似的一种预设。

▶ "尾迹"按钮：将"空气"场属性设定为模拟尾迹运动的一种预设。

▶ "扇"按钮：将"空气"场属性设定为与本地风扇效果近似的一种预设。

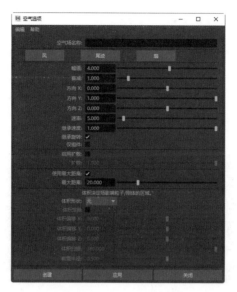

图 12-21　"空气选项"窗口

▶ 幅值：用于设定空气场的强度，该选项设定沿空气移动方向的速度。

▶ 衰减：用于设定场的强度随着到受影响对象的距离增加而减小的量。

▶ 方向 X/ 方向 Y/ 方向 Z：用于设置空气吹动的方向。

▶ 速率：用于控制连接的对象与空气场速度匹配的快慢。

▶ 继承速度：当空气场移动或以移动对象作为父对象时，其速率受父对象速率的影响。

▶ 继承旋转：空气场正在旋转或以旋转对象作为父对象时，则气流会经历同样的旋转。空气场旋转中的任何更改都会更改空气场指向的方向。

▶ 仅组件：用于设置空气场仅在其"方向""速率"和"继承速度"中所指定的方向应用力。

▶ 启用扩散：用于指定是否使用"扩散"角度。如果启用此选项，空气场将只影响"扩散"设置指定的区域内的连接对象。

▶ 扩散：表示与"方向"设置所成的角度，只有该角度内的对象才会受到空气场的影响。

▶ 使用最大距离：用于设置空气场所影响的范围。

▶ 最大距离：用于设定空气场能够施加影响的与该场之间的最大距离。

▶ 体积形状：Maya 提供了多达 6 种的空气场形状供用户选择。

▶ 体积排除：选中该复选框，则体积形状定义了场在粒子或刚体中不产生效果的那部分区域。

▶ 体积偏移 X/ 体积偏移 Y/ 体积偏移 Z：设置从场的不同方向来偏移体积。

▶ 体积扫描：定义除立方体外的所有体积的旋转范围。该值可以是介于 0 和 360 度之间的值。

▶ 截面半径：定义圆环体的实体部分的厚度 (相对于圆环体的中心环的半径)。中心环的半径由场的比例确定。

12.3.2　阻力

"阻力"场主要用来设置阻力效果。在菜单栏中选择"场 / 解算器"|"阻力"命令右侧的复选框,可打开"阻力选项"窗口,如图 12-22 所示。

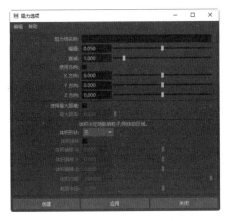

图 12-22　"阻力选项"窗口

▶ 幅值:用于设定阻力场的强度。幅值越大,对移动对象的阻力就越大。

▶ 衰减:用于设定场的强度随着到受影响对象的距离增加而减小的量。

▶ 使用方向:选中该复选框后,根据方向设置阻力。

▶ X 方向 /Y 方向 /Z 方向:用于设置阻力的方向。

12.3.3　重力

"重力"场主要用来模拟重力效果。在菜单栏中选择"场 / 解算器"|"重力"命令右侧的复选框,可打开"重力选项"窗口,如图 12-23 所示。

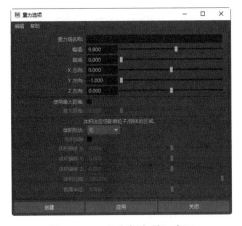

图 12-23　"重力选项"窗口

▶ 幅值:用于设置重力场的强度。

▶ 衰减:用于设定场的强度随着到受影响对象的距离增加而减小的量。

▶ X 方向 /Y 方向 /Z 方向:用来设置重力的方向。

12.3.4　牛顿

"牛顿"场主要用来模拟拉力效果。在菜单栏中选择"场 / 解算器" | "牛顿"命令右侧的复选框，可打开"牛顿选项"窗口，如图 12-24 所示。

图 12-24　"牛顿选项"窗口

> ▶ 幅值：用于设定牛顿场的强度。该数值越大，力就越强。如果为正数，则会向场的方向拉动对象；如果为负数，则会向场的相反方向推动对象。
> ▶ 衰减：用于设定场的强度随着到受影响对象的距离增加而减小的量。
> ▶ 最小距离：用于设定牛顿场中能够施加场的最小距离。

12.3.5　径向

"径向"场与"牛顿"场有点相似，也是用来模拟拉力效果。在菜单栏中选择"场 / 解算器" | "径向"命令右侧的复选框，可打开"径向选项"窗口，如图 12-25 所示。

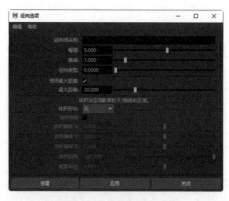

图 12-25　"径向选项"窗口

> ▶ 幅值：用于设定径向场的强度。数值越大，受力越强。正数会推离对象；负数会向指向场的方向拉近对象。
> ▶ 衰减：用于设定场的强度随着到受影响对象的距离的增加而减小的量。
> ▶ 径向类型：用于指定径向场的影响如何随着"衰减"减小。如果值为 1，当对象接近与场之间的"最大距离"时，将导致径向场的影响会快速降到零。

12.3.6　湍流

"湍流"场主要用来模拟混乱气流对 n 粒子或 nCloth 对象所产生的随机运动效果。在菜单栏中选择"场 / 解算器"|"湍流"命令右侧的复选框，可打开"湍流选项"窗口，如图 12-26 所示。

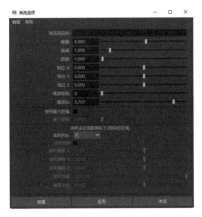

图 12-26　"湍流选项"窗口

- ▶ 幅值：用于设定湍流场的强度。数值越大，力越强。
- ▶ 衰减：用于设定场的强度随着到受影响对象的距离增加而减小的量。
- ▶ 频率：用于设定湍流场的频率。较高的值会产生更频繁的不规则运动。
- ▶ 相位 X/ 相位 Y/ 相位 Z：用于设定湍流场的相位移。这决定了中断的方向。
- ▶ 噪波级别：该数值越大，湍流越不规则。
- ▶ 噪波比：用于指定噪波连续查找的权重。

12.3.7　一致

"一致"场也可以用来模拟推力及拉力效果。在菜单栏中选择"场 / 解算器"|"一致"命令右侧的复选框，可打开"一致选项"窗口，如图 12-27 所示。

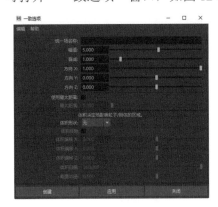

图 12-27　"一致选项"窗口

▶ 幅值：用于设定一致场的强度。数值越大，力越强。正值会推开受影响的对象。负值会将对象拉向场。

▶ 衰减：用于设定场的强度随着到受影响对象的距离增加而减小的量。

▶ 方向 X/ 方向 Y/ 方向 Z：用于指定一致场推动对象的方向。

12.3.8　漩涡

"漩涡"场用来模拟类似漩涡的旋转力。在菜单栏中选择"场 / 解算器"|"漩涡"命令右侧的复选框，可打开"漩涡选项"窗口，如图 12-28 所示。

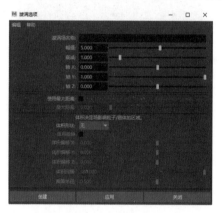

图 12-28　"漩涡选项"窗口

▶ 幅值：用于设定漩涡场的强度。该数值越大，强度越大。正值会按逆时针方向移动受影响的对象；负值会按顺时针方向移动对象。

▶ 衰减：用于设定场的强度随着到受影响对象的距离的增加而减少的量。

▶ 轴 X/ 轴 Y/ 轴 Z：用于指定漩涡场对其周围施加力的轴。

12.3.9　实例：制作 n 粒子下落动画

制作动画前，在菜单栏中选择"窗口"|"设置 / 首选项"|"首选项"命令，打开"首选项"窗口，选择"时间滑块"选项，在"播放"选项组中将"播放速度"设置为"播放每一帧"，将"最大播放速率"设置为"24fps×1"。

【实例 12-1】本实例主要讲解如何制作 n 粒子下落碰撞地面动画，最终效果如图 12-29 所示。

01 创建 n 粒子动画之前，在菜单栏中选择"文件"|"项目窗口"命令，打开"项目窗口"窗口，设置项目工程文件，如图 12-30 所示，这有助于之后 n 粒子文件的保存，这一步是必不可少的。

02 在场景中创建一个多边形平面，在 FX 工具架中单击"创建发射器"按钮，在场景中创建一个粒子发射器，结果如图 12-31 所示。

03 在播放控件中单击"向前播放"按钮 ▶ 以正向播放动画，n 粒子发射类型默认为泛向，受重力影响产生下落运动，结果如图 12-32 所示。

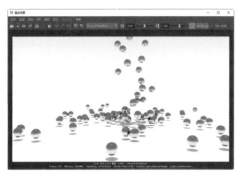

图 12-29　n 粒子下落动画最终效果

图 12-30　"项目窗口"窗口

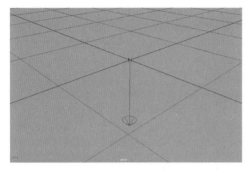

图 12-31　创建粒子发射器

图 12-32　观察 n 粒子

04 展开"粒子大小"卷展栏，设置"半径"数值为 0.6，如图 12-33 所示。

05 展开"着色"卷展栏，在"粒子渲染类型"下拉列表中选择"球体"选项，如图 12-34 所示。

图 12-33　设置"半径"数值

图 12-34　设置粒子渲染类型为球体

06 展开"基本发射器属性"卷展栏，设置"速率（粒子 / 秒）"数值为 20，如图 12-35 所示。

07 播放动画，观察场景中 n 粒子的动画效果，如图 12-36 所示。

图 12-35　设置"速率（粒子 / 秒）"数值

图 12-36　观察 n 粒子动画

08 在场景中创建一个多边形平面，选择 n 粒子，将其拖曳至多边形平面上方，如图 12-37 所示。

09 播放动画，可见场景中的 n 粒子穿过了多边形平面模型，如图 12-38 所示。

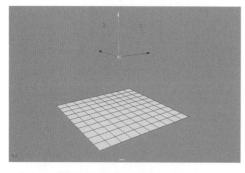

图 12-37　向上拖曳 n 粒子　　　　　　　图 12-38　n 粒子穿过多边形平面模型

10 选择多边形平面模型，在菜单栏中选择 nCloth|"创建被动碰撞对象"命令，如图 12-39 所示。

11 展开"碰撞"卷展栏，选择"自碰撞"复选框，在"反弹"文本框中输入 0.5，在"摩擦力"文本框中输入 0.1，如图 12-40 所示。

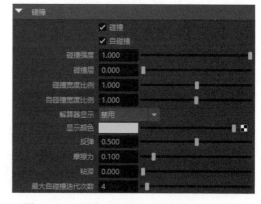

图 12-39　选择"创建被动碰撞对象"命令　　图 12-40　设置"反弹"和"摩擦力"数值

12 选择多边形平面，展开"碰撞"卷展栏，在"反弹"文本框中输入 0.4，在"摩擦力"文本框中输入 0.1，如图 12-41 所示。

13 播放动画，可见场景中的 n 粒子与平面模型发生了碰撞，结果如图 12-42 所示。

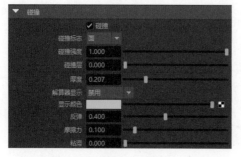

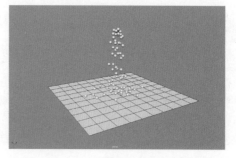

图 12-41　设置"碰撞"卷展栏中的参数　　图 12-42　n 粒子与平面模型发生碰撞

14 在 Arnold 工具架中单击 "Create Physical Sky(创建物理天空)" 按钮，在场景中添加灯光，具体参数值如图 12-43 所示。

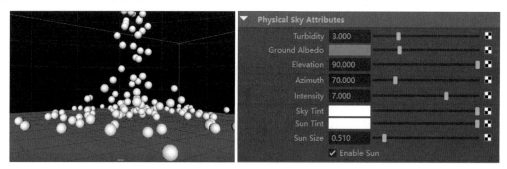

图 12-43　创建 "物理天空" 灯光并设置参数

15 设置完成后，渲染场景，渲染结果如图 12-44 所示。

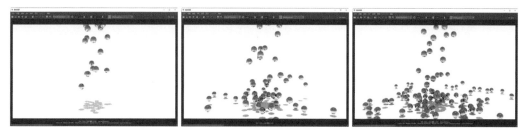

图 12-44　n 粒子下落动画的渲染效果

12.3.10　实例：制作 n 粒子火球特效

【实例 12-2】本实例主要讲解如何使用 n 粒子来模拟火球运动的特殊效果，最终渲染效果如图 12-45 所示。

01 启动 Maya 2020，在菜单栏中选择 "文件" | "项目窗口" 命令，打开 "项目窗口" 窗口设置项目工程文件。

02 单击 "EP 曲线工具" 按钮，在场景中绘制一条曲线，然后单击 "多边形球体" 按钮，在场景中创建一个多边形球体，如图 12-46 所示，接着调整多边形球体的大小。

图 12-45　火球特效最终效果

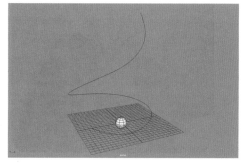

图 12-46　创建曲线和多边形球体

03 选择多边形球体，设置"旋转 Z"数值为 90 度，然后在菜单栏中选择"修改"|"冻结变换"命令，重置坐标轴，结果如图 12-47 所示。

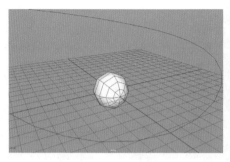

图 12-47　重置坐标轴

04 将 Maya 的菜单集切换至"动画"，选择场景中的多边形球体，按 Shift 键加选场景中的 EP 曲线，在菜单栏中选择"约束"|"运动路径"|"连接到运动路径"命令，将立方体的运动约束到场景中的曲线上，结果如图 12-48 所示。

05 将 Maya 的菜单集切换至 FX，选择场景中的多边形球体，然后在菜单栏中选择 nParticle|"从对象发射"命令，将多边形球体设置为可以发射 n 粒子的发射器。设置完成后，播放场景动画，可以看到在默认状态下，从球体上的顶点开始发射 n 粒子，如图 12-49 所示。

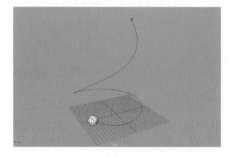

图 12-48　连接到运动路径　　　　　图 12-49　从球体上的顶点开始发射 n 粒子

06 选择场景中的 n 粒子对象，然后在"属性编辑器"面板中展开"基础发射速率属性"卷展栏，在"速率"文本框中输入 0，如图 12-50 所示。

07 在播放控件中单击"向前播放"按钮▶以正向播放动画，n 粒子的运动效果如图 12-51 所示。

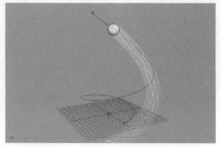

图 12-50　设置"速率"数值　　　　　图 12-51　播放动画观察 n 粒子

08 在"属性编辑器"面板中切换至 nParticleShape 选项卡，然后展开"动力学特性"卷展栏，选中"忽略解算器重力"复选框，如图 12-52 所示。

09 播放场景动画，效果如图 12-53 所示。

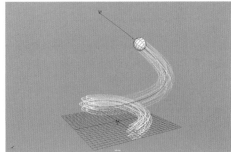

图 12-52　选中"忽略解算器重力"复选框　　　　图 12-53　播放动画

10 展开"基本发射器属性"卷展栏，在"速率 (粒子 / 秒)"文本框中输入 900，如图 12-54 所示，提高粒子的发射速率，这样可以得到更多的粒子。

11 设置完成后播放场景动画，可以看到粒子的数量明显增多了，如图 12-55 所示。

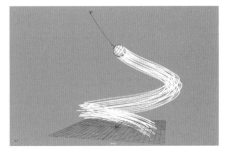

图 12-54　设置"速率 (粒子 / 秒)"数值　　　　图 12-55　粒子数量明显增多

12 展开"寿命"卷展栏，在"寿命模式"下拉列表中选择"恒定"选项，在"寿命"文本框中输入 2.5，如图 12-56 所示。

13 播放场景动画，粒子尾部发生变化，如图 12-57 所示。

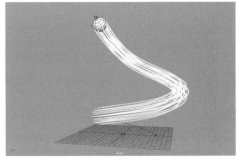

图 12-56　展开"寿命"卷展栏并设置参数　　　　图 12-57　粒子尾部发生变化

14 选择场景中的 n 粒子对象，在菜单栏中选择"场 / 解算器"|"湍流"命令，如图 12-58 所示，为 n 粒子的运动增加细节。

15 在"属性编辑器"面板中展开"湍流场属性"卷展栏，在"幅值"文本框中输入 10，在"衰减"文本框中输入 0.4，在"频率"文本框中输入 0.5，如图 12-59 所示。

 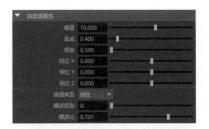

图 12-58　选择"湍流"命令　　图 12-59　展开"湍流场属性"卷展栏并设置参数

 注意

如果用户对场景中的球体模型大小不满意，可使用"缩放工具"微调一下球体模型的大小，这样可以调整光线之间的距离。

16 设置完成后，播放场景动画 n 粒子的运动效果，如图 12-60 所示。

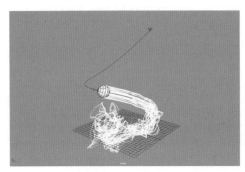 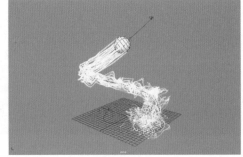

图 12-60　播放场景动画

17 选择场景中的 n 粒子对象，展开"着色"卷展栏，在"粒子渲染类型"下拉列表中选择"云 (s/w)"选项，如图 12-61 所示。

18 设置完成后观察场景，会发现 n 粒子的粒子形态转变为如图 12-62 所示效果。

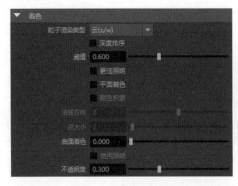 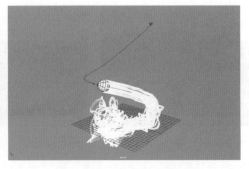

图 12-61　在"粒子渲染类型"下拉列表中　　图 12-62　观察 n 粒子变化
选择"云 (s/w)"选项

19 选择 n 粒子，展开"粒子大小"卷展栏，在"半径"文本框中输入 1.5，展开"半径比例"卷展栏，在其中调整 n 粒子的半径比例图，并在"半径比例 输入"下拉列表中选择"年龄"选项，如图 12-63 所示。

20 播放动画，此时 n 粒子的大小将随着场景中 n 粒子的年龄变化而发生改变，如图 12-64 所示。

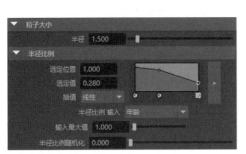

图 12-63　在卷展栏中设置参数

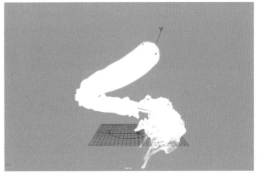

图 12-64　观察 n 粒子年龄变化

21 展开"不透明度比例"卷展栏，调整 n 粒子的不透明度比例图，然后在"不透明度比例 输入"下拉列表中选择"年龄"选项，如图 12-65 所示。

22 展开"白炽度"卷展栏，调整 n 粒子的颜色比例图，然后在"白炽度 输入"下拉列表中选择"年龄"选项，如图 12-66 所示。

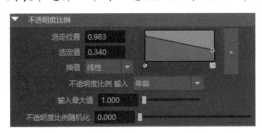

图 12-65　展开"不透明度比例"卷展栏并设置参数　　图 12-66　展开"白炽度"卷展栏并设置参数

23 设置完成后，播放动画，场景中 n 粒子的运动效果如图 12-67 所示。

图 12-67　火球动画的运动效果

24 选择 n 粒子对象，在"属性编辑器"面板中找到 npWaterVolume 选项卡，展开"公用材质属性"卷展栏，在"辉光强度"文本框中输入 0.1，如图 12-68 所示。

25 在状态栏中单击"打开渲染视图"按钮，打开"渲染视图"窗口，在"选择渲染器"下拉列表中选择"Maya 软件"命令来渲染场景，如图 12-69 所示。

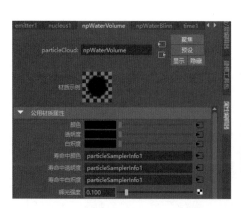

图 12-68　设置"辉光强度"数值

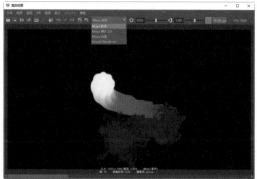

图 12-69　使用"Maya 软件"渲染场景

26 最终的 n 粒子火焰运动渲染效果如图 12-70 所示。

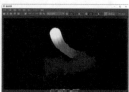

图 12-70　火球特效的渲染效果

12.3.11　实例：制作 n 粒子文字消散特效

【实例 12-3】本实例主要讲解如何利用 n 粒子制作出文字消散特效，最终效果如图 12-71 所示。

图 12-71　文字消散特效的最终效果

01 启动 Maya 2020，在菜单栏中选择"文件"|"项目窗口"命令，打开"项目窗口"窗口设置项目工程文件。

02 在"多边形建模"工具架上单击"多边形类型"按钮Ｔ，在场景中创建一个文字模型，如图 12-72 所示。

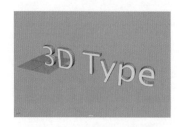

图 12-72　创建文字模型

03 在"属性编辑器"面板的"输入一些类型"文本框内将文字内容改为 nParticle，如图 12-73 所示。

图 12-73 修改文字内容

04 可见场景中的文字模型发生了变化，如图 12-74 所示。

05 展开"可变形类型"卷展栏，选中"可变形类型"复选框，然后在"挤出"卷展栏中取消"启用挤出"复选框的选中状态，如图 12-75 所示。

图 12-74 观察场景模型

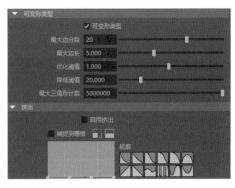

图 12-75 设置参数

06 观察场景中的文字模型，如图 12-76 所示。

07 选择文字模型，在 FX 工具架中单击"添加发射器"按钮，展开"基本发射器属性"卷展栏，在"发射器类型"下拉列表中选择"表面"选项，在"速率 (粒子 / 秒)"文本框中输入 5000，如图 12-77 所示。

图 12-76 观察场景中的文字模型

图 12-77 展开"基本发射器属性"卷展栏并设置参数

08 展开"基础发射速率属性"卷展栏，在"速率"文本框中输入 0，如图 12-78 所示。

09 展开"动力学特性"卷展栏，取消"忽略解算器重力"复选框的选中状态，如图 12-79 所示。

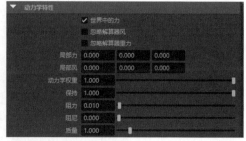

图 12-78　设置"速率"数值　　　　图 12-79　取消"忽略解算器重力"复选框的选中状态

10 展开"着色"卷展栏，在"粒子渲染类型"下拉列表中选择"球体"选项，如图 12-80 所示。

11 在播放控件中单击"向前播放"按钮▶以正向播放动画，文字模型上每一个顶点都会不断生成新的粒子，并依附在文字模型上，如图 12-81 所示。

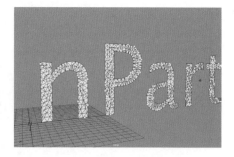

图 12-80　在"粒子渲染属性"下拉列表中选择"球体"选项　图 12-81　不断生成新的粒子

12 展开"粒子大小"卷展栏，在"半径"文本框中输入 0.05，如图 12-82 所示，降低 n 粒子的半径。

13 选中粒子，将时间指示器移到最后一帧，在菜单栏中选择"场 / 解算器" | "初始状态" | "为选定对象设定"命令，如图 12-83 所示，使粒子自始至终保持初始化形态。

图 12-82　设置"半径"数值　　　　图 12-83　选择"为选定对象设定"命令

14 设置完成后按 H 键隐藏文字模型，拖曳时间指示器可以在场景中得到由许多粒子组成的模型，如图 12-84 所示。

15 选中 n 粒子，在菜单栏中选择"场 / 解算器"|"湍流"命令右侧的复选框，打开"湍流选项"窗口，在该窗口的菜单栏中选择"编辑"|"重置设置"命令，如图 12-85 所示，将数值恢复到初始默认状态，单击"创建"按钮，为粒子添加湍流场。

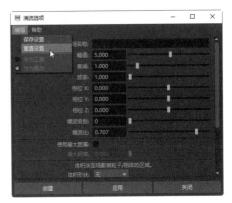

图 12-84 拖曳时间指示器并观察 n 粒子　　　　图 12-85 创建湍流场

16 展开"湍流场属性"卷展栏，在"幅值"文本框中输入 60，在"衰减"文本框中输入 0.2，如图 12-86 所示。

图 12-86 展开"湍流场属性"卷展栏并设置参数

17 展开"体积控制属性"卷展栏，在"体积形状"下拉列表中选择"球体"选项，如图 12-87 所示。

图 12-87 展开"体积控制属性"卷展栏并设置参数

18 将当前时间指示器移至第 1 帧，在"通道盒 / 层编辑器"面板中设置湍流场的"缩放 X""缩放 Y""缩放 Z"数值均为 1，然后按 S 键激活"设置关键帧"命令，此时缩放 X/ 缩放 Y/ 缩放 Z 选项右侧变为红色，如图 12-88 所示。

19 将当前时间指示器移至第 120 帧，设置湍流场的"缩放 X""缩放 Y""缩放 Z"

数值均为 80，然后按 S 键激活"设置关键帧"命令，此时缩放 X/ 缩放 Y/ 缩放 Z 选项右侧变为红色，如图 12-89 所示，湍流场的大小一定要确保能包裹住整个模型。

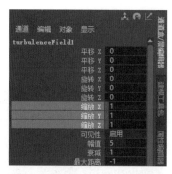 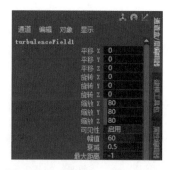

图 12-88　设置第 1 帧关键帧　　　　图 12-89　设置第 120 帧关键帧

20 设置完成后，观察湍流场的动画效果，如图 12-90 所示。

图 12-90　观察湍流场的动画效果

12.4　创建 n 粒子液体

Maya 的 n 粒子系统还可以用于制作液体运动动画。

12.4.1　液体填充

在菜单栏中选择 nParticle|"填充对象"命令右侧的复选框，可打开"粒子填充选项"窗口，如图 12-91 所示。在"粒子填充选项"窗口中设置填充参数可制作液体动画。

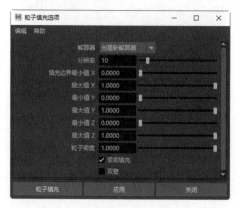

图 12-91　"粒子填充选项"窗口

- ▶ 解算器：用于指定 n 粒子所使用的动力学解算器。
- ▶ 分辨率：用于设置液体填充的精度，值越大，粒子越多，模拟的效果越好。
- ▶ 填充边界最小值 X/Y/Z：设定沿相对于填充对象边界的 X/Y/Z 轴填充的 n 粒子填充下边界。值为 0 时表示填满；值为 1 时则为空。
- ▶ 填充边界最大值 X/Y/Z：设定沿相对于填充对象边界的 X/Y/Z 轴填充的 n 粒子填充上边界。值为 0 时表示填满；值为 1 时则为空。
- ▶ 粒子密度：用于设定 n 粒子的大小。
- ▶ 紧密填充：选中该复选框，将以六角形填充排列尽可能紧密地定位 n 粒子。否则就以一致栅格晶格排列填充 n 粒子。
- ▶ 双壁：如果要填充对象的厚度已经建模，则选中该复选框。

12.4.2　使用 n 粒子模拟液体倾倒动画

【实例 12-4】本例主要讲解如何使用 n 粒子来模拟液体倾倒的特殊动画效果，如图 12-92 所示。

01 启动 Maya 2020 软件，打开"杯子场景.mb"模型文件，如图 12-93 所示。

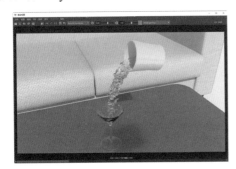
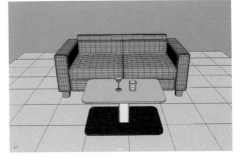

图 12-92　液体倾倒动画的最终效果　　　图 12-93　打开"杯子场景.mb"模型文件

02 在菜单栏中选择 nParticle|"创建选项"|"水"命令，如图 12-94 所示。

03 选中圆柱形杯子模型，在菜单栏中选择 nParticle|"填充对象"命令右侧的复选框，如图 12-95 所示。

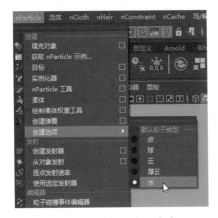
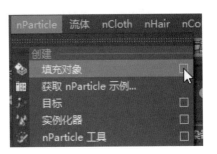

图 12-94　选择"水"命令　　　图 12-95　选中"填充对象"命令右侧的复选框

04 打开"粒子填充选项"窗口，在"分辨率"文本框中输入15，并选中"双壁"复选框，如图 12-96 所示。

05 单击"粒子填充"按钮，为圆柱形杯子模型填充 n 粒子，如图 12-97 所示，"双壁"选项只用于具有厚度，也就是具有双面的物体上。

06 在播放控件中单击"向前播放"按钮▶以正向播放动画，用户可以看到由于没有设置 n 粒子碰撞，n 粒子因为受到自身重力影响，会产生下落并穿出模型的情况，如图 12-98 所示。

07 选择场景中的两个杯子模型，选择 nCloth|"创建被动碰撞对象"命令，如图 12-99 所示，使这两个模型可以与 n 粒子产生碰撞。

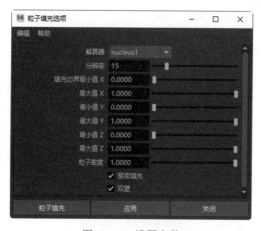

图 12-96　设置参数

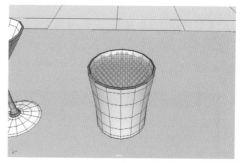

图 12-97　填充 n 粒子

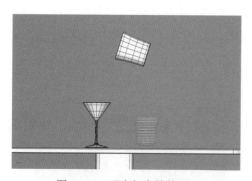

图 12-98　观察杯中的粒子

图 12-99　选择"创建被动碰撞对象"命令

08 选择 n 粒子，在"通道盒 / 层编辑器"面板中选择 nParticleShape 选项卡，展开"碰撞"卷展栏，选中"自碰撞"复选框，如图 12-100 所示。

09 播放动画，可以看到 n 粒子的动画形态，如图 12-101 所示。

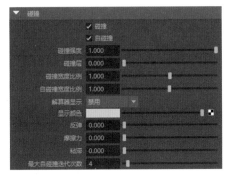 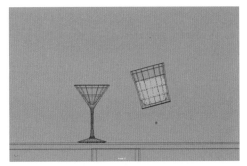

图 12-100 选中"自碰撞"复选框　　　　图 12-101　播放动画

10 播放动画后会发现，液体会从初始状态向下降落，如图 12-102 所示。

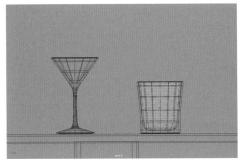 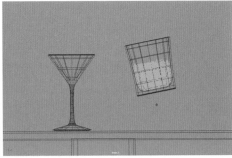

图 12-102　播放动画观察 n 粒子

11 选中圆柱形杯子模型，在"通道盒 / 层编辑器"面板中右击"旋转 Z"和"平移 Y"，从弹出的菜单中选择"禁用选定项"命令，禁用选定项后，关闭圆柱形杯子的动画效果，设置成功后红色关键帧会变成黄色，如图 12-103 所示。

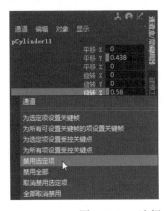 

图 12-103　选择"禁用选定项"命令

12 播放动画，找到 n 粒子从初始状态全部落下的第一帧，大部分动画都需要设定好初始帧，选择"场 / 解算器"|"初始状态"|"为选定对象设定"命令，如图 12-104 所示。

13 播放动画，可以看到 n 粒子从第一帧开始的初始状态已变成了全部下落的状态，如图 12-105 所示。

图 12-104　选择"为选定对象设定"命令

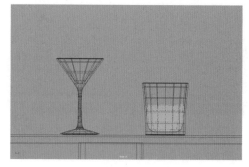

图 12-105　n 粒子全部下落的状态

14 选中圆柱体杯子模型，在"通道盒／层编辑器"面板中右击"旋转 Z"和"平移 Y"，从弹出的菜单中选择"取消禁用选定项"命令，设置成功后关键帧会变成红色，如图 12-106 所示。

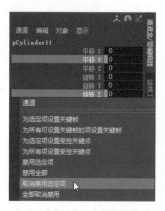

图 12-106　选择"取消禁用选定项"命令

15 播放动画，可见场景中 n 粒子的动画形态结果如图 12-107 所示。

16 选择 n 粒子，在"属性编辑器"面板中找到 nParticleShape 选项卡，展开"液体模拟"卷展栏，选中"启用液体模拟"复选框，在"液体半径比例"文本框中输入 1.2，如图 12-108 所示。

图 12-107　观察倒水动画

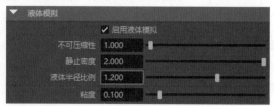

图 12-108　展开"液体模拟"卷展栏并设置参数

17 在场景中选择 n 粒子，选择"修改"|"转化"|"nParticle 到多边形"命令，如图 12-109 所示，将当前所选择的 n 粒子转化为多边形。

18 在"属性编辑器"面板中展开"输出网格"卷展栏，在"滴状半径比例"文本框中输入 2.6，在"网格方法"下拉列表中选择"四边形网格"选项，在"网格平滑迭代次数"文本框中输入 2，在"网格三角形大小"文本框中输入 0.08，在"最大三角形分辨率"文本框中输入 300，如图 12-110 所示。

图 12-109　选择"nParticle 到多边形"命令

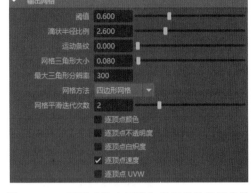

图 12-110　展开"输出网格"卷展栏并设置参数

19 播放动画，在视图中观察液体的形状，如图 12-111 所示。

20 选择高脚杯，在状态行中单击 Hypershade 按钮 ⊙，打开 Hypershade 窗口，然后在"创建"面板中选择 Arnold|Shader|aiStandardSurface 命令，如图 12-112 所示，为 n 粒子添加 Arnold 材质。

图 12-111　播放倒水动画

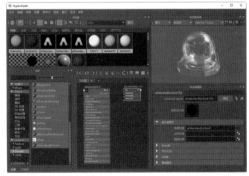

图 12-112　为 n 粒子添加 Arnold 材质

21 在"属性编辑器"面板中，选择"预设"|Glass|"替换"命令，如图 12-113 所示，为其添加玻璃材质。

22 选择液体模型，按照同样的方法为其赋予 Arnold 材质，然后执行"预设"|Clear_Water|"替换"命令，如图 12-114 所示，为其添加水材质。

图 12-113　添加玻璃材质

图 12-114　添加水材质

23 设置完成后，播放场景动画，效果如图 12-115 所示。

图 12-115　观察倒水动画过程

24 本实例最终渲染效果如图 12-116 所示。

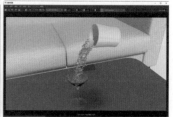

图 12-116　倒水动画渲染效果

12.5　实例：制作 n 粒子烟花动画特效

本节主要讲解如何使用 n 粒子来制作烟花动画特效，并通过输入表达式丰富动画细节部分。在制作动画前，在菜单栏中选择"窗口"|"设置 / 首选项"|"首选项"命令，打开"首选项"窗口，选择"时间滑块"选项，在"播放"选项组中将"播放速度"设置为"播放每一帧"，将"最大播放速率"设置为"24fps×1"。

【实例 12-5】本实例主要讲解如何制作 n 粒子烟花动画特效，最终效果如图 12-117 所示。

图 12-117　n 粒子烟花动画最终效果

01 启动 Maya 2020，在菜单栏中选择"文件"|"项目窗口"命令，打开"项目窗口"窗口设置项目工程文件。

02 选择 nParticle|"创建发射器"命令右侧的复选框，打开"发射器选项 (创建)"窗口，在"发射器名称"文本框中输入 Yanhuafasheqi，单击"创建"按钮，如图 12-118 所示。

03 打开"大纲视图"面板，修改 n 粒子名称，如图 12-119 所示。

图 12-118　创建烟花发射器　　　　　　　图 12-119　修改 n 粒子名称

04 在播放控件中单击"向前播放"按钮▶以正向播放动画，n 粒子的默认发射状态为泛向发射状态，同时受重力影响产生下落的运动效果，如图 12-120 所示。

05 选择 n 粒子发射器，在"属性编辑器"面板中展开"基本发射器属性"卷展栏，在"发射器类型"下拉列表中选择"方向"选项，如图 12-121 所示。

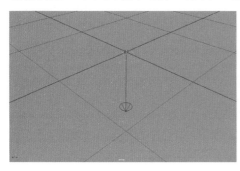 

图 12-120　粒子为下落状态　　　　图 12-121　展开"基本发射器属性"卷展栏并设置参数

06 展开"距离 / 方向属性"卷展栏，在"方向 X"文本框中输入 0，在"方向 Y"文本框中输入 1，在"扩散"文本框中输入 0.08，如图 12-122 所示。

07 展开"基础发射速率属性"卷展栏，在"速率"文本框中输入 35，如图 12-123 所示。

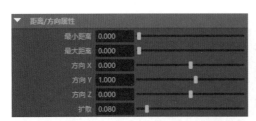

图 12-122　展开"距离 / 方向属性"卷展栏并　　　图 12-123　设置"速率"数值
　　　　　　设置参数

08 设置完成后播放动画，可见场景中的 n 粒子向上方飘散，如图 12-124 所示。

09 在 nParticleShapel 选项卡中展开"寿命"卷展栏，在"寿命模式"下拉列表中选择"随机范围"选项，在"寿命"文本框中输入 3，在"寿命随机"文本框中输入 0.2，如图 12-125 所示，这样，n 粒子在下落的过程中随着时间的变化会逐渐消亡，节省了 Maya 软件不必要的 n 粒子动画计算时间。

图 12-124　n 粒子向上飘散　　　　　　　图 12-125　展开"寿命"卷展栏并设置参数

10 展开"基本发射器属性"卷展栏，在"速率 (粒子 / 秒)"文本框中输入 1，如图 12-126 所示。

11 展开"着色"卷展栏，在"点大小"文本框中输入 6，如图 12-127 所示。

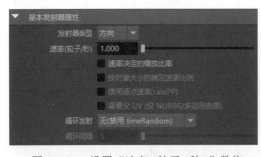

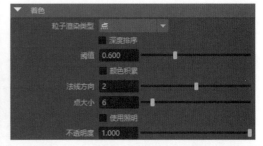

图 12-126　设置"速率 (粒子 / 秒)"数值　　　图 12-127　设置"点大小"数值

12 播放动画，在场景中观察 n 粒子的形态，如图 12-128 所示。

13 在"每粒子 (数组) 属性"卷展栏中展开"添加动态属性"卷展栏，单击"颜色"按钮，如图 12-129 所示。

图 12-128 粒子形态发生变化

图 12-129 单击"颜色"按钮

14 从弹出的窗口中选中"添加每粒子属性"复选框,单击"添加属性"按钮,如图 12-130 所示。

15 将光标悬浮停靠在 RGB PP 右侧的文本框中并右击,从弹出的菜单中选择"创建渐变"命令,如图 12-131 所示。

图 12-130 添加属性

图 12-131 选择"创建渐变"命令

16 再次右击,在弹出的菜单中选择"编辑渐变"命令,如图 12-132 所示。

17 展开"渐变属性"卷展栏,调整 n 粒子的颜色比例图,如图 12-133 所示。

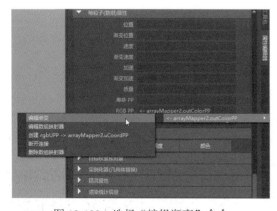

图 12-132 选择"编辑渐变"命令

图 12-133 调整 n 粒子的颜色比例图

18 设置完成后播放动画,场景中的粒子颜色发生变化,如图 12-134 所示。

19 选择 n 粒子，选择 nParticle|"从对象发射"命令右侧的复选框，打开"发射器选项 (从对象发射)"窗口，在"发射器名称"文本框中输入 Tuoweifasheqi，在"解算器"下拉列表中选择"创建新解算器"选项，单击"创建"按钮，如图 12-135 所示，创建 n 粒子烟花的拖尾效果。

图 12-134　观察场景中的粒子颜色

图 12-135　"发射器选项 (从对象发射)"窗口

20 打开"大纲视图"面板，修改 n 粒子名称为 Tuoweifasheqi2，如图 12-136 所示。

21 设置完成后播放动画，此时原先的 n 粒子下方带有拖尾，如图 12-137 所示。

图 12-136　修改名称

图 12-137　粒子带有拖尾

22 在"大纲视图"面板中选择 Tuoweifasheqi2，展开"基本发射器属性"卷展栏，在"发射器类型"下拉列表中选择"方向"选项，在"速率 (粒子 / 秒)"文本框中输入 300，如图 12-138 所示。

23 展开"距离 / 方向属性"卷展栏，在"方向 X"文本框中输入 0，在"方向 Y"文本框中输入 -1，在"扩散"文本框中输入 0.07，如图 12-139 所示。

图 12-138　展开"基本发射器属性"卷展栏并
　　　　　 设置参数

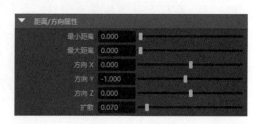

图 12-139　展开"距离 / 方向属性"卷展栏并
　　　　　 设置参数

24 播放动画，观察场景中拖尾的 n 粒子，如图 12-140 所示。

25 展开"基础发射速率属性"卷展栏，在"速率"文本框中输入 10，如图 12-141 所示。

图 12-140　拖尾发生变化

图 12-141　设置"速率"数值

26 展开"寿命"卷展栏，设置 n 粒子的"寿命模式"为"随机范围"，在"寿命"文本框中输入 0.7，在"寿命随机"文本框输入 0.3，如图 12-142 所示。

27 展开"着色"卷展栏，在"多点计数"文本框中输入 2，在"多点半径"文本框中输入 0.2，如图 12-143 所示。

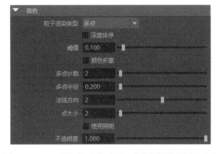

图 12-142　展开"寿命"卷展栏并设置参数　　图 12-143　展开"着色"卷展栏并设置参数

28 播放动画，观察场景中的 n 粒子，如图 12-144 所示。

29 在"大纲视图"面板中选择 YanhuanParticle1，选择 nParticle|"从对象发射"命令右侧的复选框，打开"发射器选项（从对象发射）"窗口，在"发射器名称"文本框中输入 Baozhafasheqi，在"解算器"下拉列表中选择"创建新解算器"选项，单击"创建"按钮，如图 12-145 所示，创建出 n 粒子的拖尾。打开"大纲视图"面板，修改 n 粒子名称为 BaozhanParticle3。

图 12-144　观察拖尾的变化

图 12-145　"发射器选项（从对象发射）"窗口

30 在"大纲视图"面板中选择 Baozhafasheqi，展开"基本发射器属性"卷展栏，在"速率（粒子/秒）"文本框中输入 350，如图 12-146 所示。

31 展开"基础发射速率属性"卷展栏，在"速率"文本框中输入 50，如图 12-147 所示。

图 12-146　设置"速率（粒子/秒）"数值　　　图 12-147　设置"速率"数值

32 播放动画，观察场景中的 n 粒子，如图 12-148 所示。

33 展开"着色"卷展栏，在"点大小"文本框中输入 4，如图 12-149 所示。

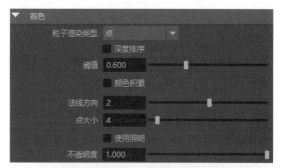

图 12-148　观察爆炸 n 粒子　　　图 12-149　设置"点大小"数值

34 在"大纲视图"面板中选择 YanhuanParticle1，选择 nParticle|"逐点发射速率"命令，如图 12-150 所示。

35 在"属性编辑器"面板中单击"输出"按钮 ，如图 12-151 所示，打开被隐藏的 arrayMapper 选项卡。

图 12-150　选择"逐点发射速率"命令　　　图 12-151　单击"输出"按钮

36 展开"数组映射器属性"卷展栏，在"最大值"文本框中输入 2000，如图 12-152 所示。

37 在 ramp4 选项卡中展开"渐变属性"卷展栏，调整 n 粒子的颜色比例图，如图 12-153 所示。

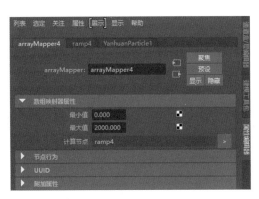

图 12-152　设置"最大值"数值

图 12-153　调整 n 粒子的颜色比例图

38 在"大纲视图"面板中选择 BaozhanParticle3，在"属性编辑器"面板中展开"动力学特性"卷展栏，在"保持"文本框中输入 0.95，如图 12-154 所示。

39 展开"寿命"卷展栏，在"寿命模式"下拉列表中选择"随机范围"选项，在"寿命"文本框中输入 1.8，在"寿命随机"文本框中输入 0.3，如图 12-155 所示。

图 12-154　设置"保持"数值

图 12-155　展开"寿命"卷展栏并设置参数

40 设置完成后播放动画，观察场景中的 BaozhanParticle3，此时已经有了烟花的形态，如图 12-156 所示。

41 在"每粒子 (数组) 属性"卷展栏中展开"添加动态属性"卷展栏，单击"常规"按钮，如图 12-157 所示。

图 12-156　烟花形态

图 12-157　单击"常规"按钮

42 打开"添加属性：BaozhanParticleShape3"窗口，在"粒子"列表框中选择 parentId 选项，如图 12-158 所示，单击"确定"按钮。

43 在"大纲视图"面板中选择 YanhuanParticle1，展开"着色"卷展栏，在"粒子渲染类型"下拉列表中选择"数值"选项，如图 12-159 所示。

图 12-158　"添加属性：BaozhanParticleShape3"窗口　图 12-159　设置"粒子渲染类型"为"数值"

44 播放动画，此时每个粒子上分别出现了相对应的数字，如图 12-160 所示。

45 在"大纲视图"面板中选择 BaozhanParticle3，在"每粒子（数组）属性"卷展栏中展开"添加动态属性"卷展栏，单击"颜色"按钮，在打开的窗口中选择"添加每粒子属性"复选框，单击"添加属性"按钮，将光标悬浮停靠在"RGB PP"右侧的文本框中，右击，从弹出的菜单中选择"创建表达式"命令，如图 12-161 所示。

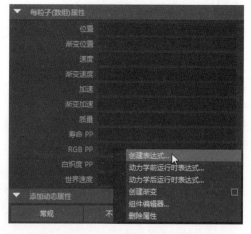

图 12-160　n 粒子带有数字　图 12-161　选择"创建表达式"命令

46 打开"表达式编辑器"窗口，在该窗口的菜单栏中选择"插入函数"|"转化函数"|"hsv_to_rgb()"命令，如图 12-162 所示。

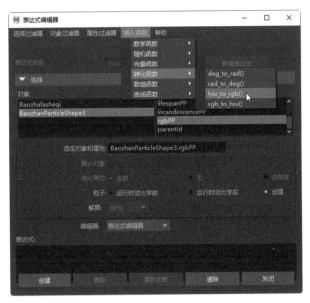

图 12-162　选择"hsv_to_rgb()"命令

47 在下方的"表达式"文本框中出现了刚刚所选的函数命令，如图 12-163 所示。

图 12-163　查看表达式函数

48 在"表达式"文本框内输入以下内容：

BaozhanParticleShape3.rhbPP=hsv_to_rgb(<<(noise(BaozhanParticleShape3.parentId)+1)/2,1,1>>);

单击"编辑"按钮，如图 12-164 所示。

图 12-164　输入表达式并单击"编辑"按钮

49 播放动画，观察场景中的 BaozhanParticle3，此时每次爆炸出的粒子颜色是不一样的，如图 12-165 所示。

图 12-165　爆炸粒子颜色发生变化

50 选择 BaozhanParticle3，选择 nParticle|"从对象发射"命令右侧的复选框，打开"发射器选项 (从对象发射)"窗口，在"发射器名称"文本框中输入 Baozhatuoweifasheqi，在"解算器"下拉列表中选择"创建新解算器"选项，单击"创建"按钮，如图 12-166 所示，并在"大纲视图"面板中将其重命名为 BaozhatuoweinParticle4。

图 12-166　"发射器选项 (从对象发射)"窗口

51 展开"基本发射器属性"卷展栏，在"速率 (粒子 / 秒)"文本框中输入 70，如图 12-167 所示。

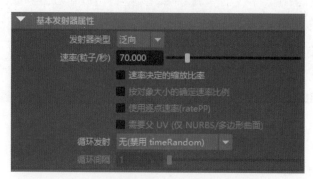

图 12-167　设置"速率 (粒子 / 秒)"数值

52 展开"基础发射速率属性"卷展栏，在"速率"文本框中输入 0.5，如图 12-168 所示。

53 展开"寿命"卷展栏，在"寿命模式"下拉列表中选择"随机范围"选项，在"寿命"文本框中输入 0.7，在"寿命随机"文本框中输入 0.25，如图 12-169 所示。

图 12-168　设置"速率"数值

图 12-169　展开"寿命"卷展栏并设置参数

54 展开"动力学特性"卷展栏，在"保持"文本框中输入 0.95，如图 12-170 所示。

55 设置完成后播放动画，观察 n 粒子，效果如图 12-171 所示。

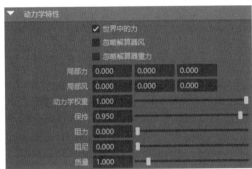

图 12-170　设置"保持"数值

图 12-171　观察 n 粒子

56 在状态行中单击 Hypershade 按钮，打开 Hypershade 窗口，在"创建"面板中执行 Arnold|Shader|aiStandardVolume 命令，为其添加 Arnold 材质，并修改节点的名称，如图 12-172 所示。

57 在"特性编辑器"面板中展开 Volume 卷展栏，在 Density 文本框中输入 5，展开 Emission 卷展栏，在 Mode 下拉列表中选择 density 选项，如图 12-173 所示。

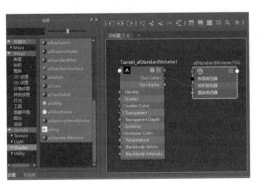

图 12-172　添加 Arnold 材质

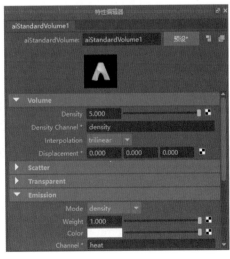

图 12-173　展开 Volume 和 Emission 卷展栏并设置参数

58 选择所有的拖尾发射器，如图 12-174 所示，赋予其 aiStandardVolume 材质。

59 在"大纲视图"面板中选择 BaozhatuoweinParticle4，在"属性编辑器"面板中展开 Arnold 卷展栏和 Visibility 卷展栏，取消 Opaque 复选框的选中状态，在 Render Points As 下拉列表中选择 spheres 选项，在 Radius Multiplier 文本框中输入 4，在 Volume Step Scale 文本框中输入 1，如图 12-175 所示。

图 12-174　选择所有的拖尾发射器

图 12-175　展开 Arnold 卷展栏并设置参数

60 在"大纲视图"面板中选择 TuoweinParticle2，展开 Arnold 卷展栏和 Visibility 卷展栏，取消 Opaque 复选框的选中状态，在 Render Points As 下拉列表中选择 spheres 选项，在 Radius Multiplier 文本框中输入 5，在 Volume Step Scale 文本框中输入 1，如图 12-176 所示。

61 在状态行中单击 Hypershade 按钮◎，打开 Hypershade 窗口，展开 Emission 卷展栏，将 Color 设置为黄色，如图 12-177 所示。

图 12-176　继续设置参数

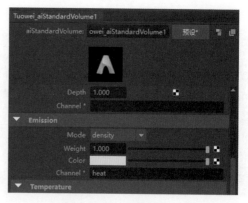

图 12-177　设置颜色

62 在状态行中单击"渲染当前帧"按钮 ，打开"渲染视图"窗口，如图 12-178 所示，观察 n 粒子的颜色变化。

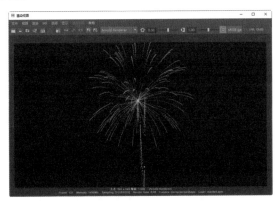

图 12-178　打开"渲染视图"窗口

63 在"创建"面板中创建一个 aiStandardVolume 材质，然后在"大纲视图"中选择 YanhuanParticle1，为其赋予 aiStandardVolume 材质，并修改节点的名称，如图 12-179 所示。

图 12-179　创建 aiStandarVolume 材质

64 在"大纲视图"面板中选择 YanhuanParticle1，展开 Visibility 卷展栏，在 Render Points As 下拉列表中选择 spheres 选项，在 Radius Multiplier 文本框中输入 5，在 Volume Step Scale 文本框中输入 1，如图 12-180 所示。

65 在"大纲视图"面板中选择 YanhuanParticle1，展开 Visibility 卷展栏，在 Export Attributes 文本框中输入 rgbPP，如图 12-181 所示。

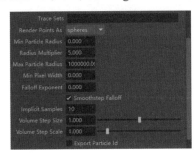

图 12-180　展开 Visibility 卷展栏并设置参数

图 12-181　在文本框中输入 rgbPP

66 在"创建"面板中选择 Arnold|Utility|aiUserDataColor 命令，选择 Export Attributes 中的 rgbPP，复制进 Attribute 文本框中，如图 12-182 所示。

67 在"工作区"面板中，将 aiUserDataColor1 节点中的 Out Color 与 aiStandardVolume2 节点中的 Emission Color 相连，并修改材质名称，如图 12-183 所示。

图 12-182　将 rgbPP 复制进 Attribute 文本框　　　　图 12-183　连接节点

68 在状态行中单击"渲染当前帧"按钮，打开"渲染视图"窗口，观察烟花 n 粒子的颜色，如图 12-184 所示。

69 在"大纲视图"面板中选择 BaozhanParticle3，在"属性编辑器"面板中展开 Visibility 卷展栏，在 Render Points As 下拉列表中选择 spheres，在 Radius Multiplier 文本框中输入 4，在 Volume Step Scale 文本框中输入 1，如图 12-185 所示。

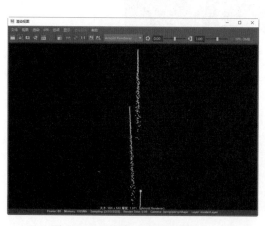

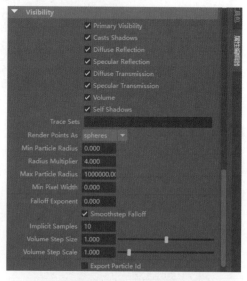

图 12-184　观察 n 粒子的颜色　　　　图 12-185　展开 Visibility 卷展栏并设置参数

70 按照同样的方法再次新建一个 aiStandardVolume 材质，并修改节点的名称，在 "大纲视图"面板中选择 BaozhanParticle3，赋予其 aiStandardVolume 材质，然后展开 Visibility 卷展栏，在 Export Attributes 文本框中输入 rgbPP。

71 按照同样的方法新建一个 aiUserDataColor 材质，选择 Export Attributes 文本框中的 rgbPP，复制进 Attribute 文本框中，如图 12-186 所示。

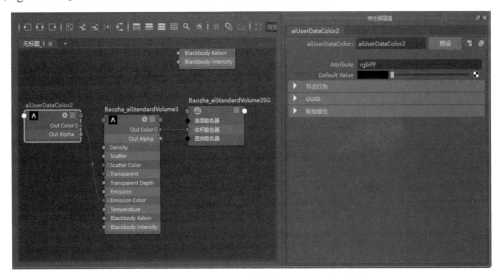

图 12-186　将 rgbPP 复制进 Attribute 文本框

72 在 Arnold 工具架中单击 "Create Physical Sky(创建物理天空)" 按钮 🔲，在 "属性编辑器" 面板中展开 Physical Sky Attributes 卷展栏，按如图 12-187 所示设置参数。

73 在状态行中单击 "渲染设置" 按钮，打开 "渲染设置" 面板，在 Arnold Renderer 选项卡中，展开 Motion Blur 卷展栏，选择 Enable 复选框，如图 12-188 所示，为动画添加模糊效果。

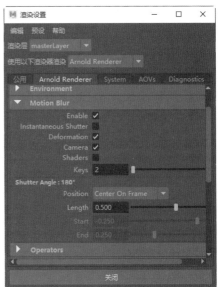

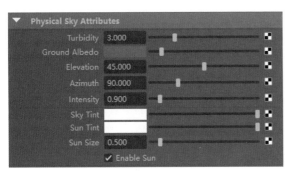

图 12-187　设置物理天空光的参数　　　　图 12-188　添加模糊效果

74 n 粒子烟花动画效果如图 12-117 所示。

12.6　思考与练习

1. 简述如何在场景中创建发射器。
2. 简述在制作 n 粒子效果的过程中，场 / 解算器的作用是什么。